基于BIM的Revit建筑与结构设计

李 鑫 ◎ 著

U0201649

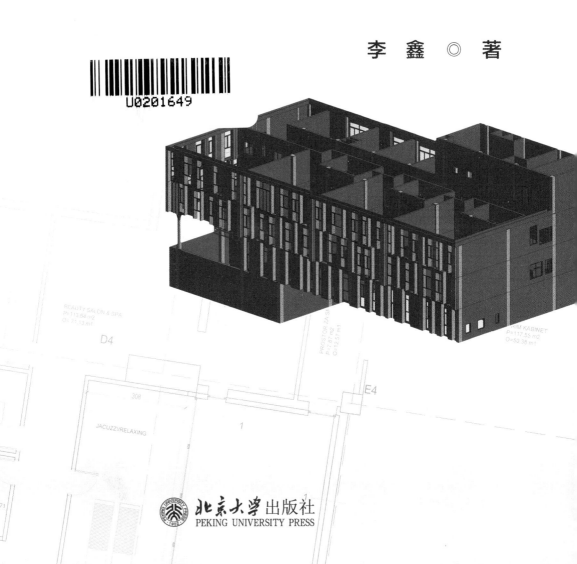

北京大学出版社

PEKING UNIVERSITY PRESS

内 容 提 要

本书从Revit的基本操作入手，通过一个完整的实际工程案例，并结合大量的可操作性实例，全面而深入地阐述了Revit从基础建模到模型应用的全过程，以及BIM的应用。本书完整地描述了BIM工程项目的实施过程，从规划体量、创建各类建筑图元构件，到添加标注信息并出图，全面介绍了建筑设计阶段的全过程。

本书结构清晰，案例操作步骤详尽，语言通俗易懂，所有案例均来源于实际工程项目，更加贴合实际工作需要，且都具有相当高的技术含量，实用性强，便于读者学以致用。

本书既适合作为各类院校建筑设计专业和BIM软件培训班的理想教材，也适合作为广大建筑信息模型爱好者的实用自学用书，还可以作为刚从事建筑设计行业的初、中级用户的参考用书。

图书在版编目(CIP)数据

基于BIM的Revit建筑与结构设计 / 李鑫著. —— 北京：
北京大学出版社, 2025. 1. —— ISBN 978-7-301-35938-9

Ⅰ. TU201.4

中国国家版本馆CIP数据核字第2025TF6145号

书　　　名	基于BIM的Revit建筑与结构设计
	JIYU BIM DE Revit JIANZHU YU JIEGOU SHEJI
著作责任者	李 鑫 著
责 任 编 辑	刘 云 刘 倩
标 准 书 号	ISBN 978-7-301-35938-9
出 版 发 行	北京大学出版社
地　　　址	北京市海淀区成府路205号　100871
网　　　址	http://www.pup.cn　　新浪微博: @北京大学出版社
电 子 邮 箱	编辑部 pup7@pup.cn　总编室 zpup@pup.cn
电　　　话	邮购部 010-62752015　发行部 010-62750672　编辑部 010-62570390
印 刷 者	河北博文科技印务有限公司
经 销 者	新华书店
	787毫米×1092毫米　16开本　22印张　530千字
	2025年1月第1版　2025年1月第1次印刷
印　　　数	1-3000册
定　　　价	99.00元

前 言

　　Revit是什么？ BIM是什么？它们能带来哪些价值？掌握这些技术对个人而言又能带来哪些好处？相信凡是看到这本书的读者都会发出这样的疑问。而要解开这些疑问就需要我们认真地读完这本书。与其他教材不同，本书在编写时完全站在读者的视角进行架构设计。由浅入深，由易到难，这是大家学习的过程，也是书中内容编写的顺序。学习最重要的是理解，最难的是坚持。为了让本书内容更加简洁、易读，本书在内容编写上摒弃了冗长的理论阐述，取而代之的是将知识点融入实战案例中，并辅以必要的理论作为补充。书中的案例均为真实项目，在实际项目实施过程中遇到的重点、难点，以及经验性总结，都会以技巧的形式呈现出来，帮助大家在实际工作中少走弯路。希望通过本书，大家能对Revit和BIM有更深入的了解，让所学的技能和知识在工作中发挥更大的作用。

李鑫

2025年1月于长沙

　　温馨提示：本书附赠资源读者可用微信扫描封底二维码，关注"博雅读书社"微信公众号，并输入本书77页的资源下载码，根据提示获取。

目录
CONTENTS

第9章　渲染与出图 316

第 1 章

BIM 设计

本章导读

　　BIM至今已经发展了数十年。在这期间，不论是设计院、施工方，还是业主都在不断地摸索与使用BIM技术。在漫长的实践过程中，大家已经总结出一套适合中国本土的BIM实施方法。

　　本章将为大家介绍BIM的概念、应用价值以及设计应用。只有掌握了这些基础知识，才能更好地进行BIM设计。

本章学习要点

　　1. BIM 的概念。

　　2. BIM 的应用价值。

　　3. BIM 的设计应用。

1.1　BIM 的概念

　　BIM（Building Information Modeling，建筑信息模型）通过在计算机上构建建筑信息模型来模拟真实建筑。这里的建筑信息模型不仅包含三维几何形状信息，还涵盖了大量的非几何形状信息，如建筑构件的材料、重量、价格以及施工进度等。BIM工程数据模型以三维数字技术为基础，集成了工程建设项目中各类相关信息，是数字信息技术在建筑工程领域的直接应用。

　　BIM是一个全面的数字化工具，它能够有效整合项目全生命周期内各阶段的数据信息，协调各阶段的实施过程，并优化配置相关资源，可供项目所有参建方广泛使用。这一特性使得BIM在提升工程项目效率和降低风险方面发挥了重要作用。BIM实际上是一种集成了多种技术、方法和过程的信息管理手段，它更好地集成了项目建设流程和表达建筑物本身的信息。BIM的核心在于，所有项目成员在遵循一定规则的前提下，利用各自专业和工种所需的软件，协同合作以建立统一的信息模型。这个模型为后续的项目决策提供了核心数据支持。BIM在项目各阶段的应用如图1-1所示。

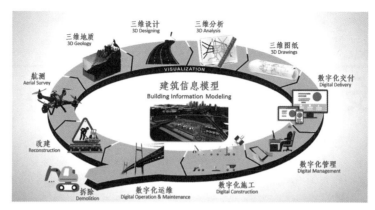

图1-1　BIM在项目各阶段的应用

1.2　BIM 的应用价值

BIM的应用对项目建设的各参与方均具有重要的价值，而对业主关心的工程造价、建设工期和建筑性能及品质方面，BIM所带来的价值是巨大的，归纳起来，主要包括以下几点。

1.2.1　协同管理

利用BIM技术，可以将所有专业的信息整合到一个平台上，实现各专业间信息的相互共享、可视化交流、协同工作，并随时发现问题。这提高了整体项目信息传递的有效性和准确性，减少了设计、施工中存在的问题和信息流失，进而提高了生产效率，节约了成本。BIM协同平台如图1-2所示。

图1-2　BIM协同平台

1.2.2　优化设计、指导施工

通过BIM软件将图纸转化为BIM模型，实际上是在软件中模拟了一次虚拟建造过程。这一过程能够精确识别和发现设计中的错误、遗漏、冲突及空间利用不合理等问题。BIM模型的建立不仅提升了设计质量，还有效降低了因设计缺陷引发的后续施工返工率，从而确保设计图纸能够真正起到指导施工的作用。BIM优化设计前后对比如图1-3所示。

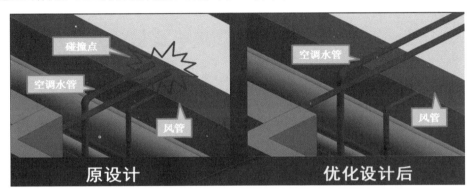

图1-3　BIM优化设计前后对比

1.2.3　缩短工期

利用BIM技术，可以通过可视化交流和信息共享来加强团队合作，改善传统的项目管理模式和信息沟通模式，实现建设工程策划、设计、采购、现场施工等环节的无缝对接，从而减少延误，缩短工期。施工质量控制如图1-4所示。

图1-4　施工质量控制

1.2.4 快速项目预算

基于 BIM 的工程材料统计，相较于传统的 2D 图纸预算方法，有更高的速度和准确性，从而能够显著节省大量的时间和人力成本。在某住宅项目中，通过构建 BIM 土建预算模型，可以快速且准确地统计工程量，并自动生成清单汇总表，如图 1-5 所示。

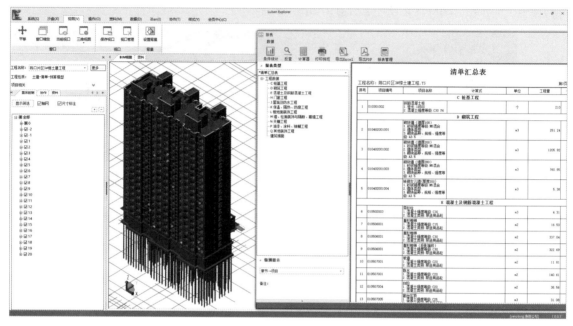

图 1-5 BIM 土建预算模型

1.2.5 有效管控项目进度

在施工前期，利用 BIM 技术，可以根据施工进度计划，模拟施工顺序、施工进度和建造过程，以检验其合理性和可行性。在施工过程中，借助施工进度模拟动画，可以直观地查看每天的施工进度，及时发现是否存在滞后的情况，并结合实际情况进行相应的调整和有效管控。施工进度模型如图 1-6 所示。

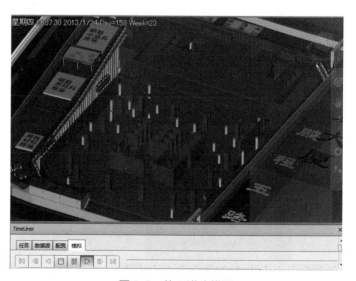

图 1-6 施工进度模型

1.2.6　辅助后续物业维护管理

利用BIM竣工模型，输出设备相关信息，供物业人员使用，竣工模型展示如图1-7所示。

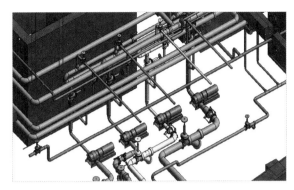

图1-7　竣工模型展示

1.3　BIM 的设计应用

建筑设计项目一般分为概念设计、方案设计、初步设计和施工图设计四个阶段。其中，概念设计阶段通常发生在建设单位与设计单位签订设计合同之前，是在建设项目规划阶段进行的，用于确定基本方案。这一阶段通常被视为设计阶段之前的立项准备阶段，因此本小节对概念设计不作详细描述，仅针对方案设计、初步设计和施工图设计三个阶段进行BIM应用描述。

1.3.1　方案设计阶段

方案设计阶段主要是从建筑项目的实际需求出发，根据建筑项目的设计条件，进行深入的研究分析，以满足建筑的功能和性能要求，并初步评估、优化和确定总体方案。

在方案设计阶段，BIM技术的应用主要体现在以下几个方面，一是利用 BIM 技术对项目的可行性进行验证，推导下一步的深化工作内容；二是对方案进行细化，利用 BIM 软件对建筑项目所处的场地环境进行详尽的分析，包括坡度、方向、高程、纵横断面、填挖方、等高线、流域分布等，作为方案设计的依据；三是利用 BIM 软件建立建筑模型，输入场地环境的相关信息，对建筑物的物理环境（如气候、风速、地表热辐射、采光、通风等）、出入口布局、人车流动路径、结构形式、节能排放等方面进行模拟分析，以选择最优的工程设计方案。

1. 场地分析

场地分析主要是借助场地分析软件，构建三维场地模型，在场地规划设计和建筑设计的过程中，提供可视化的模拟分析数据，作为评估设计方案选项的依据。在进行场地分析时，可以详细分析影响建筑场地的主要因素。

（1）数据准备

①地勘报告、工程水文资料、现有规划文件、建设地块信息等基础资料。

②电子地图（包含周边地形、建筑属性、道路用地性质等信息）、GIS 数据。

（2）操作流程

①收集数据，并确保测量勘察数据的准确性。

②建立相应的场地模型，借助软件模拟分析场地数据，如坡度、方向、高程、纵横断面、填挖方、等高线等。

③根据场地分析结果，评估场地设计方案或工程设计方案的可行性，判断是否需要调整设计方案。模拟分析、设计方案调整是一个需多次推敲的过程，直到最终确定最佳场地设计方案或工程设计方案。

场地分析 BIM 应用的操作流程如图1-8所示。

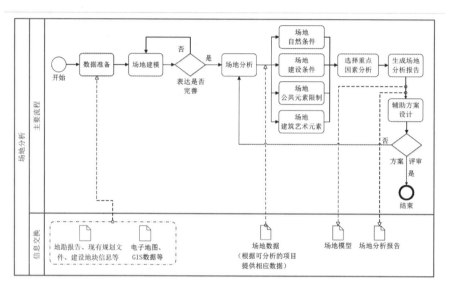

图1-8　场地分析 BIM 应用的操作流程

（3）成果

①场地模型：展示场地边界（如用地红线、高程、正北向）、地形表面、建筑地坪、场地道路等关键信息。

②场地分析报告：包含三维场地模型图像、场地分析结果，以及对场地设计方案或工程设计方案的场地分析数据对比。

2. 建筑性能模拟分析

建筑性能模拟分析主要利用专业的性能分析软件，构建三维建筑信息模型，对建筑物的可视度、采光、通风、人员疏散、结构安全性、节能排放等进行模拟分析，以提升建筑项目的性能、质量、安全性和合理性。

（1）数据准备

方案设计模型或二维图、气象数据、热负荷计算、热工参数等。

（2）操作流程

①收集数据，并确保数据的准确性。

②根据前期数据及分析软件要求，建立各类分析所需的模型。

③分别获得单项分析数据，综合各项分析结果，反复调整模型以寻求建筑综合性能的最佳平衡点。

④根据分析结果调整设计方案，选择能够最大化提升建筑物性能的方案。

（3）成果

①专项分析模型：不同分析软件对建筑信息模型的深度要求不同，专项分析模型应满足对应分

析项目的数据要求。其中，建筑模型应能够准确体现建筑的几何尺寸、位置、朝向、窗洞尺寸和位置、门洞尺寸和位置等基本信息。

②分项模拟分析报告：分项报告应体现三维建筑信息模型图像、分项分析数据结果及对建筑设计方案性能对比说明。

3. 设计方案比选

设计方案比选的主要目的是选出最佳的设计方案，为初步设计阶段提供对应的设计方案模型。基于 BIM 技术的方案设计是利用 BIM 软件，通过制作或局部调整的方式，形成多个备选的建筑设计方案模型，进行比选，使建筑项目方案的沟通、讨论、决策在可视化的三维场景下进行，实现项目设计方案决策的直观和高效。

（1）数据准备

前期设计模型或二维设计图。

（2）操作流程

①收集数据，并确保数据的准确性。

②建立建筑信息模型，模型应包含方案的完整设计信息。采用二维设计图建模时，确保模型与方案设计图纸一致。

③评估多个备选方案模型的可行性、功能性、美观性等方面，并进行比选，形成相应的方案比选报告，选择最优的设计方案。

④形成最终设计方案模型。

设计方案比选 BIM 应用的操作流程如图 1-9 所示。

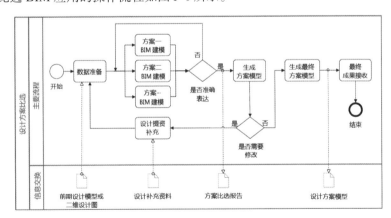

图 1-9　设计方案比选 BIM 应用的操作流程

（3）成果

①方案比选报告。报告应体现建筑项目的三维透视图、轴测图、剖切图等三维图像，以及平面、立面、剖面图等二维图，还有方案比选的对比说明。

②设计方案模型。模型应体现建筑主体的外观形状、各楼层的高度、基本功能区域的分隔构件、建筑面积及分布等。

1.3.2 初步设计阶段

初步设计阶段是介于方案设计阶段和施工图设计阶段之间的过程，旨在对方案设计进行深化和细化。在本阶段，建筑模型被进一步推敲和完善，并配合结构专业进行建模和设计的核查。利用 BIM 软件构建的建筑模型，可以对平面、立面、剖面进行一致性检查。将修正后的模型进行剖切，从而生成初步设计阶段的建筑、结构三维模型以及相应的二维图纸（包括平面、立面、剖面及节点大样图）。

在建筑项目的初步设计过程中，沟通、讨论、决策可以围绕可视化的建筑模型开展。模型生成的明细表统计能够及时、动态地反映建筑项目的主要技术经济指标等，包括建筑层数、建筑高度、总建筑面积、各类面积指数、住宅套数、房间数、停车位数等。初步设计阶段 BIM 应用的操作流程如图1-10所示。

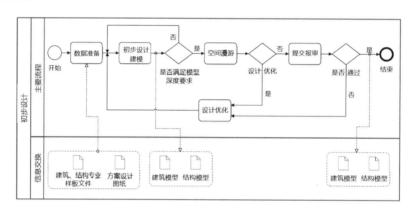

图1-10 初步设计阶段 BIM 应用的操作流程

1. 建筑、结构专业模型构建

建筑、结构专业模型构建是利用 BIM 软件建立三维几何实体模型的过程，旨在进一步细化方案设计阶段的三维模型，完善建筑、结构设计方案，并为施工图设计提供设计模型和依据。

（1）数据准备

①方案设计阶段的三维模型或二维设计图。

②建筑、结构专业初步设计样板文件。样板文件由企业根据自身建模和作图习惯进行定制，包括统一的文字样式、字体大小、标注样式、线型等。

（2）操作流程

①收集数据，并确保数据的准确性。

②根据方案设计阶段的三维模型或二维设计图，利用相应的建筑、结构专业样板文件建立建筑信息模型。为保证后期建筑、结构模型的准确整合，在建模之前，应当保证建筑、结构模型具有统一的轴网和原点对齐。

③剖切建筑专业模型，主要检查平面、立面、剖面的视图表达是否一致。同时，检查专业设计是否有遗漏或错误；对于结构专业模型，主要检查构件的尺寸和标注是否统一。

④校验完建筑、结构专业模型后，在平面、立面、剖面的视图上添加关联标注，使模型深度和

二维设计深度保持一致。

⑤按照统一的命名规则命名文件，分别保存模型文件。

建筑、结构专业模型构建 BIM 应用的操作流程如图 1-11 所示。

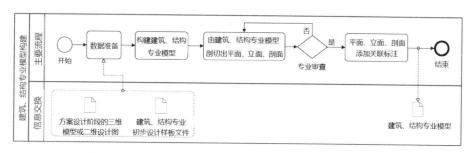

图 1-11　建筑、结构专业模型构建 BIM 应用的操作流程

（3）成果

建筑、结构专业模型。该标准详细规定了模型深度和构件要求，详见《建筑工程设计信息模型制图标准》。

2. 建筑结构平面、立面、剖面检查

建筑结构平面、立面、剖面检查的主要目的是通过剖切建筑和结构专业整合后的模型，检查建筑和结构构件在平面、立面、剖面位置是否一致，从而可以消除设计中可能出现的建筑、结构不统一的问题。

（1）数据准备

建筑、结构专业模型。

（2）操作流程

①收集数据，并确保数据的准确性。

②整合建筑专业和结构专业模型。

③剖切整合后的建筑结构模型，生成平面、立面、剖面视图，并检查三者之间的关系是否统一。修正各自专业模型中的错误，直到三者的关系统一且准确。

④按照统一的命名规则为文件命名，并保存整合后的模型文件。

（3）成果

①检查修改后的建筑、结构专业模型。模型深度和构件要求详见《建筑工程设计信息模型制图标准》。

②检查报告。报告应包含建筑结构整合模型的三维透视图、轴测图、剖切图等，以及通过模型剖切得到的平面、立面、剖面等二维图。同时，报告应对检查前后的建筑结构模型进行对比说明。

3. 面积明细表统计

面积明细表统计的主要目的是利用BIM精确提取房间面积信息，并统计各项常用面积指标，以辅助进行技术指标测算。同时，在建筑模型修改过程中，它能够发挥关联修改的作用，实现面积数据的精确快速更新。

（1）数据准备

初步设计阶段的建筑专业模型。

（2）操作流程

①收集数据，并确保数据的准确性。

②检查建筑专业模型中建筑面积、房间面积等信息的准确性。

③根据项目需求，设置面积明细表的属性列表，以此为基础创建面积明细表的模板。然后根据该模板创建基于建筑信息模型的面积明细表，并为该明细表命名。

④根据设计需要，分别统计相应的面积指标，并校验这些指标是否满足技术经济指标的要求。

⑤保存模型文件及生成的面积明细表。

（3）成果

①建筑专业模型：模型应准确体现房间面积、楼层结构等信息。

②面积明细表：明细表中应详细列出房间楼层、房间面积与体积、建筑面积与体积、建设用地面积等关键信息。

1.3.3 施工图设计阶段

施工图设计是建筑项目设计流程中的核心阶段，是项目设计和施工之间的桥梁。本阶段主要通过施工图图纸来详尽地展现建筑项目的设计意图和最终成果，这些图纸将作为项目现场施工制作的直接依据。

在施工图设计阶段，BIM 的应用涉及各专业模型的构建及优化设计这一复杂过程。各专业信息模型包括建筑、结构、给排水、暖通、电气等多个专业领域。在此基础上，根据专业设计原理、施工规范等知识体系，进行冲突检测、三维管线综合优化、竖向净空优化等一系列基本操作，从而实现对施工图设计的多次迭代与优化。针对那些可能影响净高要求的重点部位，需要进行深入分析，以优化机电系统的空间走向排布和净空高度。施工图设计阶段 BIM 应用的操作流程如图 1-12 所示。

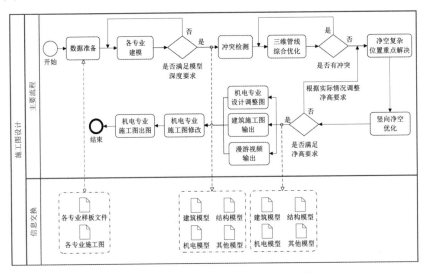

图 1-12　施工图设计阶段 BIM 应用的操作流程

1. 各专业模型构建

各专业模型构建应在初步设计模型的基础上进一步深化，以确保其满足施工图设计阶段的模型深度要求。这一深化过程旨在促进项目在各专业协同工作中的沟通、讨论和决策均在三维模型的状态下进行，从而有利于对建筑空间进行合理性优化。此外，深化后的模型还将为后续深化设计、冲突检测及三维管线综合等工作提供模型工作依据。

（1）数据准备

初步设计阶段的各专业模型。

（2）操作流程

①收集数据，并确保数据的准确性。

②在初步设计模型的基础上，深化各专业模型，构建符合施工图设计阶段要求的模型，并按照统一的命名原则保存模型文件。

③将阶段性完成的各专业模型等成果提交给建设单位进行确认，并根据建设单位的反馈意见对模型进行必要的调整和完善。

（3）成果

各专业模型：模型深度和构件要求应参照施工图设计阶段的各专业模型内容及其基本信息要求进行详细阐述。

2. 冲突检测及三维管线综合

冲突检测及三维管线综合的主要目的是基于各专业模型，利用 BIM 软件检查施工图设计阶段的碰撞情况，完成建筑项目设计图纸范围内各种管线布设与建筑、结构平面布置和竖向高程相协调的三维协同设计工作。这一工作旨在避免空间冲突，尽可能减少碰撞，确保设计错误不会传递到施工阶段。

（1）数据准备

各专业模型。

（2）操作流程

①收集数据，并确保数据的准确性。

②整合建筑、结构、给排水、暖通、电气等专业模型，形成统一的建筑信息模型。

③设定冲突检测及管线综合的基本原则，使用 BIM 软件等手段，全面检查建筑信息模型中的冲突和碰撞问题。编写冲突检测及管线综合优化报告，详细记录发现的问题，并提交给建设单位确认后调整模型。其中，一般性调整或节点的设计优化等工作，由设计单位修改优化；对于较大变更或变更量较大的情况，需由建设单位协调后确定优化调整方案。

④逐一调整模型，确保各专业之间的冲突与碰撞问题得到妥善解决。

注：对于平面视图上管线综合的复杂部位或区域，应添加相关联的竖向标注，以清晰展示管线的竖向标高。

冲突检测及三维管线综合 BIM 应用的操作流程如图 1-13 所示。

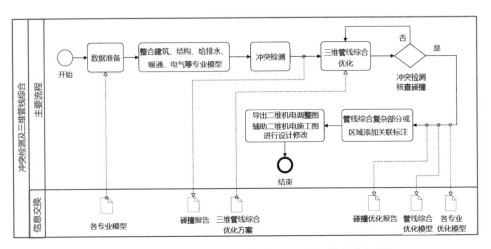

图 1-13　冲突检测及三维管线综合 BIM 应用的操作流程图

（3）成果

①调整后的各专业模型：模型深度和构件要求应满足《建筑工程设计信息模型制图标准》的相关规定。

②优化报告：报告中应详细记录调整前各专业模型之间的冲突和碰撞情况，阐述冲突检测及管线综合的基本原则，并提供冲突和碰撞的解决方案。同时，对空间冲突、管线综合优化前后进行对比说明，并附上优化后的管线排布平面图和剖面图，图中应准确标注竖向标高。

3. 竖向净空优化

竖向净空优化的主要目的是基于各专业模型，对机电管线排布方案进行优化，同时对建筑物最终的竖向设计空间进行深入检测分析，以确定并给出最优的净空高度。

（1）数据准备

冲突检测和三维管线综合调整后的各专业模型。

（2）操作流程

①收集数据，并确保数据的准确性。

②明确需要净空优化的关键部位，如走道、机房、车道上空等区域。

③在确保不发生碰撞的前提下，利用 BIM 软件等手段，对各专业的管线排布模型进行调整，旨在最大化提升净空高度。

④审查调整后的各专业模型，确保模型数据的准确性。

⑤将调整后的建筑信息模型及相应深化设计的 CAD 文件提交给建设单位进行确认。对于二维施工图难以直观表达的结构、构件、系统等，采用三维透视和轴测图等三维施工图形式进行辅助说明，为后续深化设计、施工交底等提供有力依据。

（3）成果

①调整后的各专业模型：模型深度和构件要求应参照施工图设计阶段的各专业模型内容及其基本信息要求进行详细阐述。

②优化报告：报告中应详细记录建筑竖向净空优化的基本原则和流程，对管线排布优化前后的方案进行对比说明。同时，提供优化后的机电管线排布平面图和剖面图，图中应准确标注竖向标高。

4. 虚拟仿真漫游

虚拟仿真漫游的主要目的是利用 BIM 软件模拟建筑物的三维空间，通过漫游、动画等形式提供身临其境的视觉和空间感受，以便及时发现不易察觉的设计缺陷或问题，减少因事先规划不周全而造成的损失。该技术有利于设计与管理人员对设计方案进行辅助设计与方案评审，促进工程项目的规划、设计、投标、报批与管理。

（1）数据准备

整合后的各专业模型。

（2）操作流程

①收集数据，并确保数据的准确性。

②将经过验证的建筑信息模型导入具有虚拟动画制作功能的 BIM 软件中，根据建筑项目的实际场景，为模型赋予相应的材质。

③设定视点和漫游路径。漫游路径应能全面反映建筑物的整体布局、主要空间布置及重要场所设置，确保能够清晰呈现设计表达意图。

④将软件中的漫游文件输出为通用格式的视频文件，并保存原始制作文件，以便后续进行必要的调整与修改。

（3）成果

动画视频文件：动画视频应能清晰、直观地表达建筑物的设计效果，全面反映主要空间布置。

5. 建筑专业辅助施工图设计

建筑专业辅助施工图设计是以剖切建筑专业三维设计模型为主，二维绘图标识为辅，并在必要时借助三维透视图和轴测图的方式表达施工图设计。其主要目的是减少二维设计的平面、立面、剖面的不一致性问题；尽量消除与结构、给排水、暖通、电气等专业设计表达的信息不对称；为后续设计交底、深化设计提供依据。

（1）数据准备

施工图设计阶段的建筑专业模型。

（2）操作流程

①收集数据，并确保数据的准确性。

②校审施工图模型的合规性，并把结构、给排水、暖通、电气等专业提出的设计条件反映到模型上，进行必要的调整和修改。

③通过剖切施工图模型，创建相关的施工图，包括平面图、立面图、剖面图、门窗大样图、局部放大图等。同时，辅助以二维标识和标注，确保图纸满足施工图设计深度。对于局部复杂空间，可增加三维透视图和轴测图进行辅助表达。

④复核图纸，确保图纸的准确性。

建筑专业辅助施工图设计 BIM 应用的操作流程如图1-14所示。

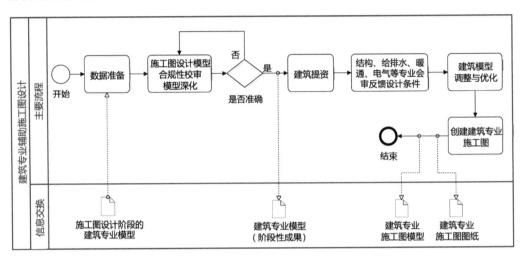

图 1-14　建筑专业辅助施工图设计 BIM 应用的操作流程

（3）成果

①建筑专业施工图模型：模型深度和构件要求应满足施工图设计阶段的建筑专业模型内容及其基本信息要求。

②建筑专业施工图图纸：图纸深度应满足《建筑工程设计文件编制深度规定》中施工图设计阶段的要求。

第 2 章

Revit 入门

本章导读

在正式学习Revit软件之前，我们先来了解一下关于Revit软件的发展历程，这对我们后续的学习会有很大的帮助。除了这些内容，本章还会详细介绍Revit的工作界面。

本章学习要点

1. Revit 的发展历程。

2. 软件操作界面。

3. Revit 的基本术语。

2.1 Revit 概述

本节将从三个方面来介绍Revit，分别是Revit简介、Revit的历史及Revit与BIM。

2.1.1 Revit 简介

Revit系列软件是由全球领先的数字化设计软件供应商Autodesk（欧特克）公司，针对建筑设计行业开发的三维参数化设计软件平台。目前，基于Revit技术平台推出的专业版模块涵盖了Revit Architecture（Revit建筑模块）、Revit Structure（Revit结构模块）和Revit MEP（Revit机械、电气与管道模块，即设备、电气、给排水）三个专业设计工具模块，以满足建筑设计中各专业的不同应用需求。在 Revit 模型中，所有的图纸、二维视图和三维视图及明细表，都是基于同一个基本建筑模型数据库的信息呈现形式。当在图纸视图和明细表视图中进行操作时，Revit会自动收集有关建筑项目的信息，并在项目的其他所有表现形式中协调并更新这些信息。此外，Revit 的参数化修改引擎能够自动协调在任何位置（包括模型视图、图纸、明细表、剖面图和平面图）进行修改。

2.1.2　Revit 的历史

Revit 最早是由一家名为 Revit Technology 的公司于 1997 年开发的三维参数化建筑设计软件。Revit 的原意是 "Revise immediately"，通常被理解为 "所见即所得"。2002 年，美国 Autodesk 公司以 2 亿美元收购了 Revit Technology，从此 Revit 正式成为 Autodesk 三维解决方案产品线中的一部分。经过数年的开发与发展，Revit 已经成为全球知名的三维参数化 BIM 设计平台。

2.1.3　Revit 与 BIM

1. BIM 简介

BIM 是一种新的流程和技术，它旨在将建筑项目的所有信息整合到一个三维的数字化模型中。这个模型不是静态的，而是随着建筑生命周期的不断发展而逐步演进，从前期方案到详细设计、施工图设计、建造和运营维护等各个阶段的信息都可以不断被集成到模型中。因此，可以说 BIM 模型是真实建筑物在计算机中的数字化镜像。当设计、施工、运营等各方人员需要获取建筑信息，如需要图纸、材料统计、施工进度等时，都可以从这个模型中快速提取出来。BIM 是在三维 CAD 技术的基础上发展起来的，但它的目标比 CAD 更为远大。如果说 CAD 是为了提升建筑师的绘图效率，那么 BIM 则致力于改善建筑项目全生命周期的性能表现和信息整合能力。

所以说，BIM 是以三维数字技术为基础，集成了建筑工程项目各种相关信息的工程数据模型。它可以为设计和施工提供协调一致、内部逻辑清晰且可进行运算的信息。也就是说，BIM 通过计算机建立三维模型，并在模型中存储了设计师所要表达的所有信息，这些信息都是根据模型自动生成，并与模型实时关联的。

2. Revit 对 BIM 的意义

BIM 是一种基于智能三维模型的流程，它能够为建筑和基础设施项目提供深入洞察，从而帮助更快速、更经济地创建和管理项目，并有效减少项目对环境的影响。Autodesk 的 BIM 解决方案以 Autodesk Revit 软件产品创建的智能模型为基础，同时配备了一套强大的补充工具来增强 BIM 的效用。这些工具包括项目虚拟可视化和模拟软件、AutoCAD 文档和专业制图软件，以及数据管理和协作平台。

在收购 Revit 技术公司后，Autodesk 进一步强化了 BIM 理念在其产品线中的推广和应用。Autodesk 将 "建筑信息模型" 用作其战略愿景的检验标准，旨在让客户及合作伙伴积极参与交流对话，共同探讨如何利用技术来支持并加速建筑行业采用更高效、更效能的流程。

Revit 是 BIM 概念的一个基础技术支撑和理论支撑。Revit 为 BIM 这种理念的实践和部署提供了工具和方法，Revit 成为 BIM 在全球工程建设行业内迅速传播并得以广泛推广的重要因素之一。

3. Revit 的应用

经过近十年的发展，BIM 已在全球范围内得到非常迅速的接受和应用。

（1）Revit 在欧美国家的应用与普及

在欧美国家，Revit 在设计、施工及业主领域的应用已趋于成熟，并呈现出以下特点。

①欧美国家 Revit 应用普及率较高，Revit 用户的应用经验丰富，使用年限较长。

②从应用领域上看，欧美国家已经将 Revit 应用在建筑工程的设计阶段、施工阶段乃至建成后的维护和管理阶段，实现了全生命周期的管理。

（2）Revit 在中国的起步与应用

当前，中国正在进行着世界上最大规模的工程建设，因此 Revit 的应用也正在被有力地推进，尤其是在民用建筑行业，推动着我国建筑工程技术的更新换代。Revit 于 2004 年进入国内市场，并率先在一些技术领先的设计企业中得以应用和实施，随后逐渐扩展到施工企业和业主单位。同时，Revit 的应用领域也从传统的建筑行业扩展到了水电、工厂建设甚至交通行业。同时，Revit 的应用程度实时地反映出了国内工程建设行业 BIM 的普及度和应用广度。以下是国内 BIM 及 Revit 应用的特点。

①在国内建筑市场，BIM 理念已经被广为接受，Revit 逐渐被应用，工程项目对 BIM 和 Revit 的需求日益旺盛，尤其是复杂、大型项目。

②基于 Revit 的工程项目生态系统尚不完善，基于 Revit 的插件、工具的开发和应用还不够完善、充分。

③国内 Revit 的应用仍然以设计企业为主，但部分业主和施工单位也逐步参与其中。

④国内 Revit 人员的应用经验相对有限，使用年限较短，且熟悉 Revit API 的人才相对匮乏。

⑤中国勘察设计协会举办的 BIM 大奖赛等赛事活动，极大促进了以 Revit 为首的 BIM 软件的应用和推广。

2.2　Revit 的特性及其图元架构

2.2.1　Revit 的特性

Revit 的三个特性如下。

（1）三维可视化与仿真性：这一特性体现在 Revit 软件的"所见即所得"功能上。Revit 能够创建出与真实构件高度一致的三维模型。

（2）一处修改、处处更新：这一特性源于 Revit 各个视图间的逻辑关联性。与传统的 CAD 图纸相比，Revit 中的各个视图并不是孤立的，而是基于整个三维模型的。在 Revit 中，每个视图都是从三维模型进行相应的剖切或投影得到的。因此，当在三维模型中创建和修改图元时，所有基于三维模型的其他二维视图都会自动进行相应的更新，无须手动修改每一幅图纸，从而大大节省了时间和精力，并降低了出错的风险。

（3）参数化设计：这一特性体现在Revit的参数化图元和参数化驱动引擎上。要了解Revit的参数化特性，需要先了解Revit的图元架构。

2.2.2　Revit 的图元架构

Revit的图元架构包括横向图元分类和纵向图元层级分类。Revit模型是由各种不同类型的图元组成的，这些图元在 Revit 中被称为"族"。而"族"则根据其独特的功能属性和用途被进一步划分为不同的类别。为了更清晰地理解这一概念，我们将内容分为两部分来讲解。第一部分学习 Revit的横向图元分类，也就是组成Revit模型的基本图元类型；第二部分学习 Revit 的纵向图元层级分类，也就是族的分类与扩展关系。

1. Revit 横向图元分类

Revit 图元分为模型图元、基准图元和视图专有图元，如图 2-1 所示。

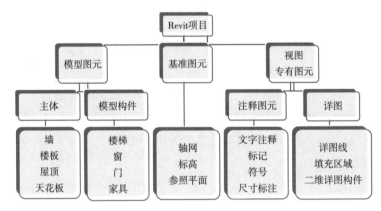

图2-1　图元分类

①模型图元：组成模型的三维图元，如楼板、门、窗等。

②基准图元：对构件进行空间定位的图元，如轴网、标高和参照平面。

③视图专有图元：用于在视图中进行标注、注释及二维修饰的图元，如尺寸标注、二维详图构件等。

2. Revit 纵向图元层级分类

Revit图元按层级分类，分为四个层级：类别、族、类型、实例。类别是根据图元的功能属性进行分类的；族是根据图元形状特性等属性进行分类的；类型是根据图元具体的一类属性参数进行分类的；实例是具体的单个图元，如图 2-2 所示。

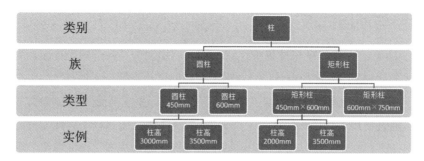

图2-2　图元层级

2.3　Revit 基本术语

Revit是一款专业的三维参数化建筑设计CAD工具，不同于大家熟悉的AutoCAD绘图系统。在Revit中，大部分用于标识对象的术语或概念都遵循建筑行业的标准术语。然而，也有一些术语是Revit独有的，因此，了解这些术语和基本概念对于有效使用Revit非常重要。

2.3.1　参数化

参数化设计是Revit的一个重要特征，它包含两个部分：参数化图元和参数化修改引擎。在Revit中，图元是以构件的形式出现的，这些构件是通过一系列参数定义的，这些参数存储了图元作为数字化建筑构件的所有信息。举个例子来说明Revit中参数化的作用：当建筑师需要设定墙与门之间有一个200单位的墙垛时，可以通过参数关系来"锁定"门与墙之间的间隔，如图2-3所示。

参数化修改引擎则赋予了Revit在建筑设计过程中自动更新相关联部分的能力。例如，在立面视图中修改了窗的高度，Revit将自动同步更新与该窗相关联的剖面视图中窗的高度，如图2-4所示。任一视图下所发生的变更都能参数化地、双向地传播到所有视图，以保证所有图纸的一致性，无需手动逐一对所有视图进行修改，从而极大地提高了工作效率和图纸的准确性。

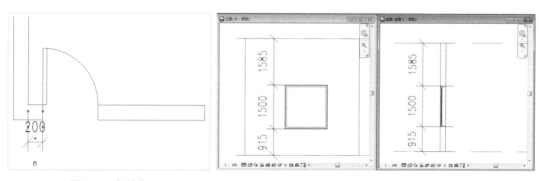

图2-3　参数化　　　　　　　　　　　　　图2-4　参数化修改

2.3.2　项目与项目样板

在Revit中，所有的设计信息都被集中存储在一个后缀名为".rvt"的"Revit项目"文件中。这个项目文件实际上是一个综合性的设计信息数据库，即建筑信息模型。项目文件包含了建筑的所有设计信息，从几何图形到构造数据，涵盖了建筑的三维模型、平立剖面图、节点详图、各类明细表、施工图图纸等。通过使用这个单一的项目文件，Revit 使得用户能够轻松地修改设计，并且这些修改能够自动反映在所有相关的视图或文档中，如平面视图、立面视图、剖面视图、明细表等。

当在Revit中新建项目时，Revit会自动采用一个后缀名为".rte"的文件作为项目的初始条件，这个".rte"格式的文件被称为"样板文件"。Revit的样板文件功能与AutoCAD中的.dwt模板文件类似。Revit的样板文件预设了新建项目中一系列默认的初始参数，如项目的默认度量单位、默认的楼层数量的设置、层高信息、线型设置、视图显示设置等。Revit允许用户自定义样板文件的内容，并将其保存为新的 .rte 文件，如图 2-5 所示。

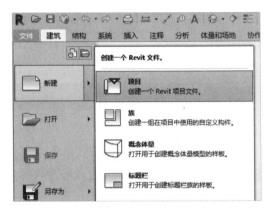

图2-5　新建项目

2.3.3　标高

标高是代表无限延伸的水平平面，它通常被用作屋顶、楼板和天花板等以楼层为主体的图元的参照。标高主要用于定义建筑内的垂直高度或楼层位置。在Revit中，用户可以为每个已知楼层或建筑中的其他必需参照点（如第二层楼板、墙顶或基础底部）创建标高。要放置标高，用户必须处于剖面视图或立面视图中。贯穿三维视图切割的"标高 2"工作平面及其旁边相应的楼层平面，如图2-6所示。

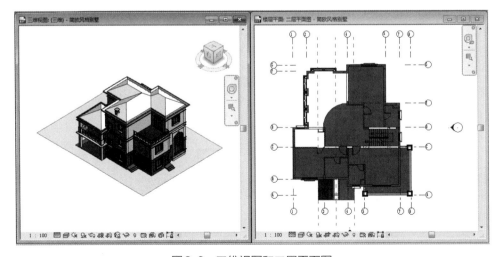

图2-6　三维视图和二层平面图

2.3.4 图元

在创建项目时，可以向设计中添加参数化建筑图元。Revit 按照类别、族和类型对图元进行分类，如图 2-7 所示。

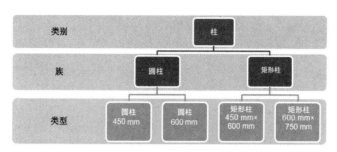

图 2-7 柱的图元分类

2.3.5 族

在 Revit 中进行设计时，基本的图形单元被称为图元。这些图元包括在项目中建立的墙、门、窗、文字、尺寸标注等，它们都是使用"族"（Family）来创建的。因此，可以说族是 Revit 设计的基础。每个"族"中都包含了众多可自由调节的参数，这些参数详细记录了图元在项目中的尺寸、材质、安装位置等信息。通过修改这些参数，用户可以轻松地改变图元的尺寸、位置等属性。Revit 支持以下三种类型的族。

（1）可载入族：这类族可以载入项目中，并根据族样板进行创建。用户可以自定义族的属性设置和族的图形化表示方法，以满足项目的具体要求。

（2）系统族：这类族不能作为单个文件载入或单独创建。Revit 已经预先定义了系统族的属性设置和图形表示。用户可以在项目内使用预定义的类型生成属于此族的新类型。例如，标高的行为在系统中已经被预定义。但用户可以通过不同的组合来创建其他类型的标高。系统族可以在项目之间传递。

（3）内建族：这类族用于定义在特定项目上下文中创建的自定义图元。如果项目需要独特的几何图形，且这些图形不希望在其他项目中重用，或者项目需要的几何图形必须与其他项目几何图形保持特定的关系，可以创建内建族。由于内建族在项目中的使用范围受限，因此每个内建族通常只包含一种类型。然而，用户可以在项目中创建多个内建族，并且可以将同一内建图元的多个副本放在项目中。需要注意的是，与系统和标准构件族不同，内建族不能通过复制类型来创建多种变体。

2.4　用户界面

当启动软件后，我们可以看到软件的初始界面，如图 2-8 所示。通过这个界面，用户可以新建或打开项目及族文件，同时，界面还会显示最近打开的项目与族文件的列表。在界面右侧，还提供了官方提供的学习资源,当用户需要查询相关信息时,可以单击查看。

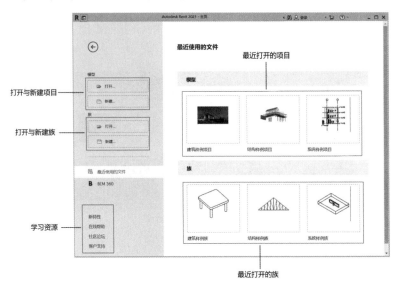

图2-8 Revit初始页面

当打开项目或新建一个项目文件时,用户就进入了Revit的工作界面,如图2-9所示。Revit 2022采用了Ribbon界面设计。相较于传统的界面方式,Ribbon界面不再将命令隐藏于各个菜单下,而是根据日常使用习惯,将不同的命令进行归类并分布在不同选项卡之间。这样,当用户选择相应的选项卡时,便可以直接找到自己需要的命令,这样的界面方式极大地提升了工作效率。

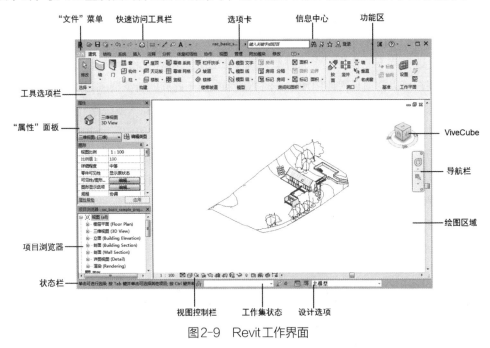

图2-9 Revit工作界面

1."文件"菜单

打开软件后，单击 文件 按钮，可以打开文件菜单。与 Autodesk 其他软件一样，其中会包含"新

建""打开""保存"等基本命令。在右侧默认会显
示最近打开过的文档，方便快速使用。当某个文件
需要一直显示在"最近使用的文档"中时，可以单
击其文件名称右侧的 📌 图标，将其锁定。这样就
可以使这个文件一直显示在列表中，而不会被新打
开的文件所替换掉，如图 2-10 所示。

图 2-10　"文件"菜单

2.快速访问工具栏

快速访问工具栏默认放置了一些常用的命令和按钮，如图 2-11 所示。

图 2-11　快速访问工具栏

3.信息中心

信息中心对于初学者而言，是一个非常重要的部分。可以直接在检索框中输入遇到的软件问
题，Revit 将检索出相应的内容。如果购买了 Autodesk 公司的速博服务，还可以通过这里登录速博
服务中心。个人用户也可以通过申请的 Autodesk 账户登录自己的云平台。单击 🔀 按钮可以登录
Autodesk 官方的 App 网站，网站内提供不同软件的插件供用户下载，如图 2-12 所示。

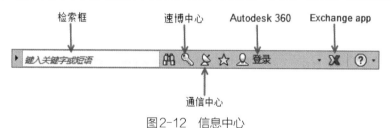

图 2-12　信息中心

4.功能区

软件的功能区面板会显示当前选项卡关联的命令按钮。它提供了三种显示方式，分别是"最小
化为选项卡""最小化为面板标题""最小化为面板按钮"。当选择"最小化为选项卡"时，可以最
大化绘图区域，从而增加模型的显示面积。用户可以通过单击功能区中的 ▣▾ 按钮对不同显示方式
进行切换，也可以单击其下拉按钮直接进行选择，如图 2-13 所示。

图 2-13　功能区面板

5. 工具选项栏

工具选项栏位于功能区的下方，"属性"面板和绘图区域的上方，并且其内容会根据当前命令或选定图元的变化而变化，用户可以从中选择子命令或设置相关参数。

例如，单击"建筑"选项卡下"构建"面板中的"墙"按钮时，出现的工具选项栏如图 2-14 所示。

图 2-14　工具选项栏

6. "属性"面板

Revit 默认将"属性"面板显示在界面左侧。通过"属性"面板，用户可以查看和修改用于定义 Revit 中图元属性的参数，如图 2-15 所示。

如果在视图中没有显示"属性"面板，可以通过以下三种方式进行操作。

①单击功能区中的"属性"按钮，打开"属性"面板，如图 2-16 所示。

②单击功能区中的"视图"→"用户界面"下拉按钮，在弹出的下拉菜单中选中"属性"复选框，如图 2-17 所示。

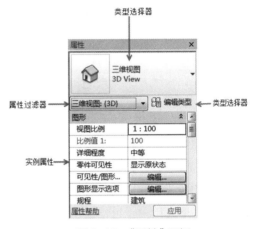

图 2-15　"属性"面板

③在绘图区域空白处单击鼠标右键，并从弹出的快捷菜单中选择"属性"选项，如图 2-18 所示。

类型选择器：用于显示当前选择的族类型，并提供一个可从中选择其他类型的下拉列表。例如墙，在"类型选择器"中会显示当前墙类型为"常规 – 200mm"，并在下拉列表中列出所有可用的墙类型。用户可以通过类型选择器来指定或替换图元类型，如图 2-19 所示。

图 2-16　单击"属性"按钮

图 2-17　选中"属性"复选框

图 2-18　快捷菜单

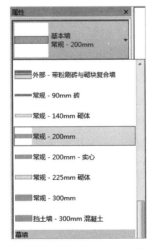

图 2-19　类型选择器列表

　　属性过滤器：用于显示当前选择图元的类别及数量，如图 2-20 所示。在选择多个图元时，默认会显示为"通用"名称及所选图元的总数，如图 2-21 所示。

　　实例属性：显示视图参数信息和图元属性参数信息。切换到某个视图时，会显示当前视图中相关参数的信息，如图 2-22 所示。如果在当前视图中选择图元，则会显示所选图元的参数信息，如图 2-23 所示。

图 2-20　属性过滤器（1）　图 2-21　属性过滤器（2）　　图 2-22　视图属性　　　图 2-23　墙体属性

　　类型属性：显示当前视图或所选图元的类型参数，如图 2-24 所示。

　　进入"类型属性"对话框有以下两种操作方法。

　　方法 1：选择图元，单击"类型属性"按钮，如图 2-25 所示。

　　方法 2：单击"属性"面板中的"编辑类型"按钮，如图 2-26 所示。

图 2-24　类型属性

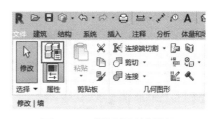

图 2-25　"类型属性"按钮

图 2-26　单击"编辑类型"按钮

7. 项目浏览器

项目浏览器用于显示当前Revit项目中所有视图、明细表、图纸、族、组、链接的模型和其他组成部分的结构树，是一个层次化的组织工具。当展开和折叠各分支时，将显示或隐藏下一层级的项目内容。在结构树中选中某视图并右击，可以打开相关的快捷菜单，进而对该视图进行"复制视图""删除""重命名""查找相关视图"等操作，如图2-27所示。双击视图名称，可以直接进入相应的视图进行编辑或查看。

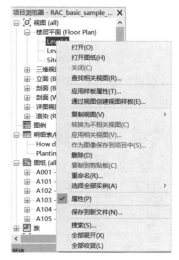

图2-27 项目浏览器

8. 视图控制栏

视图控制栏位于绘图区域下方，单击视图控制栏中的按钮，用户可以轻松设置视图比例、详细程度、模型图形样式、阴影、渲染对话框、裁剪区域、隐藏/隔离等操作，如图2-28所示。视图控制栏工具的详细介绍见3.1.4节。

图2-28 视图控制栏

9. 状态栏

状态栏位于Revit 2022工作界面的底部。在使用某一命令时，状态栏会提供相关操作的提示，如图2-29所示。当鼠标指针停在某个图元或构件上时，该图元或构件会高亮显示，同时状态栏会显示该图元或构件的族及类型名称。

单击输入旋转起始线或拖动或单击旋转中心控制

图2-29 状态栏

状态栏的右侧通常显示如下内容。

工作集 : 提供对工作共享项目中"工作集"对话框的快速访问。

设计选项 : 提供对"设计选项"对话框的快速访问。设计选项用于在项目的不同阶段开发备选设计方案。例如，在项目的大部分内容设计完成后，可以使用设计选项来根据项目范围中的修改进行调整、查阅其他设计方案，以便向用户展示变化的部分。

选择控制 : 提供多种选择控制的方式，用户可以根据需要自由开启或关闭这些控制。

过滤器 : 显示当前选择的图元数，并允许用户优化在视图中选择的图元类别。

10. 绘图区域

绘图区域是Revit软件进行建模操作的区域。绘图区域背景的默认颜色通常是白色，但用户可以通过Revit的"选项"工具来自定义颜色，F5键在Revit中通常用于刷新视图或屏幕。通过"视图"选项卡的"窗口"面板，用户可以管理绘图区域中的窗口布局，如图2-30所示。

图2-30 "窗口"面板

调整绘图区域的常用命令如下。

切换窗口：按快捷键Ctrl+Tab，可以在打开的所有窗口之间进行快速切换。

平铺：将所有打开的窗口以平铺的方式显示在绘图区域中。

层叠：层叠显示所有打开的窗口。

复制：复制一个已打开的窗口。

关闭隐藏对象：关闭除当前显示的窗口外的所有窗口。

2.5　文件格式

在完成一个项目的过程中，可能需要用到多款软件。不同的软件所生成的文件格式也不尽相同，所以首先需要了解软件支持哪些格式，有利于实际应用过程中互相导入导出。

2.5.1　基本文件格式

RTE格式：Revit的项目样板文件格式，主要包含项目单位、标注样式、文字样式、线型、线宽、线样式和导入/导出设置等内容。为了规范设计和避免重复设置，用户通常会根据自身的需求和内部标准，对Revit自带的项目样板文件进行预先设置，并将其保存为RTE文件，便于用户新建项目文件时选用。

RVT格式：Revit生成的项目文件格式，包含了项目的所有建筑模型、注释、视图和图纸等项目内容。通常，项目文件是基于项目样板文件（RTE文件）创建的。在完成编辑后，项目会被保存为RVT文件，作为设计过程中所用的项目文件。

RFT格式：用于创建Revit中可载入族的样板文件格式。在创建不同类别的族时，用户需要选择相应的族样板文件作为起点。

RFA格式：这是Revit中可载入族的文件格式。用户可以根据项目需求创建自己的常用族文件，以便随时在项目中调用。

2.5.2　支持的其他文件格式

在项目设计和管理过程中，用户经常会使用多种设计和管理工具来实现自己的目标。为了实现多软件环境的协同工作，Revit提供了"导入""链接""导出"功能，这些功能支持CAD、FBX、DWF、IFC和gbXML等多种文件格式。用户可以根据实际需求，选择性地导入和导出这些文件格式，如图2-31所示。

图2-31　链接与导入

说明：关于链接与导入命令所支持的文件格式将在4.2节详细介绍。

读书笔记

第 3 章

Revit 基础操作

本章导读

在全面了解了软件的界面后，接下来我们将深入学习 Revit 的基本操作。通过本章的学习，大家将能够熟练地浏览与编辑模型。此外，为了方便日后的学习，本章还介绍了一些关于软件的基础设置，帮助大家在使用软件进行学习或工作时更加得心应手。

本章学习要点

1. 模型浏览与编辑。

2. 视图显示控制。

3. 文件导入与链接。

4. Revit 基础设置。

3.1 模型浏览与控制

本节将介绍如何切换至不同的视图，并利用视图导航工具进行高效浏览。同时，通过视图控制栏工具，我们还可以轻松管理视图比例、视觉样式等参数。

3.1.1 项目浏览器

在实际项目中，项目浏览器扮演着非常重要的角色。项目启动后，所创建的图纸、明细表、族库等内容都会在项目浏览器中得以展现。在 Revit 中，项目浏览器主要用于管理数据文件，其表示形式为结构树，不同层级下对应着不同的内容，看起来非常清晰，如图 3-1 所示。

图 3-1　项目浏览器

打开项目文件，在项目浏览器中单击"楼层平面"前的展开按钮，展开卷展栏。然后双击"Level 1"，系统将打开 Level 1 平面视图，如图 3-2 所示。如需打开其他视图，执行同样的操作即可。

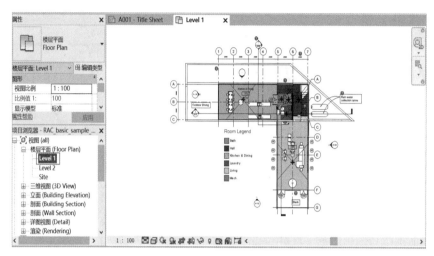

图 3-2　打开视图

3.1.2　视图导航

Revit 提供了多种导航工具，允许用户实现对视图的"平移""旋转""缩放"等操作。利用鼠标结合键盘上的功能按键或使用 Revit 提供的导航控制盘都可以实现对视图的操作，分别适用于控制二维及三维视图。

1. 鼠标结合键盘

鼠标结合键盘的操作分为以下 6 个步骤。

第1步▶ 打开 Revit 中自带的建筑样例项目文件，单击快速访问工具栏中的 🔲 按钮切换到三维视图。

第2步▶ 按住 Shift 键的同时，滚动鼠标滚轮可以对视图进行旋转操作。

第3步▶ 直接按下并拖动鼠标滚轮，移动鼠标可以对视图进行平移操作。

第4步▶ 双击鼠标滚轮，视图将恢复到默认状态或上一次保存的视图状态。

第5步▶ 将鼠标指针放到模型上任意位置，向上滚动滚轮会以鼠标指针所在位置为中心放大视图，反之缩小。

第6步▶ 按下键盘上的 Ctrl 键的同时，滚动鼠标滚轮可以放大或缩小视图。

2. 导航控制盘

导航栏默认在绘图区域的右侧，如图 3-3 所示。如果视图中没有显示"导航栏"工具，可以选择"视图"选项卡→"用户界面"→"导航栏"选项，如图 3-4 所示。单击导航栏中的"导航控制盘"按钮 ◎，将弹出导航控制盘供用户使用，如图 3-5 所示。

图 3-3 导航栏

图 3-4 显示导航栏

图 3-5 导航控制盘

3.1.3 ViewCube

除了使用导航控制盘提供的工具外，软件还提供了 ViewCube 工具来控制视图，该工具默认位于绘图区域的右上角，如图 3-6 所示。通过 ViewCube，用户可以轻松地将模型定位于各个标准方向和轴侧图视点。此外，使用鼠标拖曳 ViewCube，还可以实现自由观察模型。

图 3-6 ViewCube 工具

3.1.4 视图控制栏

Revit 在各个视图中均提供了视图控制栏，用于控制各视图中模型的显示状态。不同类型视图的视图控制栏样式不同，所提供的功能也不相同。下面以三维视图中的视图控制栏为例进行简单介绍，如图 3-7 所示。

1. 视图比例

单击视图控制栏中的"视图比例"按钮，系统将弹出"视图比例"菜单，如图 3-8 所示。用户可以在此菜单中设置当前视图的比例。

若用户选择菜单中的"自定义"选项，则会弹出"自定义比例"对话框，如图 3-9 所示。用户可以自行输入需要的比例数值，以满足特定的视图需求。

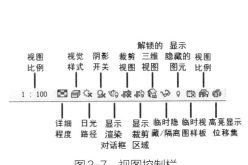

图 3-7 视图控制栏

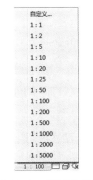

图 3-8 视图比例

图 3-9 自定义比例

2. 详细程度

单击视图控制栏中的"详细程度"按钮，系统将弹出"详细程度"菜单，如图3-10所示。用户可以选择任意详细程度，观察模型显示样式的变化。

图3-10　详细程度

技巧：在一般情况下，通常会将平面视图与立面视图的"详细程度"设置为"粗略"，可节省计算机资源。在详图节点、剖面图或其他细部图纸中，为了满足出图的要求和确保图纸的清晰度和准确性，通常需要将"详细程度"调整为"精细"，以满足出图的要求。

3. 视觉样式

单击"视觉样式"按钮，系统将弹出"视觉样式"菜单，如图3-11所示。

若单击"图形显示选项"选项，则会弹出"图形显示选项"对话框，如图3-12所示。用户可以在对话框中设置模型的透明度、轮廓线样式等。图3-13所示为应用"勾绘线"的效果（模拟手绘）。限于篇幅，有兴趣的读者可以自行研究"图形显示选项"中的参数，这里将不作详细说明。

图3-11　视觉样式

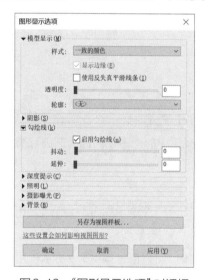

图3-12　"图形显示选项"对话框

图3-13　"勾绘线"效果

视觉样式工具的选项说明如下。

线框：所有模型图元以线框的形式显示，如图3-14所示。

隐藏线：显示模型的边线与图案，若被遮挡则不显示，如图3-15所示。

着色：将显示模型材质中着色状态下的颜色，还能模拟间接光照与阴影效果，如图3-16所示。该设置只会影响当前视图。

一致的颜色：所有图元将显示着色状态下的颜色，但不会显示光和阴影。因此，无论模型从哪个角度观察，都将显示为一致的颜色，如图3-17所示。

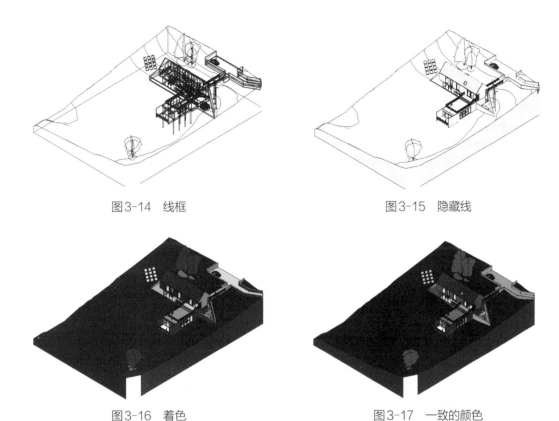

图3-14　线框　　　　　　　　　　　　　图3-15　隐藏线

图3-16　着色　　　　　　　　　　　　　图3-17　一致的颜色

真实：从"选项"对话框启用"硬件加速"功能后，"真实"样式将在可编辑的视图中显示材质外观。旋转模型时，表面会显示在各种照明条件下呈现的外观，如图3-18所示。

光线追踪：是一种照片级真实感渲染模式，如图3-19所示。在使用该视觉样式时，模型的渲染在开始时分辨率较低，随后会迅速提升保真度，从而看起来更具有照片级真实感。

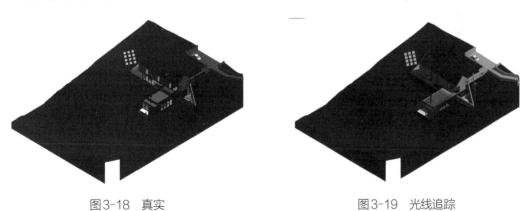

图3-18　真实　　　　　　　　　　　　　图3-19　光线追踪

4. 日光路径

单击"打开日光路径"按钮，系统将弹出"日光路径"菜单，如图3-20所示。

选择"打开日光路径"选项，视图中将显示日光路径，如图3-21所示。拖动日光图标，可以实时观察不同时间的光照情况。还可以单击"日光设置"按钮，设置不同的时段，观察某个季节或某一天的光照情况。

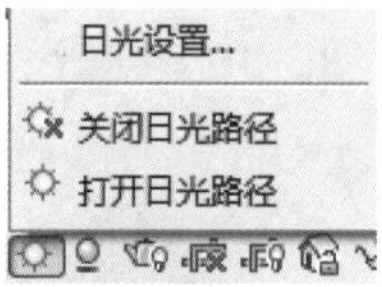

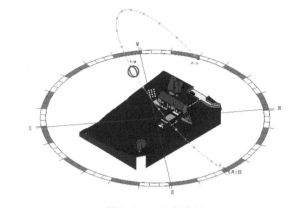

图3-20 日光路径菜单

图3-21 日光路径

5. 阴影开关

单击"打开阴影"按钮，视图将显示阴影，如图3-22所示。

6. 显示渲染对话框

单击"显示渲染对话框"按钮，系统将打开"渲染"对话框，如图3-23所示。通过此对话框，可以设置渲染的相关参数进行渲染。

图3-22 阴影效果

图3-23 "渲染"对话框

7. 裁剪视图

单击"裁剪视图"按钮，系统将开启裁剪模式，如图3-24所示。

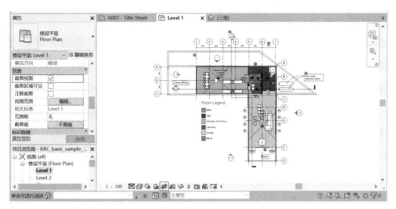

图3-24　裁剪模式

8. 显示裁剪区域

单击"显示裁剪区域"按钮，系统将显示或隐藏裁剪范围框，同时在"属性"面板中也会自动
选中或取消选中"裁剪区域可见"选项，如图3-25所示。

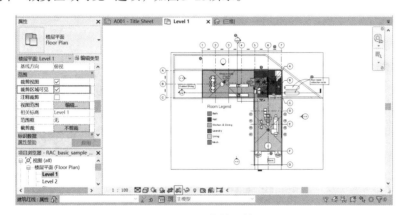

图3-25　裁剪区域

选择裁剪区域，在"属性"面板选中"注释裁剪"复选框会显示注释和模型裁剪。内部裁剪是
模型裁剪，外部裁剪则是注释裁剪，如图3-26所示。

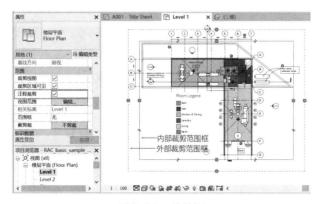

图3-26　裁剪框

9. 解锁的三维视图

单击"解锁的三维视图"按钮，系统将显示锁定三维视图菜单，选择"保存方向并锁定视图"选项，如图3-27所示。

输入视图名称，单击"确定"按钮，当前视图将被锁定，如图3-28所示。

图3-27　锁定三维视图菜单　　　　　　　　图3-28　输入视图名称

说明：锁定后的三维视图将固定在当前视角，不能旋转方向，只能放大或缩小。

10. 临时隐藏/隔离

选中需要临时隐藏或隔离的图元，然后单击"临时隐藏/隔离"按钮，系统将显示隐藏与隔离菜单，如图3-29所示。

选择隐藏选项，系统将暂时隐藏选中的图元，如图3-30所示。

图3-29　隐藏与隔离菜单　　　　　　　　图3-30　隐藏图元

选择隔离选项，系统将孤立显示选中的图元，如图3-31所示。

选择"重设临时隐藏/隔离"选项，系统将恢复默认的视图显示状态，如图3-32所示。

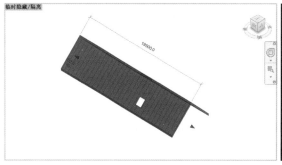

图3-31　隔离图元　　　　　　　　图3-32　恢复默认状态

临时隐藏/隔离工具的选项说明如下。

将隐藏/隔离应用到视图：将视图临时隐藏或隔离的图元显示状态，转换为永久性的显示或隐藏状态。

隔离类别：仅显示视图中所有选定类别的图元。例如，如果选择了某些墙和门类别，那么仅在视图中显示墙和门的图元。

隐藏类别：隐藏视图中所有选定类别的图元。例如，如果选择了某些墙和门类别，那么视图中将不再显示墙和门的图元，但其他类别的图元将保持可见。

隔离图元：仅隔离选定的图元。

隐藏图元：仅隐藏选定的图元。

重设临时隐藏/隔离：所有临时隐藏的图元恢复到视图中。

11. 显示隐藏的图元

单击"显示隐藏的图元"按钮，视图将切换为"显示隐藏的图元"状态，如图 3-33 所示。

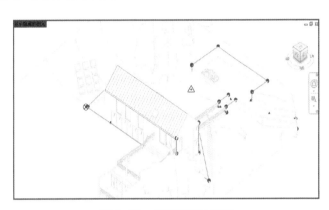

图 3-33　显示隐藏的图元

选择需要恢复显示的图元，单击功能区面板中的"取消隐藏图元"按钮，如图 3-34 所示。再次单击"显示隐藏的图元"按钮 ，所选图元在视图中已恢复显示，如图 3-35 所示。

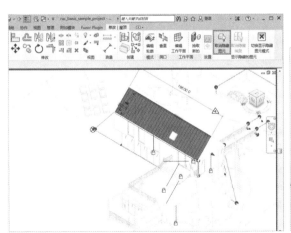

图 3-34　取消隐藏图元

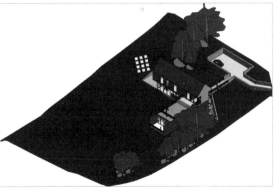

图 3-35　恢复显示隐藏的图元

也可以在绘图区域右击，在弹出的快捷菜单中选择"取消在视图中隐藏"→"类别"命令，也可以显示图元，如图 3-36 所示。

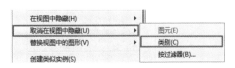

图 3-36　取消隐藏类别

12. 高亮显示位移集

单击"高亮显示位移集"按钮，视图中将高亮显示位移集，如图3-37所示。

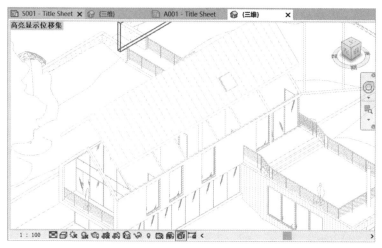

图3-37　显示位移集

3.1.5　视图工具

使用视图工具可以实现在视图中图元的隐藏、替换、置换等操作。

1. 在视图中隐藏

选中视图中的任意图元，然后单击"修改|屋顶"选项卡→"视图"面板→"在视图中隐藏"按钮，将弹出下拉菜单。选择任意选项，可实现单个图元或类别永久隐藏，如图3-38所示。

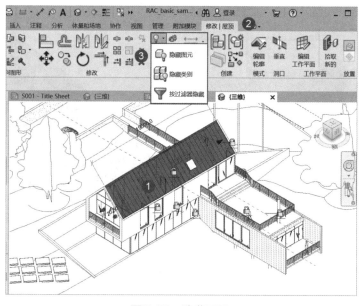

图3-38　隐藏工具

在视图中隐藏工具的选项说明如下。

隐藏图元：将在视图中隐藏所选图元。快捷键为EH。

隐藏类别：将在视图中隐藏所选类别的所有图元。快捷键为VH。

按过滤器隐藏：此操作将打开"可见性/图形替换"对话框，并显示用于修改、添加或删除过滤器的"过滤器"选项卡，以控制视图中图元的可见性。

2. 置换图元

打开三维视图选中需要置换的图元，单击"修改|屋顶"选项卡→"视图"面板→"置换图元"按钮，如图3-39所示。

所选图元将出现移动控件。拖动控件可实现图元各个方向的移动，如图3-40所示。

图3-39　单击"置换图元"按钮 　　　　　　　图3-40　图元移动

> 说明：使用置换工具移动的图元，只是在当前视图显示移动效果，并不会影响模型本身。如果需要取消操作，可以选中图元，在位移集面板中单击"重置"按钮，即可将图元恢复到原始状态。

3. 选择框

选择需要单独查看的图元，然后单击"修改|选择多个"选项卡→"视图"面板→"选择框"按钮，如图3-41所示。

视图将使用剖面框将所选图元局部显示，如图3-42所示。选中剖面框后，通过调整其句柄，可以控制剖切范围，从而调整视图中显示的图元部分。

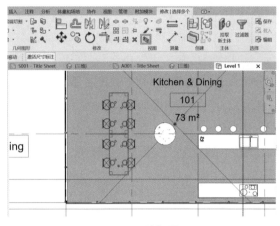

图3-41　选择图元

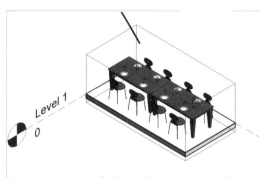

图3-42　局部三维视图

3.2　图元编辑基本操作

本节主要介绍Revit图元的选择与编辑工具。Revit既提供了传统的图形编辑工具，如移动、旋转、缩放等命令，又提供了一些不一样的新工具，如临时尺寸标注、属性等参数化编辑工具。

3.2.1　图元的选择

Revit中选择图元的方法与其他三维建模软件相似，易于掌握。Revit选择工具还提供了一些选项，方便用户更智能地选择所需要的图元。

1. 选择方式

首先按照选择方式来进行分类，大致可以分为以下四类。

（1）单选和多选

单选：鼠标左键单击图元即可选中一个目标图元。

多选：按住Ctrl键的同时单击图元，可以将其增加到选择集中；按住Shift键的同时单击图元，则可以从选择集中删除该图元。

技巧：通过单选方式不容易选择或有重叠的图元，可以尝试将光标置于要选择的图元上方，然后重复按下键盘上的Tab键进行循环选择，直到高亮显示需要的图元，然后按下鼠标左键即可将其选中。

（2）框选和触选

框选：在视图区域中，按住鼠标左键从左往右拉实线框进行选择，选择框内的图元即为选择的目标图元，如图 3-43 所示。

触选：在视图区域中，按住鼠标左键从右往左拉虚线框进行选择，选择框接触到的图元即为选择的目标图元，如图 3-44 所示。

（3）按类型选择

单选一个图元后，右击弹出关联菜单，依次选择"选择全部实例"→"在视图中可见"或"在整个项目中"选项，即可在当前视图或整个项目中选中与该单选图元相同类型的图元，如图 3-45 所示。

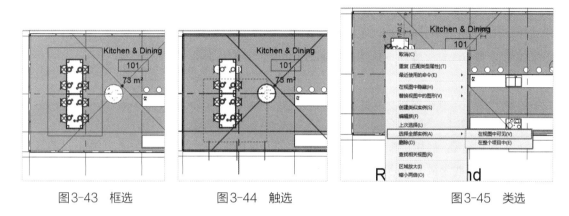

图 3-43　框选　　　　　　图 3-44　触选　　　　　　　图 3-45　类选

（4）滤选

当使用框选或触选后选中了多种类别的图元时，如果想要单独选中其中某一类图元，可以在上下文选项卡中单击"过滤器"按钮，或在绘图区右下角单击"过滤器"按钮，如图 3-46 所示，即可弹出"过滤器"对话框，如图 3-47 所示，进行过滤选择。

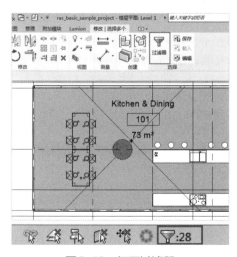

图 3-46　打开过滤器

图 3-47　"过滤器"对话框

2."修改"工具

"修改"工具本身在默认状态下，当软件退出执行所有其他命令时，会自动切换到"修改"工具。

因此，在操作软件的过程中，几乎不用手动切换选择工具。然而，在某些特定情况下，为了能更方便地选择相应的图元，可能需要对"修改"工具进行一些设置，以提高用户的选择效率。

在功能区的"修改"工具下，单击"选择"按钮会展开下拉菜单，如图3-48所示。绘图区域右下角的选择按钮与这个展开菜单中的命令相对应，如图3-49所示。

"修改"工具的选项说明如下。

选择链接：若要选择链接的文件和链接中的各个图元时，请启用该功能。

选择基线图元：若要选择基线中包含的图元时，请启用该功能。

选择锁定图元：若要选择被锁定且无法移动的图元时，请启用该功能。

图3-48 "修改"工具选项

按面选择图元：若要通过单击图元的内部面而不是边来选择图元时，请启用该功能。

图3-49 "修改"工具选项

选择时拖曳图元：启用"选择时拖曳图元"功能，可以在选择图元的同时拖曳那些未被选择的图元。为了避免在选择图元时意外移动它们，可以禁用该功能。

3.2.2 图元的属性

图元属性分为两种，分别是实例属性与类型属性。接下来，将着重介绍两种属性的区别，以及修改其中参数的注意事项。

1. 实例属性

实例属性通俗来讲，就是只对当前图元起作用的属性。当我们修改实例属性中的参数时，只会影响当前选中的图元，而不会影响其他同类型的图元。"属性"面板如图3-50所示。

2. 类型属性

类型属性是指某类图元的通用属性，当修改同类型单个图元参数时，会影响其他同类型图元。例如，编号为"C0912"的窗在项目中放置了10个，如果修改其中任何一个类型参数"宽度"值后，当前项目中所有同一编号的窗尺寸将发生变化。"类型属性"对话框如图3-51所示。

图3-50 "属性"面板　　图3-51 "类型属性"对话框

3.3 选项工具

"选项"工具为Revit提供了全局设置。这些设置涵盖了用户界面的UI、快捷键配置和文件存储位置等常用选项。用户可以在开启或关闭Revit文件的状态下，对这些设置进行更改。

当打开Revit后，用户可以通过单击顶部"文件"按钮来访问下拉菜单，如图3-52所示。在该菜单中，单击"选项"按钮，即可弹出"选项"对话框。该对话框提供了常用的设置选项供用户选择。

3.3.1 软件背景颜色调整

Revit默认的背景颜色为白色。但对于经常接触AutoCAD的用户来讲可能并不习惯，通过背景颜色的设置，可以让软件的背景颜色保持统一。

单击"图形"选项卡→"颜色"面板→"背景：白

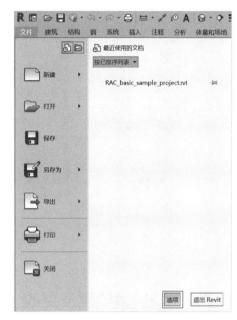

图3-52　"文件"下拉菜单

色"按钮，在弹出的"颜色"对话框中选择黑色，再单击"确定"按钮，如图3-53所示。

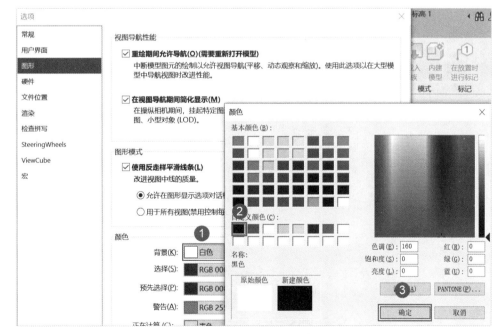

图3-53　修改背景颜色

单击"确定"按钮关闭"选项"对话框后，会发现软件背景颜色已经变成了黑色，如图 3-54 所示。

图 3-54　背景颜色为黑色

3.3.2　快捷键使用及更改

为了高效率地完成设计任务，设计师通常会为所使用的软件设置一些快捷键，以此来提升绘图效率。同样，在 Revit 中，为了高质量且快速地完成设计任务，设计师也需要设置一些常用的快捷键。

单击"用户界面"选项卡→"配置"面板→"快捷键：自定义"按钮，如图 3-55 所示。

图 3-55　"用户界面"选项卡

系统将打开"快捷键"对话框。搜索需要修改快捷键的命令，然后在搜索结果中选中对应的命令，接着在"按新键"文本框中输入新的快捷键，并单击"指定"按钮，如图3-56所示。

图 3-56　设置快捷键

　　快捷键全部设置完毕后，若希望将当前快捷键保存以便在其他计算机上使用，则单击"导出"按钮，将快捷键设置保存为一个独立的文件。随后，在其他计算机上，同样需要打开快捷键配置窗口，单击"导入"按钮，选择之前导出的快捷键文件进行导入即可。

读书笔记

第 4 章
项目准备工作

本章导读

通过前面的章节，我们对Revit已经有了相对系统的认识。接下来，我们将进入实战阶段。在本章中，我们将了解并掌握Revit在正式建模前，需要做哪些准备工作，并学会避免一些常见的误区。

本章学习要点

1. 项目样板的制作。

2. 文件的链接与导入。

3. 新建项目。

4.1　项目与项目样板

在前面的章节中，我们已经介绍过项目样板的相关概念。在本节中，我们将讲解项目样板的内容，包括如何合理地定制项目样板，以及如何利用制作好的项目样板来创建新的项目文件。

4.1.1　项目样板的作用

在开始制作项目前，我们首先需要指定一个样板，作为Revit建模的初始环境。这个概念类似于在AutoCAD中新建文件时所使用的.dwt样板文件。样板定制的内容涵盖了各种基本的系统族设置、各种样式的设置、常用的系统族所依赖的外部族的制作和设置、常用的外部族的制作，以及常用的明细表设置等。通俗地说，如果项目样板准备得足够充分，可以节省项目执行过程中高达30%的重复性工作。

4.1.2 创建项目样板

创建项目样板有三种方式，分别是基于现有样板创建、使用项目文件创建、使用"传递项目标准"工具创建。读者可结合自身情况，选择任意一种方式来创建项目样板。

1. 基于现有样板创建

单击"文件"→"新建"按钮，系统将弹出"新建项目"对话框，选择项目样板文件，然后选中"项目样板"单选按钮，最后单击"确定"按钮，如图4-1所示。

2. 使用现有项目文件创建项目样板

单击"文件"→"打开"→"项目"按钮，系统将弹出"打开"对话框，选择需要打开的项目文件。切换到三维视图，将所有模型图元删除，如图4-2所示。

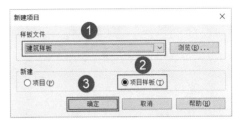

图4-1 新建项目样板

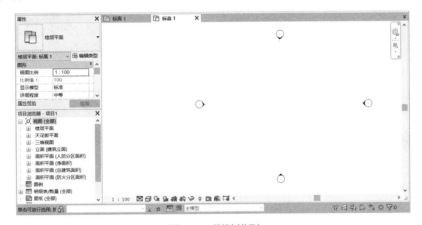

图4-2 删除模型

最后单击"文件"→"另存为"→"样板"按钮，如图4-3所示。在弹出的"另存为"对话框中保存样板文件，如图4-4所示。

图4-3 另存项目样板（1）

图4-4 另存项目样板（2）

3. 使用"传递项目标准"工具创建

打开已完成的项目文件,并新建空白的项目样板。在空白的项目样板文件中,单击"管理"选项卡→"设置"面板→"传递项目标准"按钮,如图4-5所示。系统将弹出"选择要复制的项目"对话框,单击"放弃全部"按钮,然后选中需要传递的选项即可,如图4-6所示,最后保存项目样板文件。

图4-5 单击"传递项目标准"按钮

图4-6 选择传递内容

4.1.3 创建新项目

单击"文件"→"新建"→"项目"按钮,系统将弹出"新建项目"对话框。首先选择项目样板文件,例如,创建建筑模型就选择"建筑样板",然后选中"项目"单选按钮,如图4-7所示。最后单击"确定"按钮,就会进入项目环境,如图4-8所示。

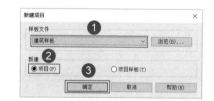

图4-7 新建项目

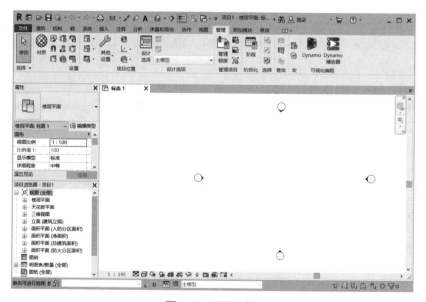

图4-8 项目环境

4.2 链接与导入

在设计过程中，经常需要多款软件协同工作，以达到最终的设计成果交付目的。由于各款软件之间的文件格式各不相同，这往往导致文件之间形成孤立关系。在Revit中，提供了多种插入外部文件的方法，帮助我们有效地解决了文件整合的问题。

4.2.1 链接

对于不需要进行编辑，仅作为参照的文件，可以考虑使用Revit的链接功能将文件插入。这一功能的工作原理类似于AutoCAD中的外部参照。通过使用链接功能，可以在不增加项目文件大小的情况下，轻松地将外部模型或图元插入Revit项目中。

1. 链接Revit

新建或打开项目文件，然后单击"插入"选项卡→"链接"面板→"链接Revit"按钮，如图4-9所示。系统将打开"导入/链接RVT"对话框，选择需要链接的RVT文件，并选择"自动-原点到原点"选项，最后单击"打开"按钮，如图4-10所示。随后文件将被链接至项目中，链接完成效果如图4-11所示。

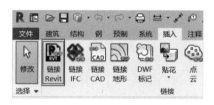

图4-9 单击"链接Revit"按钮

图4-10 链接Revit模型

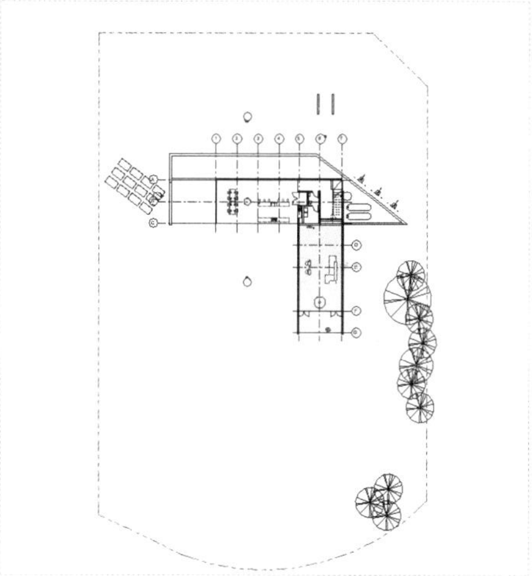

图4-11 链接完成效果

2. 链接CAD

新建或打开项目文件，然后单击"插入"选项卡→"链接"面板→"链接CAD"按钮，如图4-12所示。系统将打开"链接CAD格式"对话框，选中"仅当前视图"复选框并设置导入单位等信息，最后选择需要插入的文件，单击"打开"按钮即可，如图4-13所示。

图4-12 单击"链接CAD"按钮

（1）参数介绍

①仅当前视图：仅将 CAD 图纸导入当前活动视图中。

②颜色：有三个选项可供选择，分别是反转、保留、黑白。

保留：保持原文件颜色设置不变。

反转：将颜色转换为对比色，即深色变浅色，浅色变深色。

黑白：以黑白模式导入文件，不考虑原文件的颜色。

③图层 / 标高：有三个选项，分别是全部、可见、指定。

图4-13　链接CAD

◎ 全部：导入或链接图纸中的所有图层。

◎ 可见：只导入或链接当前可见的图层。

◎ 指定：允许用户选择要导入或链接的特定图层和标高。

④导入单位：为导入的几何图形明确设置测量单位。

⑤纠正稍微偏离轴的线：该选项默认处于选中状态，可以自动更正偏离轴小于0.1°的线，并且有助于避免从这些线生成的 Revit 图元出现问题。

⑥定位：确定文件链接或导入时的位置关系，有五种选项可选，默认选择"自动-原点到原点"选项。

自动-中心到中心：将传入几何图形的中心放到 Revit 主体模型的中心。

自动-原点到原点：将传入几何图形的原点放到 Revit 主体模型的原点。

自动-通过共享坐标：根据共享坐标将传入几何图形放置在 Revit 主体模型中。

手动-原点：在当前视图中显示传入的几何图形，并将光标放置在导入项或链接项的世界坐标原点上。

手动-中心：在当前视图中显示传入的几何图形，并将光标放置在导入项或链接项的几何中心上。

放置于：选择传入的几何图形要放置的标高，传入几何图形的原点会按此标高在 Revit 主体模型中放置。

⑦定向到视图：选中此选项，则导入或链接的CAD文件将与视图正北方向对齐。如不选中此选项，则导入或链接的CAD文件与视图项目北方向对齐。而视图中项目北和正北方向如果保持一致，该选项将不会对CAD文件定位产生任何影响。

（2）支持导入格式介绍

通过"链接CAD"命令，允许链接以下文件格式。

.dwg：通常是由 AutoCAD 软件创建的文件格式。

.skp：由 SketchUp 软件创建的文件格式。

.sat：由 ACIS 核心开发出来的应用程序的共通格式。

.dgn：由 MicroStation 软件创建的文件格式。

.dwf：由 Autodesk 公司推出的文件格式。

3. 链接NWD\NWC文件

新建或打开项目文件，然后单击"插入"选项卡→"链接"面板→"协调模型"按钮，如图4-14所示。系统将打开"协调模型"对话框，如图4-15所示，在其中单击"添加"按钮，将弹出"选择文件"对话框，选择

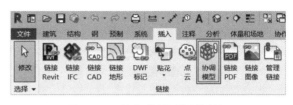

图4-14　单击"协调模型"按钮

需要链接的NWD或NWC文件，单击"打开"按钮，如图4-16所示。然后依次单击"确定"按钮，文件将被链接到项目中。

图4-15　协调模型对话框　　　　　图4-16　选择NWD/NWC文件

4. 管理链接

新建或打开项目文件，然后单击"插入"选项卡→"链接"面板→"管理链接"按钮，如图4-17所示。

图4-17　"链接"面板

系统将打开"管理链接"对话框，可以查看已链接的不同格式的文件，还可以对其进行删除、更新等操作，如图4-18所示。

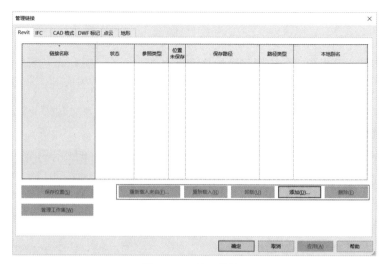

图4-18 管理链接

重新载入来自：当链接文件的存储位置发生变化时，可以使用此按钮重新指定链接文件的新位置。

重新载入：如果链接文件的内容已经更新，可以使用此按钮将其最新状态载入到当前项目中。

卸载：将选中的链接文件从当前项目的内存中卸载，但保留其在链接文件列表中的位置，以便将来需要时可以再次载入。

添加：打开"添加链接文件"对话框，根据所在选项卡不同，弹出的链接文件对话框也不同。

删除：从链接文件列表中永久删除选中的链接文件。

4.2.2 导入

通过导入工具，可以将外部文件直接插入当前文件，成为文件的一部分。

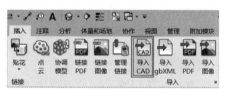

图4-19 单击"导入CAD"按钮

1. 导入CAD

新建或打开项目文件，然后单击"插入"选项卡→"导入"面板→"导入CAD"按钮 ，如图4-19所示。系统将打开"导入CAD格式"对话框，选择需要导入的CAD文件，设置相应的参数，最后单击"打开"按钮，如图4-20所示。

2. 导入PDF

新建或打开项目文件，然后单击"插入"选项卡→"导入"面板→"PDF"按钮 ，如图4-21所示。系统将弹出"导入图像"对话框，

图4-20 导入CAD文件

选择需要导入的文件，然后单击"打开"按钮，如图4-22所示。

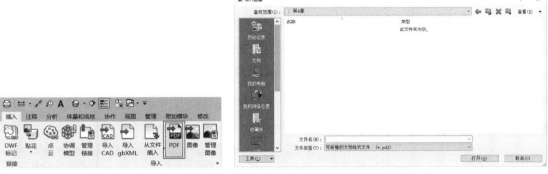

图4-21 单击"PDF"按钮   图4-22 选择导入的PDF文件

3. 导入图像

新建或打开项目文件，然后单击"插入"选项卡→"导入"面板→"图像"按钮，如图4-23所示。系统将弹出"导入图像"对话框，选择需要导入的图像，然后单击"打开"按钮，如图4-24所示。

图4-23 单击"图像"按钮   图4-24 选择导入的图像

直接在视图中单击放置图像，然后选中图像，在"属性"面板中设置图像的尺寸参数，如图4-25所示。

图4-25 放置图像

说明：只能在二维视图中放置图像，在三维视图中无法放置图像。

4. 管理图像

新建或打开项目文件，然后单击"插入"选项卡→"导入"面板→"管理图像"按钮，如图 4-26 所示。系统将弹出"管理图像"对话框，选择图像文件可以进行添加、删除、重新载入等操作，如图 4-27 所示。

图 4-26　单击"管理图像"按钮

图 4-27　管理图像对话框

4.3　载入族与组

4.2 节中介绍了可以通过链接和导入两种方法，将外部文件引用到当前建筑项目中。本节将进一步介绍如何将族与组载入项目中以便使用。载入族的方法有多种，不过一般常用以下两种：第一种是通过"载入族"命令，将族文件载入项目中；第二种则更加便捷，直接将需要使用的族文件拖曳到项目中即可。而对于组文件，则只能通过"载入组"来实现文件的载入。

4.3.1　载入族

新建或打开项目文件，然后单击"插入"选项卡→"从库中载入"面板→"载入族"按钮，如图 4-28 所示。

系统将弹出"载入族"对话框，选择需要载入的族文件，直接单击"打开"按钮即可，如图 4-29 所示。

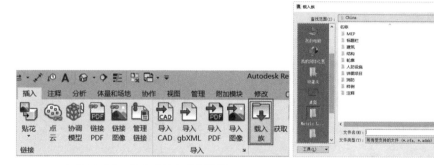

图 4-28　单击"载入族"按钮　　　　　　　图 4-29　载入族

4.3.2 载入组

新建或打开项目文件，然后单击"插入"选项卡→"从库中载入"面板→"作为组载入"按钮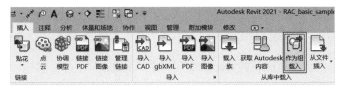，如图4-30所示。

图4-30 单击"作为组载入"按钮

系统将弹出"将文件作为组载入"对话框，选择需要载入的组文件，直接单击"打开"按钮即可，如图4-31所示。

图4-31 载入组

技巧：系统族与内建族无法直接作为文件加载到项目文件中。但可以将系统族或自建族先创建为组并单独保存，然后再以组的形式载入项目文件中。

4.3.3 创建组

通过上述介绍，我们已经了解了如何载入族与组的方法。接下来，我们开始学习如何创建组。在建筑领域，组主要分为两种，一种是"模型组"，其中只包含三维模型部分的内容；另外一种是"详图组"，主要包含二维详图部分的内容。

新建或打开项目文件，选中需要成组的构件，然后单击"修改|家具"选项卡→"创建"面板→"创建组"按钮，如图4-32所示。

执行上述操作后，系统将弹出"创建模型组"对话框，输入名称及设置组的类型，然后单击"确定"按钮，如图4-33所示。

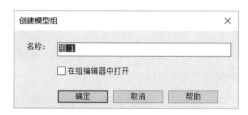

图 4-32　单击"创建组"按钮　　　　　　　　图 4-33　创建组

单击"添加"按钮，将需要成组的对象添加到其中，并单击"完成"按钮，如图 4-34 所示。

技巧：可以先选中需要成组的对象，然后执行创建组命令，这样可以节省一步操作。如果是对现有的组进行编辑，可以通过添加或删除进行组成员的增减。

模型组创建完成后的效果如图 4-35 所示。

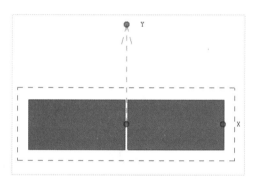

图 4-34　添加组成员　　　　　　　　　图 4-35　模型组

读书笔记

56

第 5 章
建筑模型设计

本章导读

本章将详细介绍如何利用Revit软件来完成建筑模型的设计工作。具体内容包括建立标高、轴网、绘制墙体、放置门窗、创建楼板、天花板、屋顶等。

本章学习要点

1. 标高、轴网。

2. 墙体与门窗。

3. 楼板、天花板、屋顶的设计。

4. 楼梯、坡道、栏杆扶手。

5. 洞口。

6. 房间、面积。

7. 构件、场地。

5.1 标高与轴网的设计

在建筑设计的初期阶段，标高和轴网共同构成了建筑设计的三维空间框架，也是建立立体模型的首要环节。在BIM设计中，作为基础资料的标高和轴网是实现各专业协同设计的必要前提。BIM设计软件Revit正是利用由标高和轴网组成的立体空间框架，来逐一定位梁、柱、楼板、墙体、门窗等建筑构件元素。BIM设计是建筑工程项目的立体化、信息化表达，它是平面设计图纸的升级和延伸。因此，在绘制BIM设计的轴网和标高时，需要以平面设计图纸的数据为依据和支撑。

5.1.1　创建与编辑标高

在 Revit 中，建议先在立面或剖面视图中建立标高，然后在平面视图中创建轴网。这样的操作顺序可以避免因先创建轴网后创建标高而导致的新添加的平面视图中不显示轴网的问题。

1. 直接创建标高

新建项目文件，切换到立面或剖面视图，然后单击"建筑"选项卡→"基准"面板→"标高"按钮■，如图 5-1 所示。

图 5-1　单击"标高"按钮

接着将光标置于起始位置，然后输入层高数值，软件将自动修改临时尺寸数值，如图 5-2 所示。

图 5-2　修改层高数值

单击鼠标左键确定标高起点，移动鼠标指针至合适的位置再次单击确定终点，如图 5-3 所示。此时标高已经创建完成，并且生成对应的平面视图。

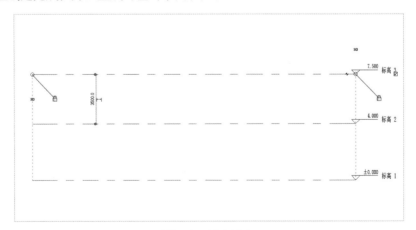

图 5-3　新建标高

　　除上述方法外，还可以先创建标高，然后在标头位置输入标高数值，此时单位为米，如图5-4所示。

图5-4　修改标高数值

2. 使用复制工具创建标高

　　切换到立面或剖面视图，然后单击"修改"选项卡→"修改"面板→"复制"按钮，如图5-5所示。

　　选中现有标高，按Enter键确认。将光标置于标高上单击确定起点，然后向上或向下拖动鼠标，输入高度数值，如图5-6所示，最后按Enter键确认。

图5-5　单击"复制"按钮　　　　　　　　　　图5-6　输入高度数值

　　选中标高后，可以在"属性"面板中修改标高的高度参数，也可以修改标高名称等信息，如图5-7所示。除此方法外，也可以直接双击标高的数值和名称来修改信息。

　　标高"属性"面板的参数介绍如下。

　　立面：标高的垂直高度。

　　上方楼层：此参数指明该标高之上的建筑楼层。

图5-7　设置属性

　　计算高度：在计算房间周长、面积和体积时，要使用的从该标高起算的上方距离。

范围框：应用于该标高的范围框设置。

名称：标高的标识名称。

结构：将标高标识为主要结构。

建筑楼层：在使用导出选项"按标高拆分墙和柱"导出为 IFC 格式时，该参数与"上方楼层"参数共同作用。

3. 修改标高样式

选中标高后，单击"属性"面板中的类型选择器，在弹出的列表中选择需要替换的标高样式，如图 5-8 所示。

除了可以通过编辑标高属性的方式来修改标高样式，还可以直接在视图中操作标高来修改样式，如图 5-9 所示。

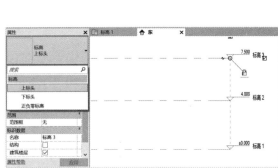

图 5-8　标高样式

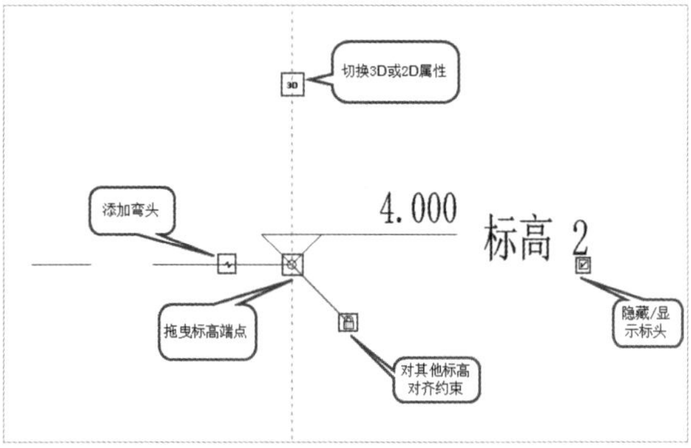

图 5-9　标高图解

5.1.2　创建与编辑轴线

新建项目文件，单击"建筑"选项卡 →"基准"面板 →"轴网"按钮 ⊞，如图 5-10 所示。

在任意平面视图，绘制垂直方向的轴线，默认起始轴号为"1"，如图 5-11 所示。

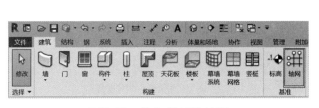

图 5-10　单击"轴网"按钮

图 5-11　绘制起始轴线

重复以上操作继续手动绘制。也可以使用复制或阵列工具，按照从左到右的顺序绘制剩余轴线，系统将自动进行排序，如图 5-12 所示。接着绘制水平方向的轴线。首先绘制一根轴线，单击轴号修改为大写字母 A，如图 5-13 所示。然后以从下到上的原则继续绘制其余轴线，系统依旧会自动排序，如图 5-14 所示。

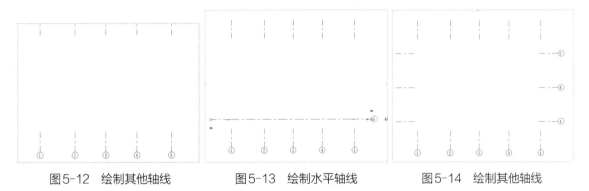

图 5-12　绘制其他轴线　　　　图 5-13　绘制水平轴线　　　　图 5-14　绘制其他轴线

选中需要修改的轴线，在"属性"面板中修改轴号，也可以直接在视图中单击修改轴号，如图 5-15 所示。

单击"编辑类型"按钮，打开"类型属性"对话框。在对话框中可以复制新的轴线类型，并修改轴线样式，包括轴号样式、轴线颜色等参数，如图 5-16 所示。

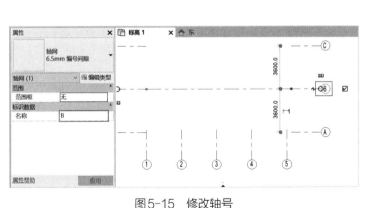

图 5-15　修改轴号　　　　　　图 5-16　"类型属性"对话框

5.1.3　实例：绘制标高与轴网

本实例主要使用"标高"与"轴网"工具，来完成标高、轴网系统的创建。同时配合"类型属性"对话框，让大家学会创建新的族类型的方法。完成后的最终效果如图 5-17 和图 5-18 所示。

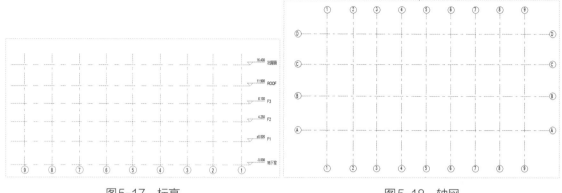

图5-17 标高 　　　　　　　　　　　　　　　　图5-18 轴网

操作步骤

第1步 ▶ 使用"建筑样板"新建项目文件，切换到立面视图。打开"素材文件\第5章\CAD图纸\A-W-EL001-002立剖面.dwg"文件。按照2-2剖面中提供的标高信息，使用标高工具开始创建标高，如图5-19所示。

第2步 ▶ 进入"建筑"选项卡，单击"标高"按钮，将光标定位于标高1起点位置垂直向下延伸，然后输入数值5000，向右侧拖曳到标高3位置处单击，完成-5.000标高的创建，如图5-20所示。

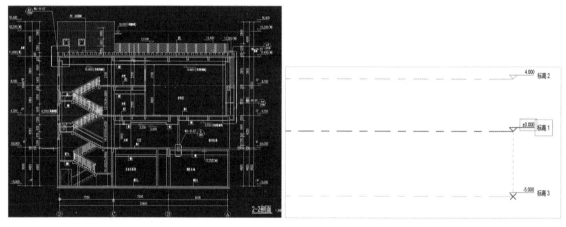

图5-19 创建标高 　　　　　　　　　　　　　　图5-20 复制标高

第3步 ▶ 选中"标高2"，单击标高数值，将其修改为"4.250"，如图5-21所示。

图5-21 修改标高数值

第4步 ▶ 随后按照同样的方法完成其他标高的创建，如图5-22所示。

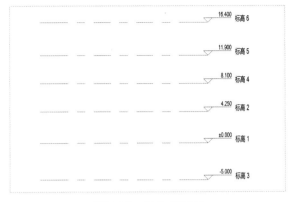

图5-22 重命名标高

技巧：除了可以使用直接绘制的方式创建标高，还可以通过复制、阵列等工具完成标高的批量创建。不过通过这种方式所创建的标高不会自动生成对应的平面视图，需要手动进行创建。

第5步 ▶ 双击各标头名称，修改标高名称，如图5-23所示。弹出"是否希望重命名视图？"提示框时，单击"是"按钮即可。

第6步 ▶ 打开F1平面图，进入"插入"选项卡，单击"链接CAD"按钮。在弹出的对话框中选择"素材文件 / 第5章 /CAD图纸 / 一层平面图 .dwg"，然后选中"仅当前视图"复选框，并单击"打开"按钮，如图5-24所示。

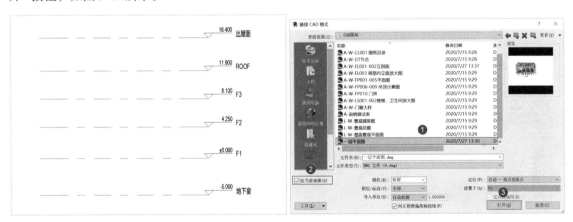

图5-23 修改标高名称   图5-24 链接一层平面图

第7步 ▶ 选中链接进来的一层平面图，使用快捷键UP对其进行解锁，然后使用移动工具移动到视图中心的位置，再次使用快捷键PN对其进行锁定，最后拖动各个方向的立面符号到平面图的外侧，如图5-25所示。

第8步 ▶ 进入"建筑"选项卡，单击"轴网"按钮，然后单击"编辑类型"按钮。在弹出的"类型属性"对话框中，单击"复制"按钮基于现有类型复制出一个新的族类型。在"名称"对话框中，输入"8.0mm标准轴号"，如图5-26所示，最后单击"确定"按钮。

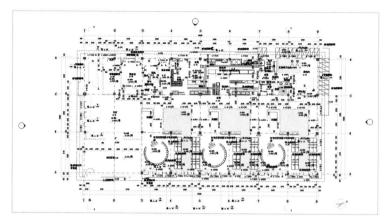

图5-25　移动CAD图纸

图5-26　新建轴网类型

第9步 ▶ 选择族类型为"8.0mm标准轴号"，然后修改"轴线中段"为"连续"，"轴线末段颜色"为"红色"，"轴线末段填充图案"为"轴网线"，并选中"平面视图轴号端点2（默认）"复选框，如图5-27所示，最后单击"确定"按钮。

第10步 ▶ 选择绘制方式为拾取线的方式，首先拾取轴线1，然后按照顺序依次拾取轴线2、轴线3等其他轴线，如图5-28所示。

图5-27　修改轴线样式

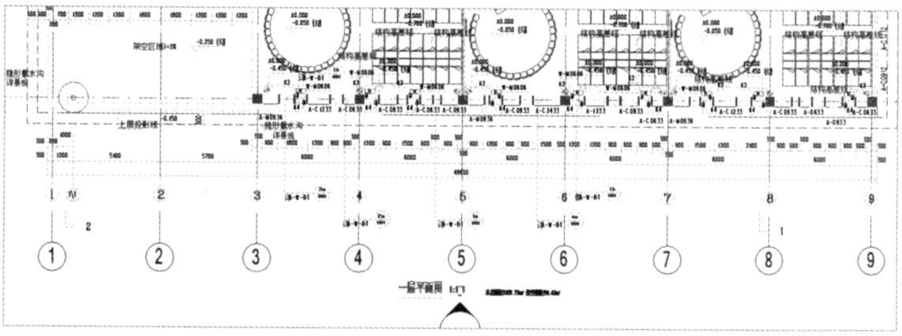

图5-28　依次拾取轴线

第11步 ▶ 垂直方向的轴线拾取完成后，继续拾取水平方向的轴线。从A轴开始拾取，拾取完成后，单击轴号先将其修改为正确的轴号A，如图5-29所示，然后进行后续轴线的拾取。

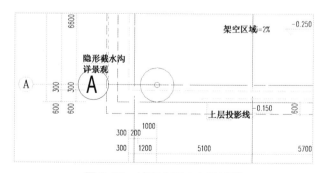

图5-29　拾取水平方向的轴线

第12步● 轴线拾取完成后，分别拖动垂直和水平方向的轴线标头到合适的位置，如图5-30所示。

第13步● 打开立面视图，按照同样的方法拖动标高和轴线标头所在位置，如图5-31所示。

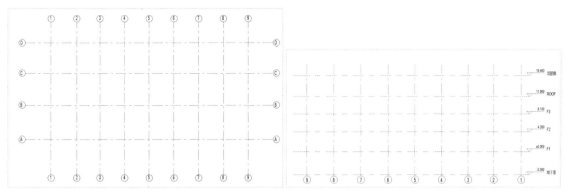

図5-30　拖动轴线标头　　　　　　　　図5-31　拖动标高和轴线标头

5.2　结构柱与建筑柱的设计

本节主要介绍结构柱与建筑柱的创建与编辑，同时说明两种类型的柱在Revit中的区别。

5.2.1　结构柱与建筑柱的区别

Revit提供了两个工具——"结构柱"和"建筑柱"，用于创建不同类型的柱。结构柱主要用于创建如钢筋混凝土柱等承重构件，这些柱子通常与墙体的材质不同，起到支撑梁、板等结构构件的作用。建筑柱主要用于创建如墙垛等柱子类型，主要用于装饰。

在Revit中，结构柱可以在平面视图、立面视图和三维视图中进行创建。而建筑柱主要在平面视图和三维视图中绘制。Revit中建筑柱和结构柱最大的区别就在于，建筑柱可以自动继承其连接到的墙体等其他构件的材质，而结构柱的截面和墙的截面是各自独立的，如图5-32所示。

同时，由于墙的复合层包络建筑柱，因此可以使用建筑柱围绕结构柱来创建结构柱的外装饰涂层，如图5-33所示。

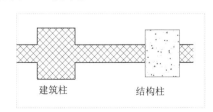

建筑柱　　　　结构柱

图5-32　建筑柱与结构柱

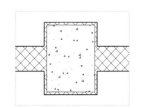

图5-33　建筑柱包围结构柱

5.2.2　放置与编辑结构柱

结构柱在Revit中有两种放置方式，一种是放置垂直柱，另一种是放置斜柱，一般情况下斜柱用不到。下面将分别介绍这两种放置方法。

1. 放置垂直柱

新建项目文件，单击"建筑"选项卡→"构建"面板→"柱"下拉按钮→"结构柱"按钮 ，如图5-34所示。

在"属性"面板类型选择器中，选择合适的柱类型，如图5-35所示。

图5-34　单击"柱"下拉按钮　　　　　　　图5-35　选择柱类型

然后在工具选项栏中，设置柱的放置方式为"高度"，标高为"标高2"，如图5-36所示。

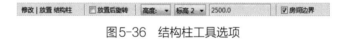

图5-36　结构柱工具选项

说明：放置结构柱时，其默认的放置方式为深度。也就是以当前标高为基准，向下进行放置。但当前我们所使用的是建筑样板，并且在楼层平面中进行放置。因为视图深度设置导致结构柱在楼层平面中无法显示，而在结构平面中可以正常显示，并且符合结构工程师的操作习惯。

接着在平面视图中单击放置结构柱，如图5-37所示。

如果柱截面大小一致，并且全部在轴线交点位置居中放置，还可以单击"在轴网处"按钮，如图5-38所示。如果已经放置了建筑柱，也可以单击"在柱处"按钮，在建筑柱的基础上放置结构柱。

接着框选轴线，此时将在轴线交叉位置出现结构柱放置预览，如果没有问题直接单击"完成"按钮，如图5-39所示，结构柱将成功放置。

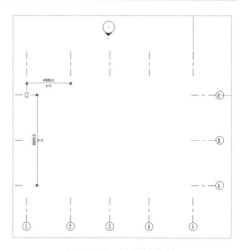

图5-37　放置结构柱

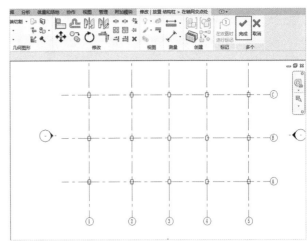

图 5-39　框选轴线

图 5-38　单击"在轴网处"按钮

2. 放置斜柱

新建项目文件，单击"建筑"选项卡→"构建"面板→"柱"下拉按钮→"结构柱"按钮 🔲，如图 5-40 所示。

在"属性"面板类型选择器中，选择合适的柱类型，如图 5-41 所示。然后在"放置"面板中单击"斜柱"按钮，如图 5-42 所示。

图 5-40　单击"柱"下拉按钮

图 5-41　选择柱类型

图 5-42　单击"斜柱"按钮

在工具选项栏中，设置第一次单击标高和偏移值，以及第二次单击标高和偏移值，如图 5-43 所示。

图 5-43　斜柱工具选项

接着在平面视图中，第一次单击确定柱底位置，第二次单击确定柱顶位置，如图 5-44 所示。

选中需要修改的结构柱，在"属性"面板中可以调整柱标高、材质等实例属性，如图 5-45 所示。

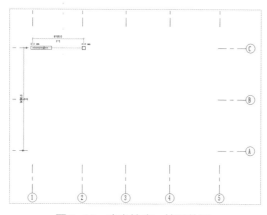

图5-44　确定柱底、柱顶位置

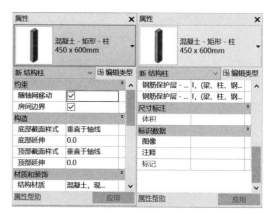

图5-45　结构柱实例属性

单击"编辑类型"按钮，打开"类型属性"对话框，可以修改结构柱的类型属性，如图5-46所示。

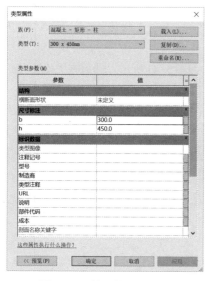

图5-46　结构柱类型属性

说明：当选择的结构柱类型不同时，实例属性参数与类型属性参数也会发生变化。

5.2.3　放置建筑柱

单击"建筑"选项卡→"构建"面板→"柱：建筑柱"按钮 ■。在"属性"面板中选择合适的柱类型，然后在视图中单击放置，如图5-47所示。

5.2.4　实例：绘制结构柱

本实例主要应用"结构柱"工具，来完成结构柱的创建，最终

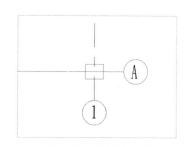

图5-47　放置建筑柱

效果如图5-48所示。

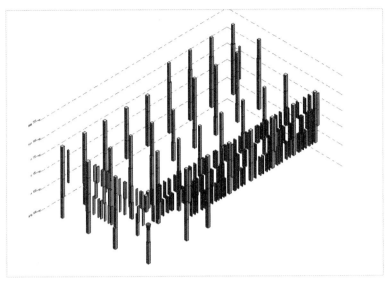

图5-48　最终效果

操作步骤

第1步 ▶ 打开"素材文件\第5章\5-1.rvt"文件，执行"结构柱"命令，然后单击"载入族"按钮载入所需的结构柱族，如图5-49所示。

第2步 ▶ 在"载入族"对话框中，依次进入"结构\柱\混凝土"文件夹，在其中选择"混凝土-矩形-柱"，然后单击"打开"按钮进行载入，如图5-50所示。

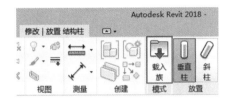

图5-49　单击"载入族"按钮

第3步 ▶ 载入之后，单击"编辑类型"按钮，打开"类型属性"对话框，单击"复制"按钮，复制新的结构柱类型为"600×600mm"，并修改对应的参数值，如图5-51所示。

图5-50　"载入族"对话框

图5-51　新建结构柱类型

第4步 ▶ 在工具选择栏中设置放置方式为"高度"，约束标高至"F2"，最后单击"在轴网处"按钮开始绘制，如图 5-52 所示。

图 5-52　设置结构柱参数

第5步 ▶ 由右下角向左上角方向框选轴网，出现柱预览图形后，单击"完成"按钮结束绘制，如图 5-53 所示。

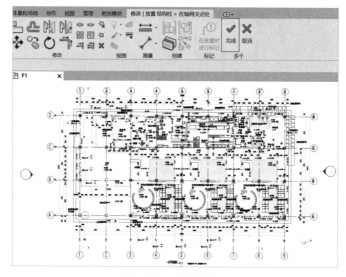

图 5-53　创建结构柱

第6步 ▶ 删除多余的结构柱，然后使用对齐工具（快捷键为 AL），将结构柱与 CAD 底图对齐，如图 5-54 所示。

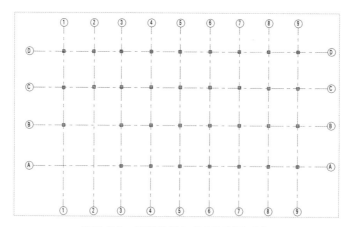

图 5-54　将结构柱与 CAD 底图对齐

第7步 进入"插入"选项卡，单击"载入族"按钮，依次进入"素材文件\第5章\族\柱"文件夹，选择"混凝土-圆形-带有柱冠的柱"，最后单击"打开"按钮，如图5-55所示。

第8步 进入"结构"选项卡，单击"结构柱"按钮，选择刚刚载入的结构柱族，单击"编辑类型"按钮，打开"类型属性"对话框。设置类型为"M_600mm"，修改b边参数为"600"，最后单击"确定"按钮，如图5-56所示。

图5-55 载入结构柱族

图5-56 "类型属性"对话框

第9步 在视图左下角找到异型结构柱的位置，单击放置结构柱，如图5-57所示。

第10步 对于尺寸不一致的结构柱，选择现有结构柱类型再次新建类型，然后进行放置。放置完成后的效果如图5-58所示。

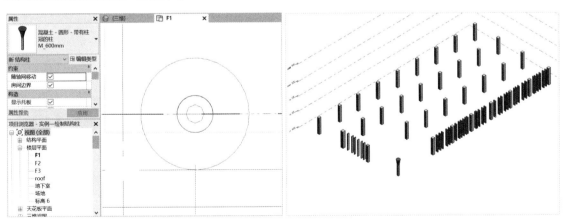

图5-57 放置结构柱

图5-58 一层结构柱

第11步 按照相同的方法完成其他层结构柱的创建，最终效果如图5-59所示。

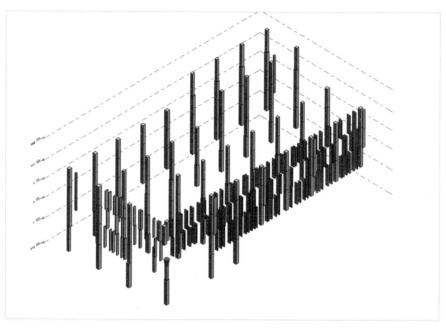

图5-59　最终效果

5.3 墙体与门窗的设计

本节将介绍如何创建墙体及门窗。在Revit中门窗不能独立放置，必须依附于墙或其他构件。当放置完门窗后，墙上会自动开洞，极大地方便了绘图工作。

5.3.1 创建与编辑基本墙

新建项目文件，单击"建筑"选项卡→"构建"面板→"墙"按钮 ，如图5-60所示。

图5-60　单击"墙"按钮

在"属性"面板中选择墙体类型，然后在工具选项栏中设置墙体高度及定位线。接着选择绘制方式，然后在平面视图中单击鼠标左键，以顺时针方向开始绘制墙体，如图5-61所示。绘制墙体时，可直接输入数值修改临时尺寸标注，从而得到想要的墙体长度。

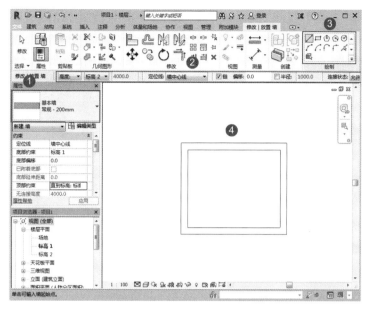

图5-61　绘制墙体

技巧：在Revit中，墙体本身是有法线方向的，有内墙面和外墙面的区别。如果按照顺时针方向进行绘制，则法线方向是正确的。在绘制复合墙时，如果发现，当逆时针绘制墙体时，所设置的内墙面会翻转到外侧，也就是说法线方向反了。如果出现这种情况，可以选中墙体并单击蓝色翻转控件，如图5-62所示，或按下键盘上的空格键，也可以进行图元的翻转。翻转控件所在的一侧通常表示墙体外侧。

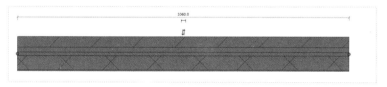

图5-62　翻转墙体方向

选中项目中的墙体，可以在"属性"面板中设定墙体高度和偏移等参数，如图5-63所示。

图5-63　设置墙参数

单击"编辑类型"按钮,打开"类型属性"对话框,可以进行墙体结构及其他参数设置。单击结构右侧的"编辑"按钮,将打开"编辑部件"对话框,可以设置墙体构造,如图5-64所示。

在"编辑部件"对话框中,单击"插入"按钮可以插入新的结构层,单击"向上"按钮可以将其移至当前结构层上方。最后设置新插入的结构层功能,并设定材质和厚度,如图5-65所示。

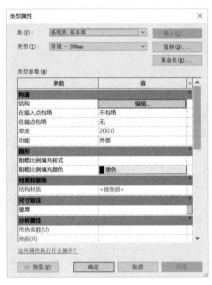

图5-64 "类型属性"对话框

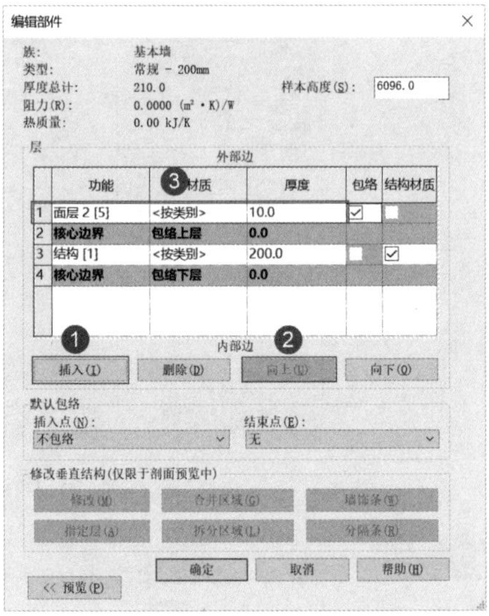

图5-65 插入结构层

1. 墙体结构介绍

在Revit中,墙体由多个垂直层或区域组成,墙体的类型参数"结构"中定义了墙体每个层的功能、材质、厚度和包络等,如图5-66所示。

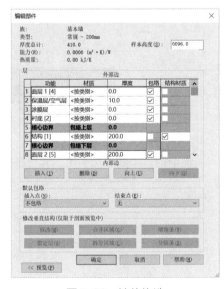

Revit预设了六种层的功能:面层1[4]、保温层/空气层[3]、涂膜层、结构[1]、面层2[5]和衬底[2]。注意,"[]"内的数字代表优先级,可见"结构"层具有最高优先级,"面层2"具有最低优先级。Revit会首先连接优先级高的层,然后依次连接优先级低的层。

Revit预设层的功能介绍如下。

结构[1]:支撑其余墙、楼板或屋顶的主要层。

衬底[2]:作为其他材质的基础(如胶合板或石膏板)。

保温层/空气层[3]:用于隔绝并防止空气渗透。

涂膜层:通常用于防止水蒸气渗透,其厚度通常设置为零。

图5-66 墙体构造

面层1[4]:通常是墙体的外层。

面层2[5]:通常是墙体的内层。

2. 墙的定位线介绍

墙的"定位线"用于在绘图区域中指定墙体的位置，即确定哪个平面作为绘制墙体的基准线。

Revit 提供了六种墙的定位方式，包括墙中心线、核心层中心线、面层面：外部、面层面：内部、核心面：外部和核心面：内部，如图 5-67 所示。墙的核心是指其主结构层，在非复合的砖墙中，墙中心线和核心层中心线通常会重合。

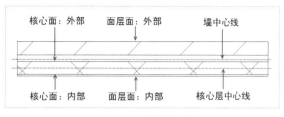

图 5-67　墙定位线

5.3.2　墙饰条与分隔条

除了可以更改墙体构造外，还可以在墙体上添加墙饰条与分隔条。墙饰条是指在原始墙体基础上单独添加的装饰条。通过使用"墙：饰条"工具，可以向墙体中添加踢脚板、冠顶饰或其他类型的装饰性元素，这些元素可以是水平或垂直的投影。而分隔条则是在原始墙体基础上，将墙体挖出一条沟槽出来。两者效果恰恰相反，墙饰条是凸出来，而分隔条则是凹进去。

添加墙饰条与分隔条的方法有两种。一种是在设置墙体构造中直接添加墙饰条或分隔条，将墙饰条与墙体整合到一起。另外一种是使用"墙：饰条"或"墙：分隔条"工具单独添加，自由度较高一些。

1. 添加墙饰条

切换到三维视图或立面视图中，单击"建筑"选项卡→"构建"面板→"墙"下拉按钮→"墙：饰条"按钮，如图 5-68 所示。

在绘制好的墙体基础上，单击放置墙饰条，如图 5-69 所示。

选中墙饰条，拖动左右两端的端点，可以控制墙饰条的长度，如图 5-70 所示。

图 5-68　单击"墙：饰条"按钮

图 5-69　放置墙饰条

图 5-70　拖动墙饰条端点

在"属性"面板中修改标高、与墙的偏移等参数，如图 5-71 所示。

单击"编辑类型"按钮，打开"类型属性"对话框。在"轮廓"参数后可以设置墙饰条轮廓，更改墙饰条的形状，如图5-72所示。单击"确定"按钮后关闭对话框，查看修改轮廓后的墙饰条效果，如图5-73所示。

此外，还可以在"属性"面板中选择需要添加墙饰条的墙类型，然后单击"编辑类型"按钮，打开"类型属性"对话框，再次单击"编辑"按钮，如图5-74所示。

图5-71　墙饰条属性

图5-72　墙饰条轮廓

图5-73　墙饰条效果

图5-74　单击"编辑"按钮

在弹出的"编辑部件"对话框中，首先单击"预览"按钮，打开预览视图。然后修改视图属性为"剖面：修改类型属性"，最后单击"墙饰条"按钮，如图5-75所示。

在弹出的"墙饰条"对话框中，单击"添加"按钮，添加一个新的墙饰条。然后设置墙饰条的轮廓、材质、距离等参数，如图5-76所示。如果没有合适的轮廓，还可以单击"载入轮廓"按钮，载入新的轮廓族。

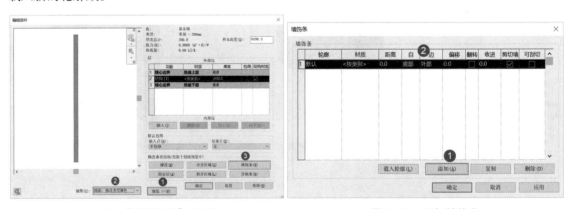

图5-75　"编辑部件"对话框　　　　　　　图5-76　添加墙饰条

单击"确定"按钮关闭当前对话框。在"编辑部件"对话框的预览视图中，可以查看添加墙饰条的效果，如图5-77所示。单击"确定"按钮关闭对话框，再次绘制此类型墙体时，将自动生成墙饰条，如图5-78所示。

图5-77　添加墙饰条的效果　　　　图5-78　自动生成的墙饰条

说明：使用编辑墙结构的方式添加的墙饰条，不适用单独编辑的方法，只能在"编辑部件"对话框中进行修改。只有通过"墙：饰条"工具单独添加的墙饰条，才可以进行单独的编辑与修改。

2. 添加分隔条

切换到三维视图或立面视图中，然后单击"建筑"选项卡→"构建"面板→"墙"下拉按钮→"墙：分隔条"按钮，如图5-79所示。

在绘制好的墙体基础上，单击放置分隔条，如图5-80所示。

选中分隔条，拖动左右两端的端点，可以控制分隔条的长度，如图5-81所示。编辑分隔条的方法与墙饰条完全相同，限于篇幅将不作重复介绍。

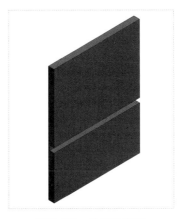

图5-79　单击"墙：分隔条"按钮　　　图5-80　放置分隔条　　　　图5-81　控制分隔条的长度

5.3.3　创建与编辑叠层墙

单击"建筑"选项卡→"构建"面板→"墙"按钮，在"属性"面板选择"叠层墙"墙体类型，如图 5-82 所示。然后在平面视图中进行绘制，绘制完成后叠层墙的三维效果如图 5-83 所示。

选中绘制好的叠层墙，然后单击"编辑类型"按钮。在"类型属性"对话框中，单击"复制"按钮复制新的墙体类型，然后单击结构参数后的"编辑"按钮，如图 5-84 所示。

在弹出的"编辑部件"对话框中可以插入、删除叠层墙中所包含的基本墙类型，如图 5-85 所示。

图 5-82 选择叠层墙

图 5-83 叠层墙的三维效果

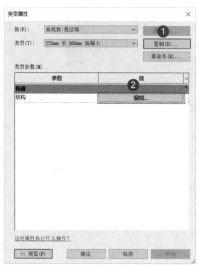

图 5-84 新建叠层墙类型

图 5-85 编辑叠层墙构造

5.3.4 创建幕墙

在 Revit 软件中，专门提供了用于绘制幕墙的工具，该工具允许用户自由地创建玻璃幕墙、石材幕墙等不同类型的幕墙系统。Revit 默认提供了三种幕墙类型，这些类型代表了不同复杂程度的幕墙设计，用户可以根据实际情况，在此基础上进行复制和修改。如图 5-86 所示，从左到右分别是"幕墙""外部玻璃""店面"三类幕墙。

幕墙：没有预设的网格或竖梃，没有与此墙类型相关的固定规则，用户可以随意更改其设计和属性。

外部玻璃：具有预设网格，简单预设了横向与纵向的幕墙网格划分。

店面：具有预设网格，根据实际情况精确预设了幕墙网格的划分。

单击"建筑"选项卡→"构建"面板→"墙"按钮🔲。在"属性"面板选择"幕墙"类型，如图 5-87 所示。然后在平面视图中按照绘制普通墙体的方法进行绘制。

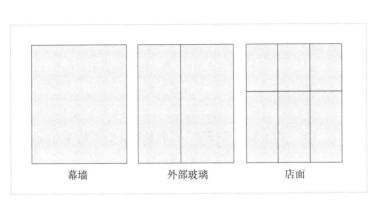

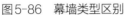

| 幕墙 | 外部玻璃 | 店面 |

图5-86　幕墙类型区别　　　　　　　　　　图5-87　选择幕墙类型

5.3.5　编辑幕墙

在Revit中，可以通过实例参数和类型参数来控制幕墙的样式，并自动划分幕墙网格以添加竖梃。同时，用户也可以通过"幕墙网格"及"竖梃"工具手动进行幕墙的划分与竖梃的添加。

选中绘制好的幕墙或执行绘制幕墙的命令后，可以在"属性"面板中修改幕墙的参数。除约束面板的参数外，还可以调整垂直网格与水平网格的角度与偏移，幕墙的实例属性如图5-88所示。

单击"编辑类型"按钮，打开"类型属性"对话框。在此对话框中，可以设置幕墙嵌板、水平网格与垂直网格的布局和间距，幕墙的类型属性如图5-89所示。

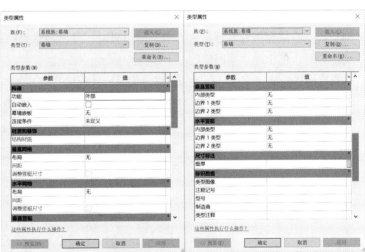

图5-88　幕墙的实例属性　　　　　　　　　　图5-89　幕墙的类型属性

幕墙的实例属性的参数如下。

编号：当将"垂直/水平网格样式"下的"布局"设置为"固定数量"时，可以在此输入幕墙实例上放置的幕墙网格的数量值，最大值是200。

对正：当网格间距无法平均分割幕墙图元面的长度时，此处设置定义了Revit如何沿幕墙图元面调整网格间距，以确保布局的美观性和均匀性。

角度：将幕墙网格旋转到指定角度，以满足特定的设计需求。

偏移：控制垂直或水平方向幕墙网格距离幕墙边界的距离，以实现精确的网格划分。

长度：显示幕墙的长度信息。

面积：显示幕墙的面积信息。

类型属性的参数介绍如下。

功能：指明墙的作用，如外墙、内墙、挡土墙、基础墙、檐底板或核心竖井等，以区分不同用途的幕墙。

自动嵌入：指示幕墙是否会自动嵌入其他墙体中，以避免重叠和冲突的发生。

幕墙嵌板：设置幕墙图元所使用的幕墙嵌板族类型，以定义幕墙的外观和材质特性。

连接条件：控制在某个幕墙图元类型中，网络交点处是否截断竖梃，这一设置将影响幕墙的整体结构和稳定性。

布局：沿幕墙长度设置幕墙网格线的自动垂直或水平布局方式。

间距：当"布局"设置为"固定距离"或"最大间距"时，该参数将被启用。

调整竖梃尺寸：通过调整网格线的位置，确保幕墙嵌板的尺寸尽可能保持一致。

内部类型：指定内部垂直或水平竖梃所使用的竖梃族。

边界1类型：指定左边界上垂直竖梃的竖梃族或底部边界上水平竖梃的竖梃族。

边界2类型：指定右边界上垂直竖梃的竖梃族或顶部边界上水平竖梃的竖梃族。

1. 手动划分幕墙网格

首先绘制好一面幕墙，然后切换到立面或三维视图。单击"建筑"选项卡→"构建"面板→"幕墙网格"按钮▦，将光标置于幕墙上，将出现网格线预览，如图5-90所示，单击鼠标左键确认绘制网格线。当鼠标指针靠近垂直方向幕墙边界时，将出现垂直网格线。而当鼠标指针靠近水平方向幕墙边界时，将出现水平网格线。

幕墙网格绘制完成后，可以通过修改临时尺寸标注，来控制网格线所在的位置，如图5-91所示。

单击"放置"面板中的"一段"按钮，可以在两个幕墙网格之间只创建一段幕墙网格，如图5-92所示。

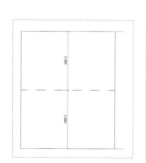

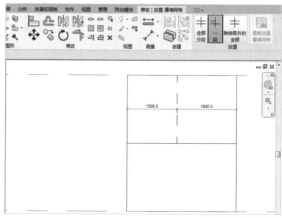

图5-90 划分幕墙网格　图5-91 修改临时尺寸标注　　　　图5-92 创建一段幕墙网格

2. 添加幕墙竖梃

基于之前已完成的工作，单击"建筑"选项卡→"构建"面板→"竖梃"按钮██。在"放置"面板中同样提供了三种放置方式，默认为"网格线"。在"属性"面板中选择竖梃类型，然后将光标置于需要添加竖梃的网格线上，如图5-93所示，单击即可完成放置。

当单击"单段网格线"按钮时，系统将在交点处截断竖梃，只创建其中一段，如图5-94所示。

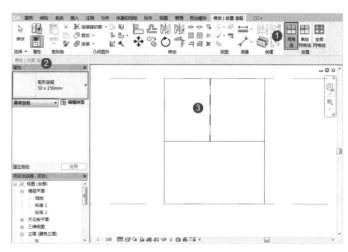

图5-93　添加幕墙竖梃

若单击"全部网格线"按钮，则将在所有未添加竖梃的网格线上创建竖梃，如图5-95所示。

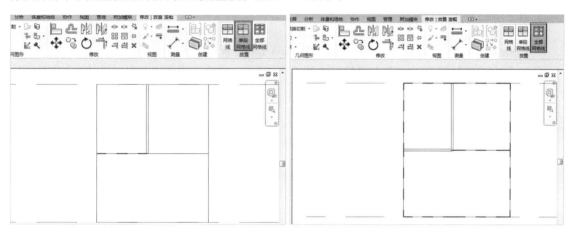

图5-94　创建一段幕墙竖梃　　　　　　图5-95　补全幕墙竖梃

3. 替换幕墙嵌板

替换幕墙嵌板的方式有两种，一种是通过类型参数批量替换，另一种则是在视图中单独选中需要替换的幕墙嵌板，在"属性"面板中进行替换。

选中绘制好的幕墙，打开"类型属性"对话框。单击"幕墙嵌板"下拉按钮，在下拉菜单中选择需要替换的嵌板，如图5-96所示。

单击"确定"按钮，跳转到三维视图查看效果，如图5-97所示。

图5-96　替换幕墙嵌板

81

将鼠标指针置于需要替换的幕墙嵌板上，按下键盘上的 Tab 键进行循环选择，然后单击选中。在"属性"面板中选择玻璃嵌板完成替换，如图 5-98 所示。

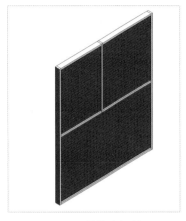

图 5-97 替换嵌板效果

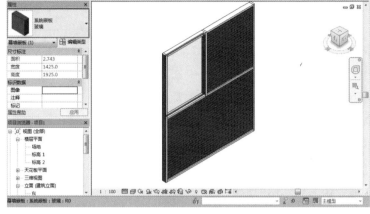

图 5-98 替换幕墙嵌板

5.3.6 编辑墙轮廓

不论创建的是什么类型的墙，都可以通过编辑墙轮廓来更改墙体形状。

切换到立面或三维视图，选中需要修改的墙体，单击"模式"面板中的"编辑轮廓"按钮，然后拖动或删除现有轮廓线。也可以在"绘制"面板中选择绘图工具，绘制需要的形状，如图 5-99 所示。绘制完成后，单击"完成"按钮，在三维视图中查看完成后的效果，如图 5-100 所示。

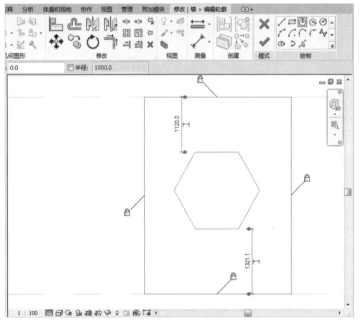

图 5-99 绘制墙轮廓

图 5-100 完成后的效果

5.3.7　墙的附着与分离

墙体与柱相同，都具备附着于其他图元表面的特性。同样支持附着于屋顶、楼板及参照平面上。操作步骤与柱的附着与分离的方法相同，限于篇幅将不作重复介绍。

5.3.8　实例：绘制普通墙与幕墙

本实例主要运用"墙体"工具来进行内外墙体及幕墙的绘制，同时配合"墙饰条"工具来完成散水的绘制，最终效果如图5-101所示。

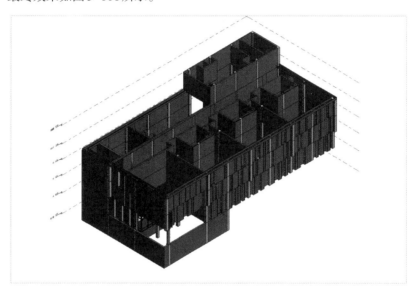

图5-101　最终效果

操作步骤

第1步 ▶ 打开"素材文件\第5章\5-2.rvt"文件，打开F1平面图。进入"建筑"选项卡，单击"墙"按钮，然后单击"编辑类型"按钮，打开"类型属性"对话框。基于墙类型"常规-300mm"复制新类型，并命名为"外墙-300mm"，然后单击"确定"按钮，如图5-102所示。

第2步 ▶ 在工具选项栏中设置墙顶部标高为"F2"，定位线为"墙中心线"，并选中"链"复选框。接着选择绘制方式为"直线"，开始在视图中沿着墙中线的位置以顺时针方向开始绘制墙体，如图5-103所示。

图5-102　复制墙类型

图 5-103　绘制外墙（1）

第3步 当遇到不同厚度的墙时，应该在类型选择器中选择相应类型的墙体继续绘制，如图 5-104 所示。

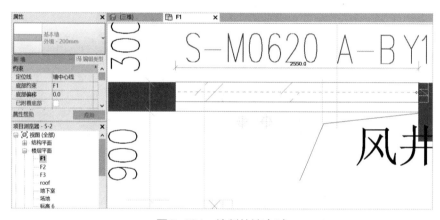

图 5-104　绘制外墙（2）

第4步 按照同样的方式分别完成外墙和内墙的绘制，如图 5-105 所示。

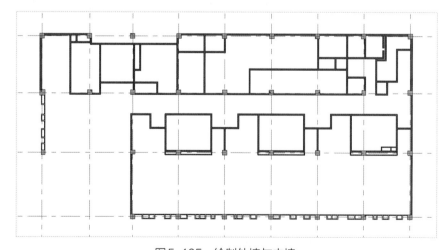

图 5-105　绘制外墙与内墙

第5步 ▶ 在视图左下角的位置还需要单独绘制幕墙。继续单击"墙"按钮，选择墙类型为"幕墙"，然后以顺时针方式进行绘制，绘制完成后单击"幕墙网格"按钮，如图5-106所示。

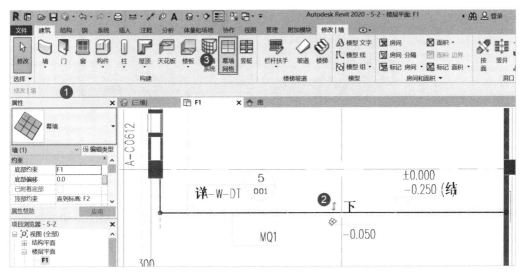

图5-106 绘制幕墙

说明：当墙体遇到结构柱时，在平面显示上会自动扣减重叠部分，但实际上墙体并没有被打断。在实际项目中，为了避免后期工程量统计不准确以及重复面的现象产生，建议分段绘制墙体。

第6步 ▶ 按照图中给出的分割方案，依次单击划分幕墙网格。外墙绘制完成后，在"属性"面板中选择墙类型为"常规-200mm"，设置定位线为"核心层中心线"，沿轴线位置开始绘制首层内墙，如图5-107所示。

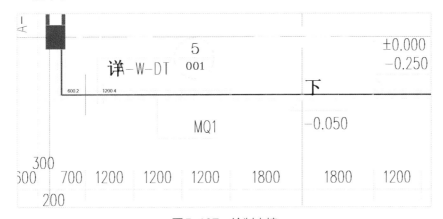

图5-107 绘制内墙

第7步 ▶ 平面划分完成后，进入南立面视图。按照CAD图纸1-9轴立面图，继续进行立面方向的幕墙网格划分，如图5-108所示。

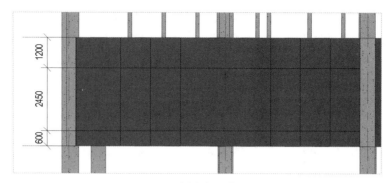

图 5-108　划分立面幕墙网格

第8步 ▶ 选中绘制好的幕墙，然后在"属性"面板中单击"编辑类型"按钮，打开"类型属性"对话框。选中"自动嵌入"复选框，设置幕墙嵌板为"系统嵌板：玻璃"，然后将垂直竖梃与水平竖梃都设置为"矩形竖梃：50×150mm"，最后单击"确定"按钮，如图5-109和图5-110所示。

图 5-109　替换幕墙嵌板

图 5-110　设置竖梃类型

第9步 ▶ 返回F1平面图，删除转角位置的两个竖梃，然后单击"竖梃"按钮。在类型选择器中选择竖梃类型为"四边形竖梃"，然后在转角位置单击放置，如图5-111所示。

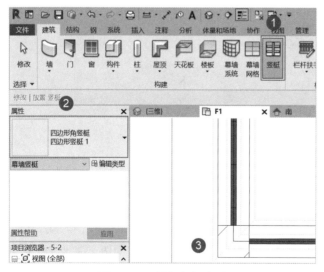

图 5-111　选择竖梃类型

说明：竖梃默认为锁定状态，需要先进行解锁，才能正常删除。

第10步 由于幕墙高度没有达到 2 层标高位置，因此还需要在幕墙的位置绘制普通墙体。首先选中幕墙，然后在"属性"面板将"顶部偏移"参数修改为"-600.0"，如图 5-112 所示。接着单击"墙"按钮，选择"外墙-200mm"墙类型，以顺时针方向开始绘制，如图 5-113 所示。

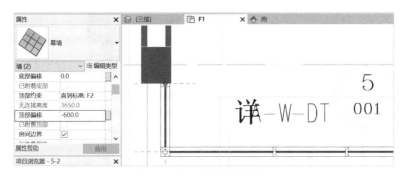

图 5-112　设置幕墙偏移

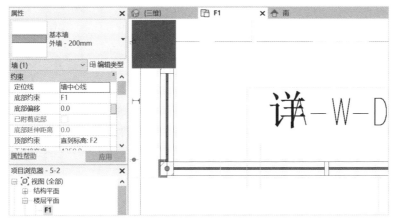

图 5-113　绘制幕墙

第11步 打开三维视图，查看一层绘制好的墙体效果，如图 5-114 所示。

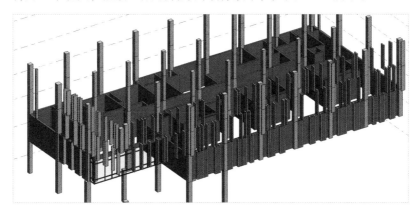

图 5-114　一层墙体效果

第12步 按照同样的方法完成其他楼层墙体的绘制，最终效果如图 5-115 所示。

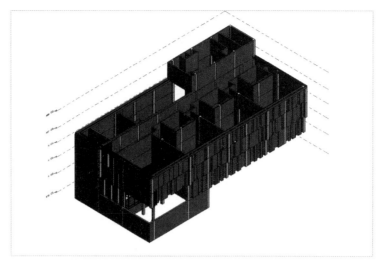

图 5-115　最终效果

5.3.9　放置与编辑门

单击"建筑"选项卡→"构建"面板→"门"按钮 ，如图 5-116 所示。

在"属性"面板中选择要放置的门类型，然后在基本墙或叠层墙上放置门，如图 5-117 所示。放置门时移动鼠标指针可以控制门的开启方向，按 Space 键可以控制门的左右翻转。放置完成后，选中门同样可以使用 Space 键进行开启方向切换，也可以使用翻转符号。

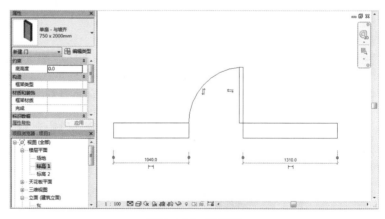

图 5-116　单击"门"按钮　　　　　　　　　　图 5-117　放置门

选中需要修改的门，在"属性"面板中可以设置门所在的标高、底高度等信息，门的实例属性如图 5-118 所示。

单击"编辑类型"按钮，打开"类型属性"对话框，在对话框中可以修改门的厚度、高度及其他尺寸参数，门的类型属性如图 5-119 所示。建议修改门尺寸时，先单独复制出一个新的类型，并命名好相应的名称，再进行修改工作。

图5-118　门的实例属性

图5-119　门的类型属性

5.3.10　放置与编辑窗

与门相同，窗在一般情况下只能放于墙体上。不过也存在特殊情况，如放在屋顶上的天窗。不过这不属于传统的窗族，而是用常规模型所代替的。

单击"建筑"选项卡→"构建"面板→"窗"按钮，如图5-120所示。

在"属性"面板中选择要放置的窗类型，然后在基本墙或叠层墙上放置窗，如图5-121所示。和门一样，在放置窗时可以通过移动鼠标指针控制窗的方向，按Space键实现水平翻转。

图5-120　单击"窗"按钮

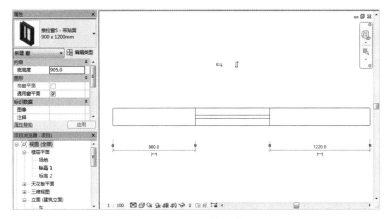

图5-121　放置窗

选中需要修改的窗，在"属性"面板中可以设置窗所在的标高、底高度等信息，窗的实例属性如图5-122所示。

单击"编辑类型"按钮，打开"类型属性"对话框，在对话框中可以修改门的高度、宽度等信息，窗的类型属性如图5-123所示。

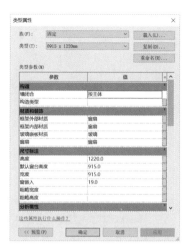

图5-122　窗的实例属性　　　　　　　　　图5-123　窗的类型属性

5.3.11　实例：放置门窗

本实例主要运用"门窗"工具来进行门窗的放置，同时介绍如何替换幕墙门窗，最终效果如图5-124所示。

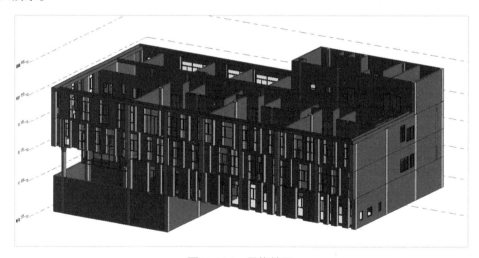

图5-124　最终效果

操作步骤

第1步 ▶ 打开"素材文件\第5章\5-3.rvt"文件，进入"插入"选项卡，单击"载入族"按钮。在弹出的对话框中进入"素材文件\第5章\族\窗"文件夹，选择所有族文件后单击"打开"按钮，将其载入项目，如图5-125所示。

第2步 ▶ 进入"建筑"选项卡,单击"窗"按钮,如图5-126所示。

图5-125 载入窗族

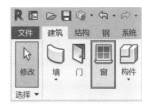

图5-126 单击"窗"按钮

第3步 ▶ 选择窗类型为"双层单列(底部固定+推拉)",复制新类型为"A-C1518-01",然后按照CAD门窗大样中给出的尺寸设置参数,最后单击"确定"按钮,如图5-127和图5-128所示。

图5-127 新建窗类型

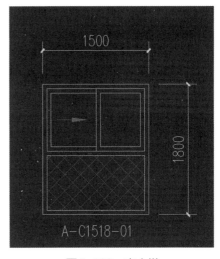

图5-128 窗大样

第4步 ▶ 在首层平面左上角找到"A-C1518-01"窗,然后单击进行放置,如图5-129所示。

第5步 ▶ 其他类型的窗按照相同的方法进行编辑与放置,最终效果如图5-130所示。

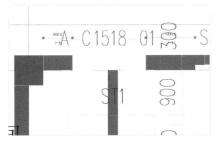

图5-129 放置首层窗

图5-130 最终效果

第6步 ▶ 再次单击"载入族"按钮，进入"素材文件\第5章\族\门"文件夹，在其中选择所有族文件，单击"打开"按钮将其载入项目，如图5-131所示。

第7步 ▶ 进入"建筑"选项卡，单击"门"按钮，如图5-132所示。

图5-131 载入门族

图5-132 单击"门"按钮

第8步 ▶ 选择门类型为"平开门-木门-双扇"，复制新类型为"WF-乙 M1122"，然后按照CAD门窗大样中给出的尺寸设置参数，最后单击"确定"按钮，如图5-133和图5-134所示。

第9步 ▶ 在首层平面左上角消防控制室位置找到"WF-乙 M1122"门，然后单击进行放置，如图5-135所示。

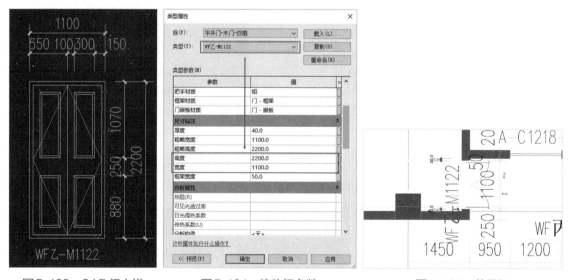

图5-133 CAD门大样　　图5-134 修改门参数　　图5-135 放置门

第10步 ▶ 其他类型的门按照相同的方法进行编辑与放置，最终效果如图5-136所示。

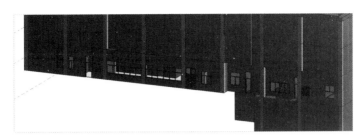

图5-136　最终效果

第11步 接下来放置幕墙门窗，再次执行"载入族"命令，进入系统自带族库"建筑\幕墙\门窗嵌板"文件夹，选择"门嵌板_双扇地弹无框玻璃门"，然后单击"打开"按钮，如图5-137所示。

图5-137　载入门嵌板

第12步 进入南立面视图，选中幕墙中间位置的水平网格线，单击"添加/删除线段"按钮。然后拾取网格线段开始删除，如图5-138所示。

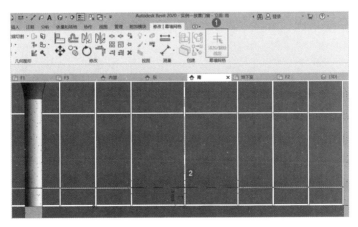

图5-138　删除部分幕墙网格

第13步 选中需要替换的幕墙嵌板，首先进行解锁，然后在"属性"面板中将其替换为"门嵌板_双扇地弹无框玻璃门"，如图5-139所示。此时幕墙门就放置好了。

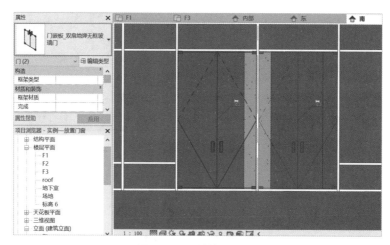

图5-139　替换门嵌板

第14步▶ 切换到三维视图，查看最终效果，如图5-140所示。

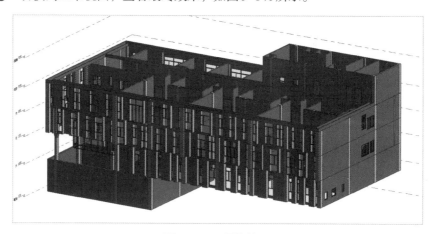

图5-140　最终效果

5.4 ▎楼板、天花板与屋顶的设计

本节将分别介绍楼板、天花板与屋顶的创建与编辑方法。这三种类型图元在Revit中创建的方法非常相似，都是基于轮廓进行绘制的。

5.4.1　创建与编辑楼板

楼板作为建筑物中不可或缺的部分，起着重要的结构承重作用。

单击"建筑"选项卡→"构建"面板→"楼板"按钮▣，如图5-141所示。

进入楼板绘制状态，在"绘制"面板中选择绘制工具，如矩形，如图 5-142 所示。

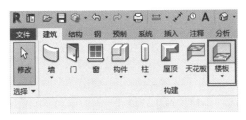

图 5-141　单击"楼板"按钮

图 5-142　选择绘制工具

在平面视图中绘制楼板外轮廓，绘制完成后可以单击临时尺寸标注，来修改楼板的尺寸。修改完成后在"属性"面板中，选择需要的楼板类型并设定其他参数。最后单击"完成"按钮完成楼板的绘制，如图 5-143 所示。

绘制完成后，浏览楼板三维效果，最终效果如图 5-144 所示。

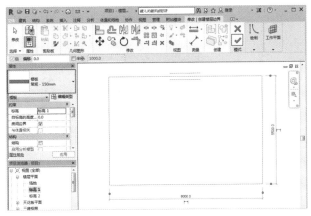

图 5-143　绘制楼板外轮廓

图 5-144　最终效果

选中需要修改的楼板，在"属性"面板中可以设置楼板所在的标高、自标高的高度偏移等信息，楼板的实例属性如图 5-145 所示。

单击"编辑类型"按钮，打开"类型属性"对话框，可以设置楼板功能、填充样式及填充颜色等参数，楼板的类型属性如图 5-146 所示。单击"编辑"按钮，可以打开"编辑部件"对话框。

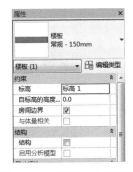

图 5-145　楼板的实例属性

图 5-146　楼板的类型属性

与编辑墙的界面相似，在"编辑部件"对话框中，单击"插入"按钮可以插入新的结构层，并设置其功能属性及厚度，如图5-147所示。

说明：与墙体工具不同的地方在于，楼板工具新增了一个预设层选项"压型板"，常用于钢结构项目。在6.5节结构板的设计中会详细介绍。

如果需要重新定义楼板边界，可以直接双击楼板，或选中楼板单击"模式"面板中的"编辑边界"按钮，即可进入编辑楼板轮廓界面，如图5-148所示。

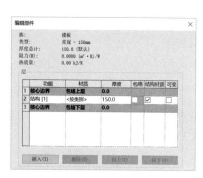

图5-147　插入新的结构层

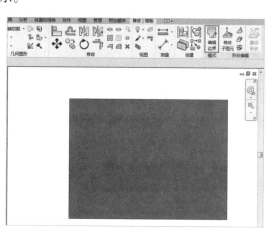

图5-148　编辑楼板轮廓界面

5.4.2　创建与编辑楼板边缘

在"楼板"命令中还提供了"楼板：楼板边"命令，可以创建一些沿楼板边缘所放置的构件。例如，结构设计中常用到的圈梁、板加腋等构件，都可以通过"楼板：楼板边"命令来实现。

单击"建筑"选项卡→"构建"面板→"楼板"下拉按钮→"楼板：楼板边"按钮，如图5-149所示。

在"属性"面板中选择楼板边缘类型，然后拾取楼板边界线，将根据楼板边线长度自动生成楼板边缘，如图5-150所示。可以通过翻转控制，以水平或垂直方向翻转楼板边缘。

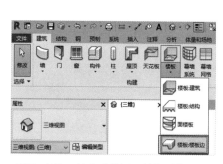

图5-149　单击"楼板：楼板边"按钮

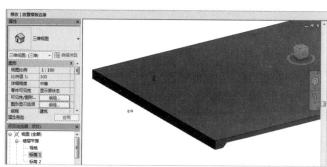

图5-150　自动生成楼板边缘

选中需要修改的楼板边缘，在"属性"面板中可以设置楼板边缘的垂直轮廓偏移和水平轮廓偏移，楼板边缘的实例属性如图5-151所示。

单击"编辑类型"按钮，打开"类型属性"对话框，在其中可以设置楼板边缘的轮廓及材质，楼板边缘的类型属性如图5-152所示。

图5-151　楼板边缘的实例属性　　　　　　　图5-152　楼板边缘的类型属性

5.4.3　实例：绘制楼板

本实例主要运用"楼板"工具来进行室外及室内楼板的绘制，最终效果如图5-153所示。

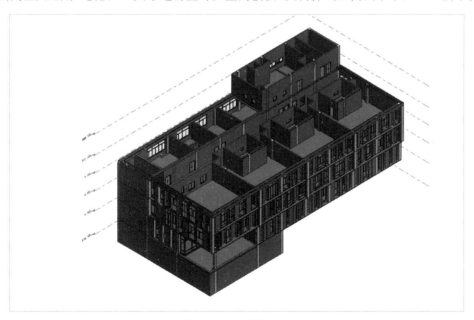

图5-153　最终效果

操作步骤

第1步 ◆ 打开"素材文件\第5章\5-4.rvt"文件，然后切换到首层平面，如图5-154所示。

第2步 ▶ 进入"建筑"选项卡，单击"楼板"按钮，如图5-155所示。

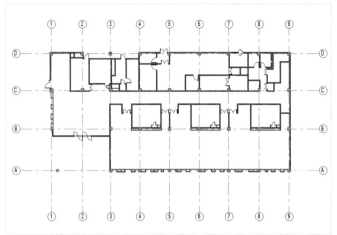

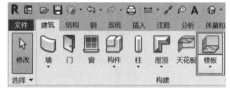

图5-154　首层平面　　　　　　　　　　　图5-155　单击"楼板"按钮

　　第3步 ▶ 在"属性"面板中选择"常规-150mm"楼板类型，然后单击"编辑类型"按钮，打开"类型属性"对话框。复制新类型为"常规-120mm"，然后单击"编辑"按钮，如图5-156所示。

　　第4步 ▶ 在"编辑部件"对话框中，设置结构层的厚度为"120"，然后单击"确定"按钮，如图5-157所示。

图5-156　复制楼板类型

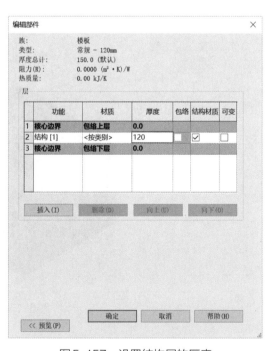

图5-157　设置结构层的厚度

　　第5步 ▶ 沿着外墙边线开始绘制楼板轮廓，如图5-158所示。

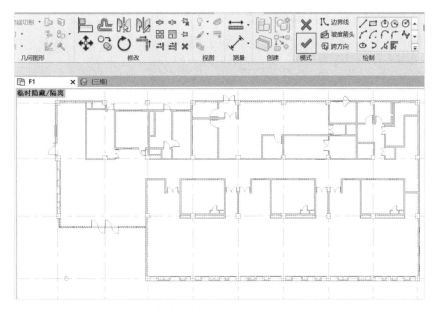

图5-158　绘制楼板轮廓

第6步 分别找到各个卫生间所在的位置，然后使用"矩形"工具绘制出各个卫生间降板位置的楼板轮廓，最后单击"完成"按钮，如图5-159所示。

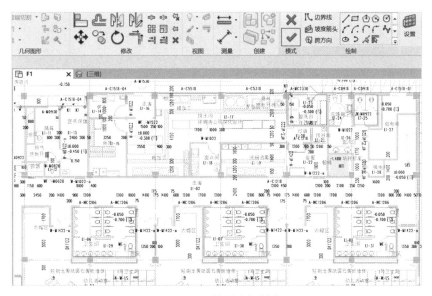

图5-159　绘制降板轮廓

第7步 当提示"是否希望将高达此楼层标高的墙附着到此楼层的底部？"时，单击"否"按钮就可以了，如图5-160所示。

第8步 继续执行"楼板"命令，然后在卫生间降板的位置继续绘制楼板。绘制完成后在"属性"面板中将自标高的高度偏移参数修改为"-50.0"，如图5-161所示。最后单击"完成"按钮。

图5-160　单击"否"按钮

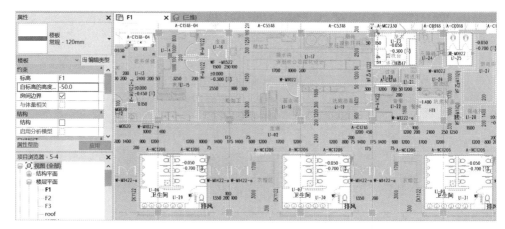

图 5-161　设置降板高度

第9步 再次执行"楼板"命令，选择楼板类型为"常规-150mm"，然后在室外部分开始绘制楼板轮廓，设置自标高的高度偏移参数为"-250.0"，如图 5-162 所示，最后单击"完成"按钮。

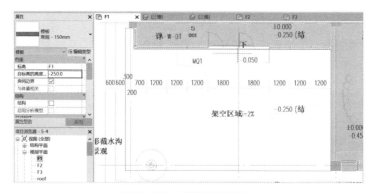

图 5-162　设置降板高度

第10步 其他层的楼板按照同样的方法进行绘制，最终效果如图 5-163 所示。

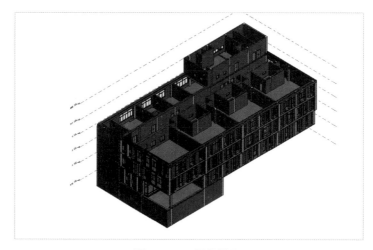

图 5-163　最终效果

5.4.4　创建与编辑天花板

创建天花板有两种方式，一种是自动创建天花板，但需要在一个闭合的房间中才能实现，并且只能生成与房间形状一致的天花板；另一种是手动绘制天花板，与绘制楼板的方法一样，可以手动定义边界。可以随意生成各类形状的天花板。

1. 自动创建天花板

单击"建筑"选项卡→"构建"面板→"天花板"按钮，如图5-164所示。

在"天花板"面板中单击"自动创建天花板"按钮，然后在"属性"面板中选择天花板类型，并设置高度参数。最后在闭合的房间内单击，完成天花板的绘制，如图5-165所示。

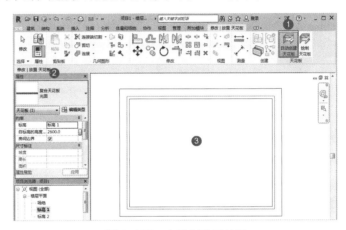

图5-164　单击"天花板"按钮　　　　　　　图5-165　自动创建天花板

2. 手动绘制天花板

单击"建筑"选项卡→"构建"面板→"天花板"按钮。在"天花板"面板中单击"绘制天花板"按钮，如图5-166所示。

在"属性"面板中选择天花板类型并设置高度参数，然后在"绘制"面板中选择合适的绘制工具，在视图中绘制天花板轮廓，如图5-167所示。

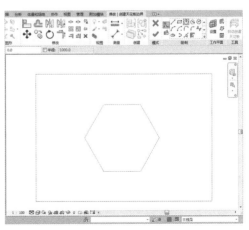

图5-166　单击"绘制天花板"按钮　　　　　　图5-167　绘制天花板轮廓

绘制完成后单击"完成"按钮，在三维视图中查看最终效果，如图5-168所示。

选中需要修改的天花板，在"属性"面板中可以设置天花板的标高及自标高的高度偏移等参数，天花板的实例属性如图5-169所示。

单击"编辑类型"按钮，打开"类型属性"对话框，可以设置天花板的厚度、填充样式及填充颜色等参数，天花板的类型属性如图5-170所示。单击"编辑"按钮，打开"编辑部件"对话框。

与墙体、天花板的编辑方法一样。在"编辑部件"对话框中，单击"插入"按钮可以插入新的结构层，并设置材质与厚度，如图5-171所示。如果需要更改天花板轮廓，可以直接双击天花板或单击"编辑边界"按钮，都可进入草图编辑模式。

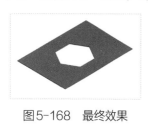

图5-168　最终效果

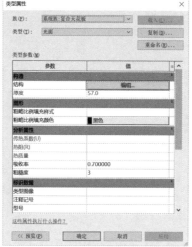

图5-169　天花板的实例属性　　图5-170　天花板的类型属性　　图5-171　插入新的结构层

5.4.5　创建与编辑屋顶

屋顶是建筑中普遍存在的构成元素之一，根据其形态可分为平顶和坡顶，主要功能是防水。干旱地区房屋多用平顶，湿润及多雨地区房屋多用坡顶。坡顶又可细分为单坡、双坡和四坡等。在Revit中，提供了多种创建屋顶的工具，具体包括"迹线屋顶""拉伸屋顶""面屋顶"。除了这些屋顶创建工具外，Revit还提供了"屋檐：底板""屋顶：封檐板""屋顶：檐槽"等工具，以便用户能够更加便捷地创建与屋顶相关的图元。

1. 创建迹线屋顶

迹线屋顶常用于创建不规则的屋顶，例如，创建别墅类住宅的屋顶多用"迹线屋顶"工具。

单击"建筑"选项卡→"构建"面板→"屋顶"下拉按钮→"迹线屋顶"按钮，如图5-172所示。

在"绘制"面板中选择合适的绘制工具，然后在"属性"面板中选择屋顶类型，并设置标高、偏移参数。最后在平面视图中绘制屋顶外轮廓，如图 5-173 所示。

在绘制屋顶边界时，工具选项栏中的"定义坡度"复选框是默认选中状态，这种状态下所有的边界线都具有坡度。若需要取消某条边界线的坡度，应选中该边界线，然后在工具选项栏取消选中"定义坡度"复选框，或者在"属性"面板中取消选中"定义屋顶坡度"复选框，如图 5-174 所示。坡度取消后，该边界线上的坡度三角符号也会随之消失。

图 5-172　单击"迹线屋顶"按钮

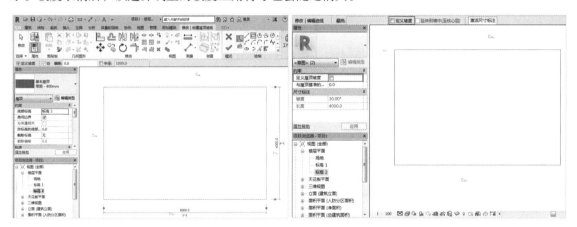

图 5-173　绘制屋顶外轮廓　　　　　　图 5-174　取消选中"定义坡度"复选框

同理，如果需要单独定义某条边界线的坡度，可以单独选中边界线，然后在三角符号处或"属性"面板中定义坡度，如图 5-175 所示。

绘制完成后单击"完成"按钮，切换到三维视图查看最终效果，如图 5-176 所示。

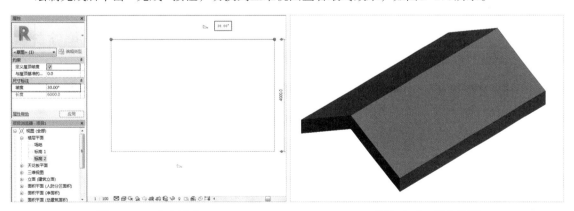

图 5-175　定义坡度　　　　　　　　　图 5-176　最终效果

2. 创建参照平面

参照平面可以理解为在绘制 Revit 模型时的辅助面，在平面视图或立面视图中，参数平面都会以线的形式显示。在接下来讲解创建拉伸屋顶时，就会用到参照平面。

单击"建筑"选项卡→"工作平面"面板→"参照平面"按钮 ，如图5-177所示。

在平面视图、立面视图或剖面视图中，单击开始绘制参照平面，如图5-178所示。

| 图5-177　单击"参照平面"按钮 | 图5-178　绘制参照平面 |

3. 创建拉伸屋顶

在平面视图中绘制参照平面作为拉伸屋顶的起点，然后单击"建筑"选项卡→"构建"面板→"屋顶"下拉按钮→"拉伸屋顶"按钮 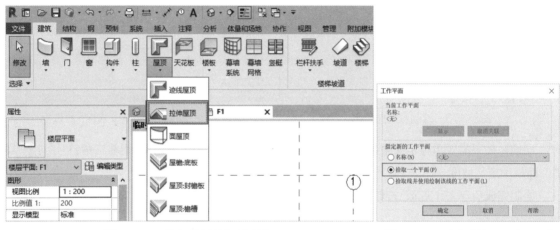，如图5-179所示。

在弹出的"工作平面"对话框中，选中"拾取一个平面"单选按钮，单击"确定"按钮，如图5-180所示。

图5-179　单击"拉伸屋顶"按钮　　　　图5-180　选中"拾取一个平面"
单选按钮

拾取绘制好的参照平面，然后弹出"转到视图"对话框。选择任意立面，单击"打开视图"按钮，如图5-181所示。

在弹出的"屋顶参照标高和偏移"对话框中，设置屋顶标高与偏移参数，如图5-182所示。

在"属性"面板中选择屋顶类型，然后在"绘制"面板中选择需要的绘制工具，并在视图中绘制屋顶截面轮廓，如图5-183所示。

图5-181　选择立面

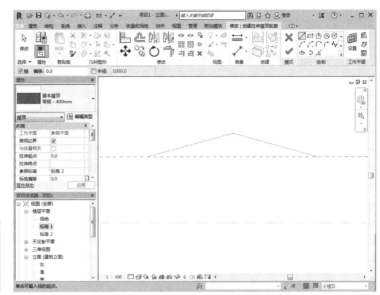

图5-182　设置屋顶标高和偏移参数　　　　　图5-183　绘制屋顶截面轮廓

说明：在绘制拉伸屋顶轮廓时，只能绘制不封闭的轮廓，而且为连续的断线，否则无法生成屋顶。所绘制轮廓线为屋顶上表面线。

绘制完成后单击"完成"按钮，切换到三维视图查看屋顶。选中屋顶后，还可以拖动两端面的句柄控制屋顶的拉伸长度，如图5-184所示。

选中屋顶，在"属性"面板中可以设置标高、坡度等参数。选中拉伸屋顶，在"属性"面板中则可以设置拉伸起点与拉伸终点的数值，屋顶的实例属性如图5-185所示。

图5-184　拉伸屋顶长度

图5-185　屋顶的实例属性

单击"编辑类型"按钮，打开"类型属性"对话框，在其中可以设置屋顶的填充样式及填充颜色等参数，屋顶的类型属性如图5-186所示。

单击"结构"参数右侧的"编辑"按钮，可以打开"编辑部件"对话框。与墙体、楼板、天花板的编辑方法一样。在"编辑部件"对话框中，单击"插入"按钮可以插入新的结构层，并设置材质与厚度，如图5-187所示。如果需要更改屋顶轮廓，可以直接双击屋顶或单击"编辑迹线"按钮，都可以进入草图编辑模式。

图5-186　屋顶的类型属性

图5-187　插入新的结构层

5.4.6　实例：绘制平屋顶

本实例主要运用"迹线屋顶"工具来创建平屋顶，最终效果如图5-188所示。

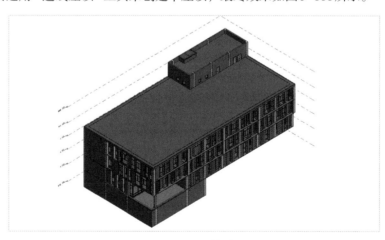

图5-188　最终效果

操作步骤

第1步 ▶ 打开"素材文件\第5章\5-5.rvt"文件，然后进入"roof"屋顶平面，如图5-189所示。

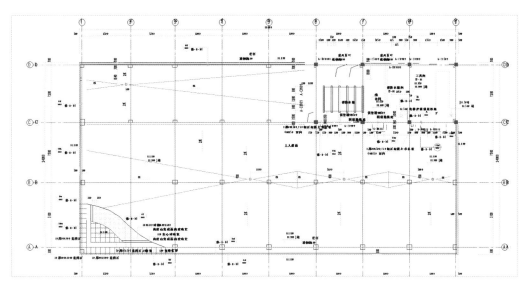

图 5-189　进入屋顶平面

第2步 ▶ 进入"建筑"选项卡，单击"屋顶"→"迹线屋顶"按钮，如图 5-190 所示。

图 5-190　单击"屋顶"按钮

第3步 ▶ 选择屋顶类型为"常规 -125mm"，然后按照女儿墙内侧墙边绘制屋顶轮廓线，如图 5-191 所示。

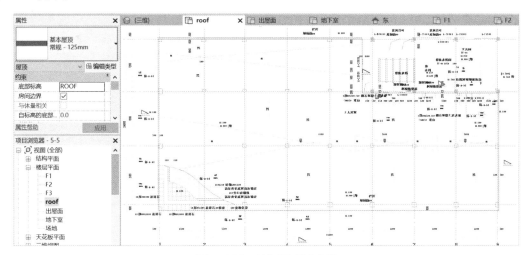

图 5-191　绘制屋顶轮廓线

第4步 ▶ 屋顶轮廓线绘制完成后，选中所有轮廓线，然后在工具选项栏取消选中"定义坡度"

复选框，或者在"属性"面板中取消选中"定义屋顶坡度"复选框，如图5-192所示。

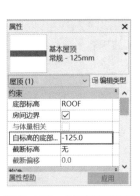

图5-192　取消定义坡度

说明：如果不需要定义屋顶坡度，也可以在绘制轮廓线之前，在工具选项栏中取消选中"定义坡度"复选框。

第5步 ▶ 选中绘制好的屋顶，在"属性"面板设置自标高的底部偏移为"-125.0"，如图5-193所示。

第6步 ▶ 再次单击"迹线屋顶"按钮，然后单击"编辑类型"按钮，打开"类型属性"对话框，复制新屋顶类型为"常规-50mm"，并单击"编辑"按钮，如图5-194所示。

第7步 ▶ 修改结构层的厚度为"50"，然后单击"确定"按钮，如图5-195所示。

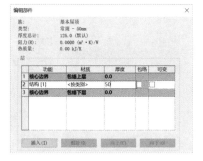

图5-193　设置高度偏移　　图5-194　编辑屋顶类型　　图5-195　修改结构层厚度

第8步 ▶ 以女儿墙最外侧墙边作为边界，绘制屋顶轮廓。然后将自标高的底部偏移设置为"450.0"，最后单击"完成"按钮，如图5-196所示。

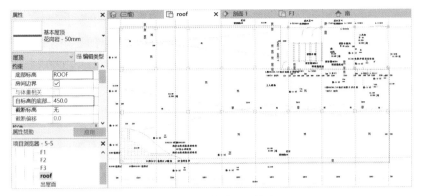

图5-196　绘制屋顶轮廓

第9步 进入"出屋面"平面视图，然后在"属性"面板中找到"范围：底部标高"参数，将其设置为"ROOF"。这时视图将出现ROOF标高平面的内容作为底图显示，如图5-197所示。

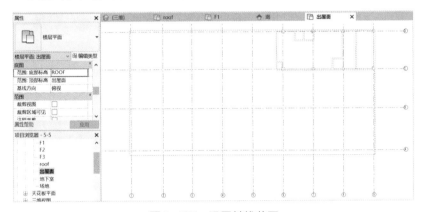

图5-197　设置基线范围

第10步 单击"迹线屋顶"按钮，在"属性"面板中取消选中"定义屋顶坡度"复选框。然后沿外墙内部绘制屋顶轮廓，不包含风井部分，并设置自标高的底部偏移参数为"−1325.0"，最后单击"完成"按钮，如图5-198所示。

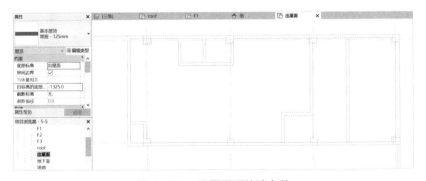

图5-198　设置屋顶偏移参数

第11步 再次单击"迹线屋顶"按钮，在工具选项栏中取消选中"定义坡度"复选框，设置偏移参数为"100.0"。然后沿风井墙体开始绘制屋顶轮廓，并设置自标高的底部偏移参数为"-125.0"，如图5-199所示。

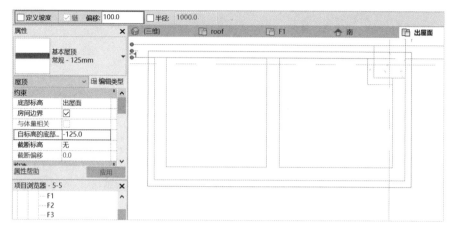

图5-199　设置屋顶参数

第12步▶ 绘制完成后，将与女儿墙相邻的轮廓线调整至与女儿墙内侧齐平的位置，然后单击"完成"按钮，如图5-200所示。

第13步▶ 选中除风井外的其他内墙，然后单击"附着顶部/底部"按钮，最后拾取屋顶作为附着的目标，如图5-201所示。

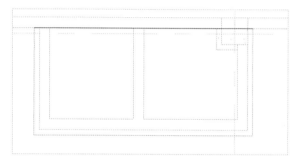

图5-200　编辑屋顶轮廓线

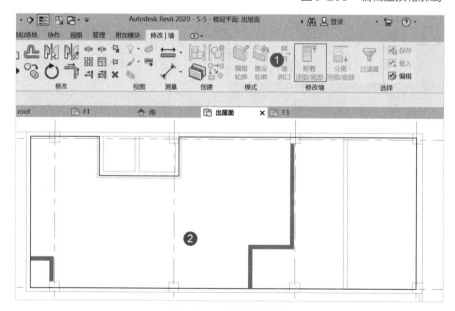

图5-201　墙体附着屋顶

110

第14步 所有工作完成后，打开三维视图，查看最终效果，如图5-202所示。

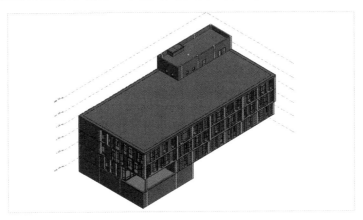

图5-202　最终效果

5.5 楼梯、坡道、栏杆扶手的设计

本节将介绍楼梯、坡道与栏杆扶手的创建与编辑方法。在Revit中，创建楼梯与坡道时，系统通常会自动生成扶手，同时，栏杆扶手也可以作为独立元素进行单独创建。

5.5.1 创建与编辑楼梯

在Revit软件中，提供了两种创建楼梯的方法，分别是"按构件"与"按草图"。

按构件创建楼梯：这种方法是通过组装常见的梯段、平台和支撑等构件来完成的，既可以在平面视图中操作，也可以在三维视图中进行。此方法特别适合创建常规样式的楼梯，例如双跑楼梯或三跑楼梯。如果需要创建形状不规则的异形楼梯，还可以将标准梯段转换为草图进行进一步编辑。

按草图创建楼梯：这种方法要求用户首先定义并绘制踢面线、边界线和楼梯路径，在平面视图中创建楼梯。优点是创建异形楼梯非常方便，楼梯的平面轮廓形状可以通过用户绘制的草图来自定义。

1. 按构件创建楼梯

单击"建筑"选项卡→"楼梯坡道"面板→"楼梯"按钮，如图5-203所示。

图5-203　单击"楼梯"按钮

在"属性"面板中选择需要创建的楼梯样式，然后在工具选项栏中设置"定位线""偏移""实际梯段宽度"等参数,在视图中单击开始绘制楼梯,如图 5-204 所示。由于在工具选项栏中默认选中了"自动平台"复选框,当绘制第二个梯段时,系统会自动在两个梯段之间创建歇脚平台。

对于标准层的楼梯,可以执行多层楼梯命令。切换到立面视图,选中标准层楼梯,然后在多层楼梯面板上单击"选择标高"按钮,如图 5-205 所示。

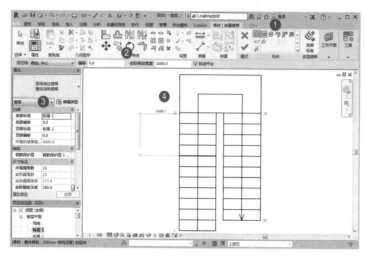

图 5-204　绘制楼梯

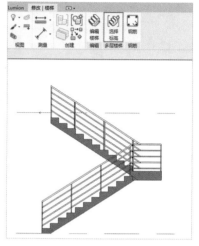

图 5-205　单击"选择标高"按钮

单击"连接标高"按钮,选择需要到达的标高。如果穿越多个标高,可以进行框选,如图 5-206 所示。

单击"完成"按钮,多层楼梯创建完成,如图 5-207 所示。如果需要取消多层楼梯的创建,可以单击"断开标高"按钮,选择需要取消楼梯所到达的标高,最后单击"完成"按钮。

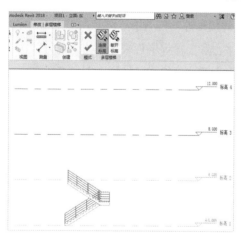

图 5-206　选择穿越标高

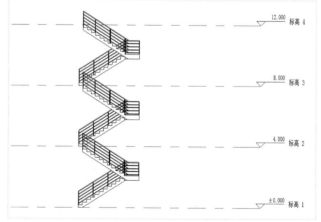

图 5-207　多层楼梯创建完成

2. 按草图创建楼梯

单击"建筑"选项卡→"楼梯坡道"面板→"楼梯"按钮，在"构件"面板中单击"创建草图"按钮,如图 5-208 所示。

在"绘制"面板中，依次选择边界、踢面与楼梯路径，并分别选择合适的绘制工具进行楼梯绘制，如图5-209所示。

图5-208　单击"创建草图"按钮　　　　图5-209　绘制边界、踢面与楼梯路径

绘制完成后单击"完成"按钮，切换到三维视图查看，最终效果如图5-210所示。

选中需要修改的楼梯，在平面视图中双击楼梯进入编辑状态，选中梯段可以设置其宽度尺寸，如图5-211所示。

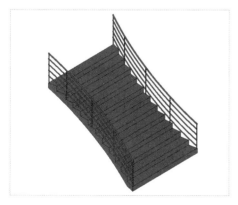

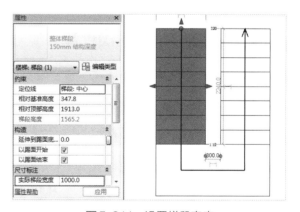

图5-210　最终效果　　　　　　　　　图5-211　设置梯段宽度

当需要修改楼梯各部分构件位置与尺寸时，可以双击楼梯或单击"编辑楼梯"按钮，都可以进入编辑楼梯状态下。

楼梯的实例属性参数介绍如下。

底部标高：设置楼梯起始的基准平面高度。

底部偏移：设置楼梯相对于其底部标高的垂直距离。

顶部标高：设置楼梯终止的高度平面。

顶部偏移：设置楼梯相对于顶部标高的垂直距离。

所需的楼梯高度：设置楼梯在底部和顶部标高之间的高度，只有当顶部标高参数为"无"时才可用。

所需踢面数：基于底部和顶部标高之间的高度，以及最大踢面高度和最小踏板深度等类型属性参数，自动计算得出的踏面数量。

实际踢面数：显示楼梯中实际包含的踢面数量。若因设计或修改导致实际踢面数与所需踢面数不同，这两个值将有所差异，该参数为只读。

实际踢面高度：显示楼梯中每个实际踢面的高度。

实际踏板深度：设置此值可以修改踏板的深度。

踏板 / 踢面起始编号：设置楼梯踏步的起始编号。

楼梯的类型属性参数介绍如下。

最大踢面高度：设置楼梯上每个踢面允许的最大高度限制。

最小踏板深度：设置"实际踏板深度"实例参数的初始值及最小允许值。如果"实际踏板深度"值低于此值，Revit 将发出警告。

计算规则：单击"编辑"按钮，以配置楼梯的计算方法和规则。

梯段类型：选择楼梯梯段所用的类型，可进一步设定梯段的具体参数。

平台类型：选择楼梯平台所用的类型，可选择不同的平台样式和参数配置。

功能：指示楼梯的用途，如内部使用（默认值）还是外部使用。

5.5.2　实例：绘制室内楼梯

本实例主要运用"楼梯"工具来完成室内楼梯的绘制，最终效果如图 5-212 所示。

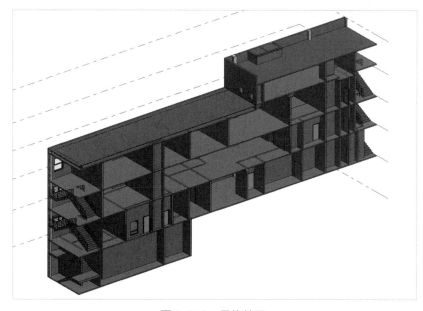

图 5-212　最终效果

操作步骤

第1步 ▶ 打开"素材文件\第5章\5-6.rvt"文件，然后进入地下室平面，如图5-213所示。

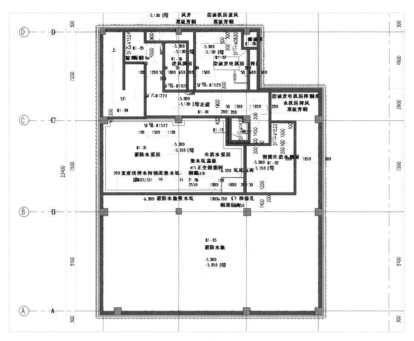

图5-213　地下室平面

第2步 ▶ 进入"建筑"选项卡，然后单击"楼梯"按钮，如图5-214所示。

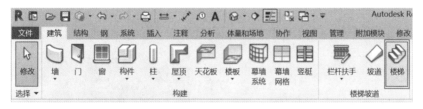

图5-214　单击"楼梯"按钮

第3步 ▶ 在"属性"面板选择楼梯类型为"整体浇筑楼梯"，然后设置其底部标高为"地下室"，顶部标高为"F1"，如图5-215所示。继续向下拖动滑块，设置所需踢面数为"33"，实际踏板深度为"280.0"，如图5-216所示。

第4步 ▶ 设置定位线为"梯段：右"，实际梯段宽度为"1625.0"，然后从左上角向下开始绘制梯段，每跑梯段均为11个踢

图5-215　选择楼梯类型

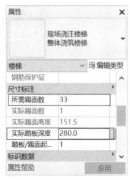

图5-216　设置踢面

面，共绘制三跑梯段，如图5-217所示。

第5步 ▶ 绘制完成后，拖动歇脚平台的控制柄到墙边的位置，最后单击"完成"按钮，如图5-218所示。

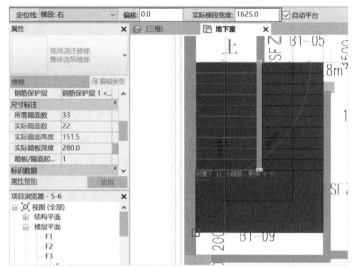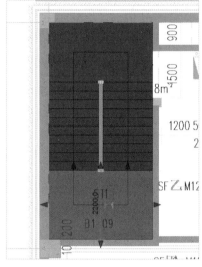

图5-217 绘制梯段　　　　　　　　　　图5-218 调整歇脚平台

第6步 ▶ 进入F1平面视图，继续单击"楼梯"按钮。设置所需踢面数为"32"，实际踏板深度为"260.0"。然后在工具选项栏中设置实际梯段宽度为"1775.0"。所有设置完成后，从右下角的位置开始绘制楼梯。一层楼梯共两跑，每跑梯段均为16个踢面，最后单击"完成"按钮，如图5-219所示。

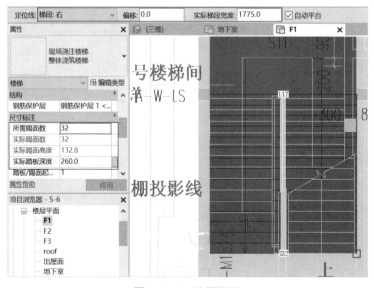

图5-219 设置踢面

第7步 ▶ 进入F2平面视图，继续单击"楼梯"按钮。设置所需踢面数为"28"，实际踏板深度为"260.0",从右下角的位置开始绘制楼梯。一层楼梯共两跑，每跑梯段均为14个踢面，最后单击"完成"按钮，如图5-220所示。

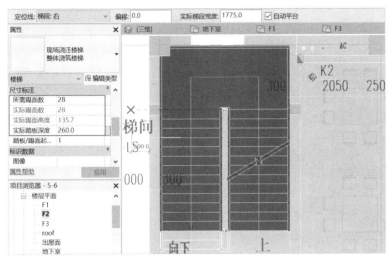

说明：绘制楼梯的时候，会自动创建栏杆扶手，如果不需要所创建的扶手，可以在创建完楼梯后将其删除。

图5-220　设置踢面

第8步 选中绘制好的楼梯，然后单击"选择框"按钮，进入局部三维模型视图，如图5-221所示。

第9步 通过拖曳控制柄，调整剖面框的位置，显示完整的楼梯模型，如图5-222所示。

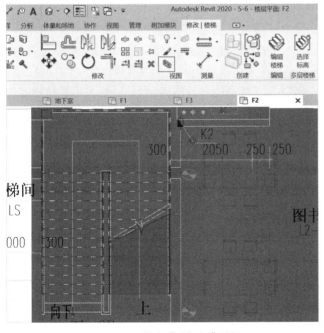

图5-221　单击"选择框"按钮

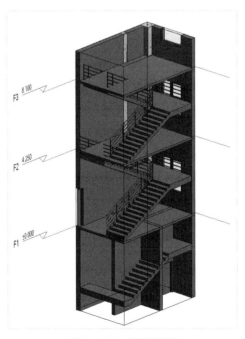

图5-222　楼梯模型

第10步 按照同样的方法完成其余楼梯的创建，最终效果如图5-223所示。

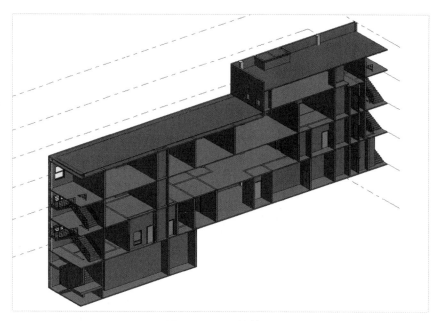

图5-223 最终效果

5.5.3 创建与编辑坡道

在商场、医院、酒店和机场等公共场所，经常会见到各式各样的坡道。它们的主要作用是连接不同高度的地面，作为楼面的斜向交通通道，以及门口的垂直交通和竖向疏散措施。在建筑设计中，坡道通常分为两种，一种是汽车坡道，另一种是残疾人坡道。

在Revit中，建立坡道的方法与建立楼梯的方法在某些方面相似。不同之处在于，Revit仅提供了按草图创建坡道的方式，而楼梯则有两种创建方式（按草图和按构件）。当然，坡道和楼梯在构造上有着本质的区别，使用草图创建坡道时，与楼梯一样，用户具有非常大的自由度，可以随意编辑坡道的形状，而不受固定形式的限制。

单击"建筑"选项卡→"楼梯坡道"面板→"坡道"按钮，如图5-224所示。

图5-224 单击"坡道"按钮

在"属性"面板中选择坡道类型并设定约束条件。然后在"绘制"面板中选择坡道形式，最后在视图中单击开始绘制坡道，如图5-225所示。

绘制完成后，单击"完成"按钮。然后切换到三维视图查看坡道，最终效果如图5-226所示。

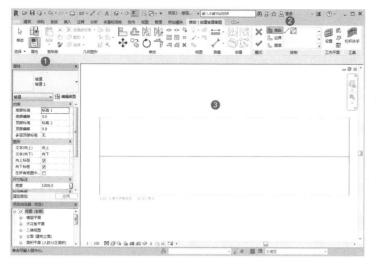

图 5-225　绘制坡道

图 5-226　最终效果

选中需要修改的坡道，在"属性"面板中可以设置坡道顶部标高和底部标高限制条件以及坡道宽度，坡道的实例属性如图 5-227 所示。

单击"编辑类型"按钮，打开"类型属性"对话框，可以设置坡道造型、最大斜坡长度、坡道最大坡度（1/x）等参数，坡道的类型属性如图 5-228 所示。

坡道有两种构造形式，一种是结构板，另一种是实体。将造型参数的值修改为"实体"，坡道的构造将发生改变，"实体"造型效果如图 5-229 所示。

图 5-227　坡道的
实例属性

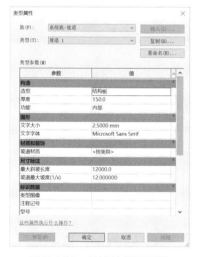

图 5-228　坡道的类型属性

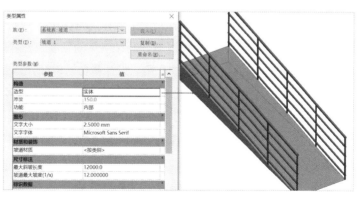

图 5-229　"实体"造型效果

坡道的实例属性参数介绍如下。

底部标高：设置坡道底部的基准高度。

底部偏移：设置坡道底部相对于其底部标高的垂直距离。

顶部标高：设置坡道顶部的目标高度。

顶部偏移：设置坡道顶部相对于顶部标高的坡道高度。

多层顶部标高：在多层建筑中，设置坡道达到的最高楼层或平面的高度。

文字（向上）：设置平面图中表示坡道"向上"方向的文字内容。

文字（向下）：设置平面图中表示坡道"向下"方向的文字内容。

向上标签：显示或隐藏平面图中的"向上"标签。

上箭头：显示或隐藏平面图中的"向上"箭头。

向下标签：显示或隐藏平面图中的"向下"标签。

下箭头：显示或隐藏平面图中的"向下"箭头。

在所有视图中显示向上箭头：设置是否在所有项目视图中显示"向上"箭头。

宽度：设置坡道的宽度。

坡道的类型属性参数介绍如下。

造型：控制坡道的结构类型，有结构板和实体两个选项可供选择。

厚度：设置坡道的构造厚度。仅当"形状"属性设置为厚度时，才启用此属性。

功能：指示坡道是用于内部（默认值）还是外部使用。

文字大小：设置坡道向上和向下方向指示文字的字体大小。

文字字体：设置坡道向上和向下方向指示文字的字体样式。

坡道材质：为渲染效果指定应用于坡道表面的材质类型。

最大斜坡长度：在需要设置平台前，指定坡道中连续踢面高度的最大数量，以控制坡道的陡峭程度。

5.5.4　创建与编辑栏杆扶手

栏杆在实际生活中非常常见，它的主要作用是保护人身安全，作为建筑及桥梁上的安全措施，常见于楼梯两侧、残疾人坡道等区域。经过多年的发展，栏杆的功能已经不仅仅局限于安全保护，还可以起到分隔空间、引导方向的作用。设计精良的栏杆具有良好的装饰效果。

在 Revit 中，提供了两种创建栏杆扶手的方法，分别是"绘制路径"和"放置在主体上"命令。使用"绘制路径"命令时，用户可以在平面视图或三维视图中任意位置绘制路径，并基于此路径创建栏杆扶手。而使用"放置在主体上"命令时，用户必须先选择楼梯或坡道等主体构件，然后才能在这些主体上创建栏杆扶手。

单击"建筑"选项卡→"楼梯坡道"面板→"栏杆扶手"按钮，如图 5-230 所示。

在"属性"面板中选择栏杆扶手类型并设定底部标高。然后在"绘

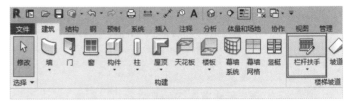

图 5-230　单击"栏杆扶手"按钮

制"面板中选择绘制工具,最后在视图中开始绘制栏杆扶手路径,如图5-231所示。

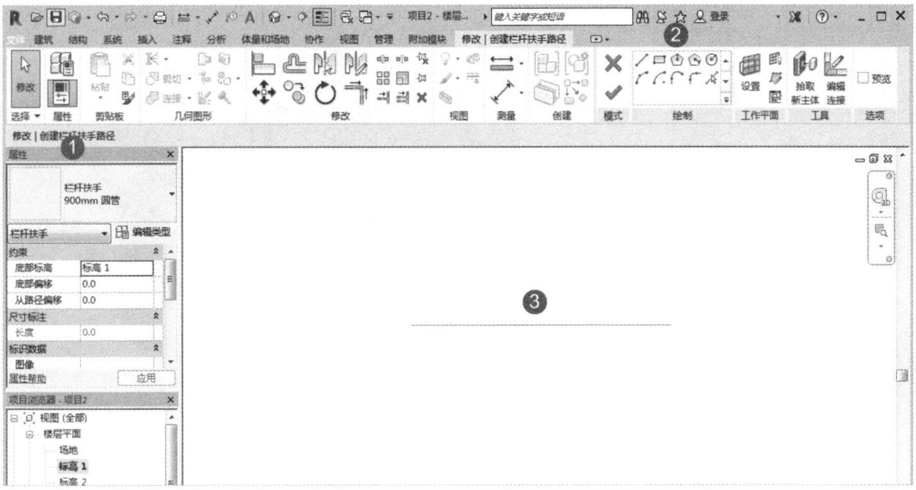

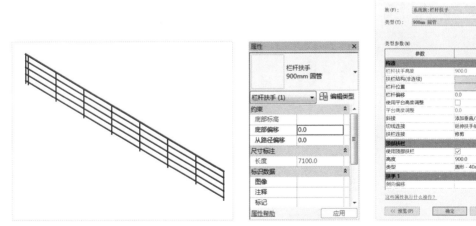

图5-231 绘制栏杆扶手路径

绘制完成后,单击"完成"按钮。切换到三维视图查看,最终效果如图5-232所示。

选中需要修改的栏杆扶手,在"属性"面板中可以设置栏杆扶手"底部偏移"和"从路径偏移"参数,栏杆扶手的实例属性如图5-233所示。

单击"编辑类型"按钮,打开"类型属性"对话框,可以设置扶栏结构、栏杆位置,是否使用顶部扶栏及沿墙扶栏等参数,栏杆扶手的类型属性如图5-234所示。

图5-232 最终效果

图5-233 栏杆扶手的
实例属性

图5-234 栏杆扶手的
类型属性

5.5.5 实例:绘制屋面栏杆

本实例主要运用"栏杆扶手"工具来进行室内的扶手绘制与室外的扶手编辑,最终效果如

图5-235所示。

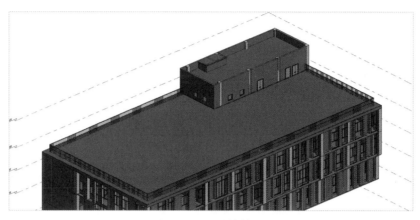

图5-235　最终效果

操作步骤

第1步 ▶ 打开"素材文件\第5章\5-7.rvt"文件，进入"roof"平面视图，并选择二层楼板将其暂时隐藏，如图5-236所示。

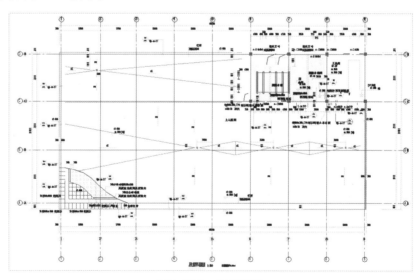

图5-236　隐藏楼板

第2步 ▶ 进入"建筑"选项卡，单击"栏杆扶手"按钮，如图5-237所示。

图5-237　单击"栏杆扶手"按钮

第3步 在"属性"面板中单击"编辑类型"按钮,打开"类型属性"对话框。复制新的栏杆类型为"1200mm",然后单击"扶栏结构(非连续)"参数后的"编辑"按钮,如图5-238所示。

第4步 进入"编辑扶手(非连续)"对话框后,单击"插入"按钮,插入一个新的扶栏。设置扶栏高度为"600.0",轮廓为"圆形扶手:30mm",最后单击"确定"按钮,如图5-239所示。

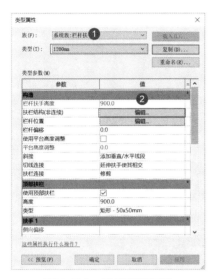

图5-238　设置类型属性

图5-239　插入新扶栏

第5步 返回"类型属性"对话框后,单击"栏杆位置"参数后的"编辑"按钮,如图5-240所示。

第6步 设置常规栏杆的栏杆族为"栏杆-圆形:20",设置相对前一栏杆的距离为"200.0"。然后设置起点支柱、转角支柱、终点支柱的栏杆族均为"栏杆-圆形:25mm",最后单击"确定"按钮,如图5-241所示。

图5-240　单击"编辑"按钮

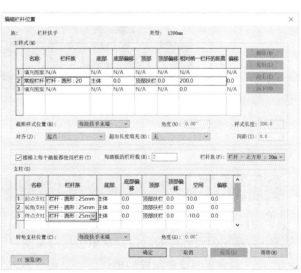

图5-241　编辑栏杆位置

第7步 ▶ 返回"类型属性"对话框，设置高度参数为"1200"，最后单击"确定"按钮，如图 5-242 所示。

第8步 ▶ 绘制扶手路径前，在工具选项栏中选中"链"复选框，然后设置底部偏移参数为"500.0"，之后从出屋面机房位置开始沿屋顶边界绘制扶手路径，绘制完成后单击"完成"按钮，如图 5-243 所示。

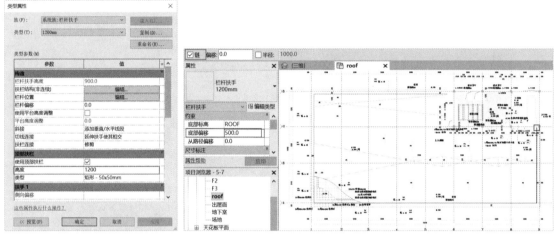

图 5-242　设置顶部扶栏高度　　　　图 5-243　编辑顶部扶手路径

第9步 ▶ 进入三维视图，查看绘制好的屋面护栏，最终效果如图 5-244 所示。

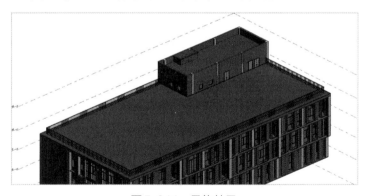

图 5-244　最终效果

5.6 ▏洞口的设计

建筑中会存在各式各样的洞口，其中包括门窗洞口、楼板、天花板洞口和结构梁洞口等。在 Revit 中，可以实现不同类型洞口的创建，并且根据不同的情况、不同的构件提供多种洞口工具与开洞的方式。在 Revit 中，共提供了五种洞口工具，分别是"按面""竖井""墙""垂直""老虎窗"，如图 5-245 所示。

图 5-245 洞口工具

5.6.1 创建面洞口

使用"按面"工具，可以创建垂直于楼板、天花板、屋顶选定面的洞口。

单击"建筑"选项卡→"洞口"面板→"按面"按钮 ，如图 5-246 所示。

图 5-246 单击"按面"按钮

拾取需要开洞图元的主体面，然后在"绘制"面板中选择合适的绘制工具，在所拾取图元面上绘制洞口轮廓，如图 5-247 所示。

绘制完成后，单击"完成"按钮。切换到三维视图，查看最终效果，如图 5-248 所示。

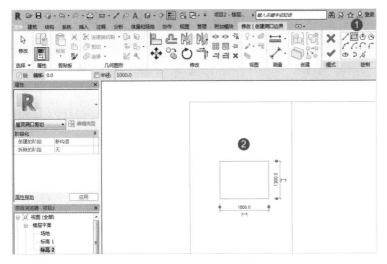

图 5-247 绘制洞口轮廓

图 5-248 最终效果

5.6.2 创建竖井洞口

使用"竖井"工具，可以创建一个跨越多个标高的洞口，贯穿其中的楼板、天花板、屋顶都可以被剪切。在实际绘图过程中，可以将此工具应用于创建电梯井、楼梯间、管道井洞口等方面。

单击"建筑"选项卡→"洞口"面板→"竖井"按钮 ，如图 5-249 所示。

图 5-249　单击"竖井"按钮

在"属性"面板中设置洞口所需要穿越的标高，然后在"绘制"面板中选择合适的绘制工具，最后在视图中绘制洞口轮廓，如图 5-250 所示。

绘制完成后，单击"完成"按钮。跳转到三维视图，查看最终效果，如图 5-251 所示。

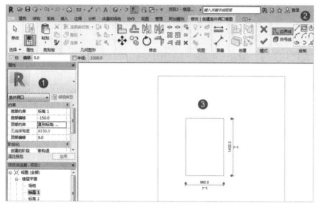

图 5-250　绘制洞口轮廓

图 5-251　最终效果

5.6.3　编辑竖井洞口

选中需要编辑的竖井洞口，可以通过拖动上下两个方向的控制柄，来控制洞口剪切的范围，也可以通过在"属性"面板中重新设置约束条件，来控制洞口剪切的执行范围。如果需要重新编辑洞口轮廓形状，可以双击洞口或单击"编辑草图"按钮，如图 5-252 所示，同样适用于其他洞口工具，不包含墙洞口。

5.6.4　实例：绘制楼梯间洞口及中空区域洞口

本实例主要运用"垂直"工具来创建楼梯间洞口及中空区域洞口。完成后的最终效果如

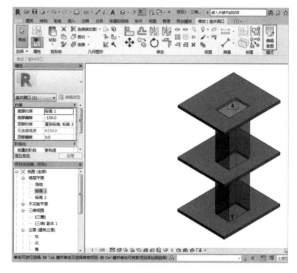

图 5-252　编辑洞口标高

图 5-253 和图 5-254 所示。

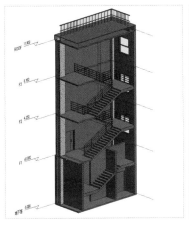

图 5-253　楼梯间洞口

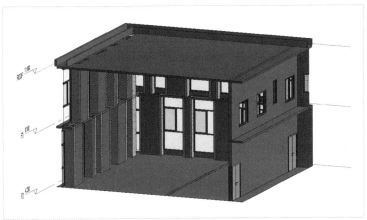

图 5-254　中空区域洞口

操作步骤

第1步 ▶ 打开"素材文件\第5章\5.8.rvt"文件，进入F1平面图。单击"建筑"选项卡→"洞口"面板→"垂直"按钮，如图5-255所示。

第2步 ▶ 拾取左上角楼梯间位置需要开洞的楼板，然后使用直线的方式绘制洞口轮廓，最后单击"完成"按钮，如图5-256所示。

第3步 ▶ 接着进入二层平面继续使用垂直洞口工具进行开洞，如图5-257所示。

图 5-255　单击"垂直"按钮

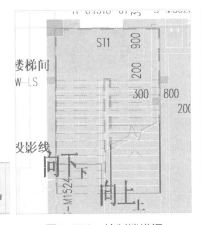

图 5-256　绘制楼梯间洞口轮廓（1）

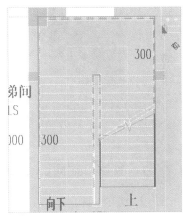

图 5-257　绘制楼梯间洞口轮廓（2）

第4步 ▶ 接着进入三层平面继续使用垂直洞口工具进行开洞，如图5-258所示。

第5步 ▶ 另外一个楼梯间的洞口也按照相同的方法进行开洞。楼梯间洞口处理完后，进入F3平面图，继续执行垂直洞口命令，使用矩形绘制工具绘制矩形洞口，最后单击"完成"按钮，如

图 5-259 所示。

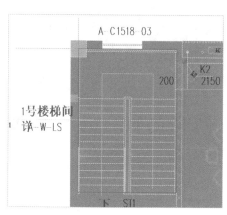

图 5-258　绘制楼梯间洞口轮廓（3）

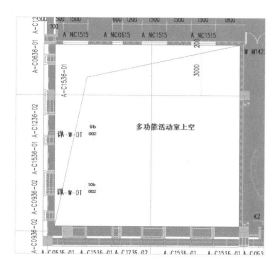

图 5-259　绘制中空区域洞口轮廓

第6步 ▶ 打开三维视图，使用剖面框查看楼梯间洞口和中空区域洞口状态，如图 5-260 和图 5-261 所示。

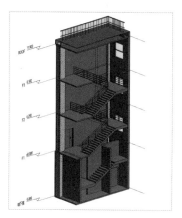

图 5-260　楼梯间洞口

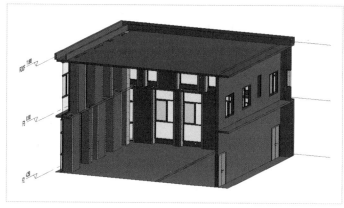

图 5-261　中空区域洞口

5.6.5　创建墙洞口

使用"墙"工具，可以在直墙或变曲墙上创建一个矩形洞口。但这个洞口的尺寸无法精确控制，只能依靠手动拖曳控制柄来调整洞口尺寸，所以在实际绘图中很少用到此洞口工具。

单击"建筑"选项卡→"洞口"面板→"墙"按钮🔲，如图 5-262 所示。

图 5-262　单击"墙"按钮

拾取需要开洞的墙体。按下鼠标左键移动鼠标，直至移动至洞口尺寸合适的位置处，松开鼠标左键，洞口创建成功，如图 5-263 所示。可以通过修改临时尺寸标高来移动洞口位置。还可以通过"属性"面板设置顶部、底部偏移，来设置洞口高度尺寸。

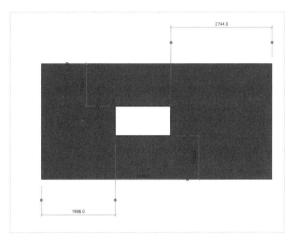

图 5-263　绘制墙洞口

5.6.6　创建老虎窗洞口

老虎窗洞口主要针对屋面进行开洞，需要拾取屋面的边缘作为开洞的轮廓线，从而实现对屋顶的剪切。

分别使用"迹线屋顶"与"拉伸屋顶"工具创建两个屋顶并连接，如图 5-264 所示。

单击"建筑"选项卡→"洞口"面板→"老虎窗"按钮，如图 5-265 所示。

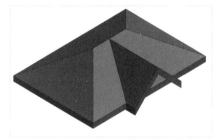

图 5-264　连接屋顶

图 5-265　单击"老虎窗"按钮

拾取需要开老虎窗的屋顶，然后分别拾取老虎窗屋顶和迹线屋顶的边，形成封闭的轮廓，如图 5-266 所示。最终单击"完成"按钮，查看老虎窗洞口效果，最终效果如图 5-267 所示。

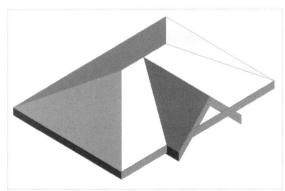

图 5-266　老虎窗洞口轮廓

图 5-267　最终效果

5.7 房间与面积

本节主要介绍如何在Revit中创建房间，计算房间面积并进行标记。同时还将介绍如何使用面积工具来单独创建面积平面，单独计算防火分区、人防分区等面积。

5.7.1 创建与编辑房间

在建筑设计中，空间的合理划分非常重要。不同类型的空间位于不同的位置，决定了每个房间的特定用途。建筑师在平面图中对空间进行分隔后，Revit软件能够自动统计各个房间的面积，并汇总各类型房间的总数。当空间布局或房间数量发生变化时，Revit的自动更新功能会确保统计数据的准确性。这正是Revit参数化设计的价值所在，它极大地提高了建筑师的工作效率，并允许通过添加图例的方式，直观地表示各个房间的用途。

单击"建筑"选项卡→"房间和面积"面板→"房间"按钮，如图5-268所示。

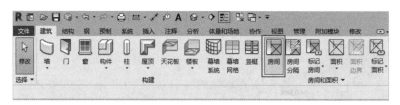

图5-268 单击"房间"按钮

在平面视图中封闭的区域内，单击放置房间，如图5-269所示。

双击房间名称可以修改名称，输入新的房间名称后，单击空白处或按Enter键确认，如图5-270所示。

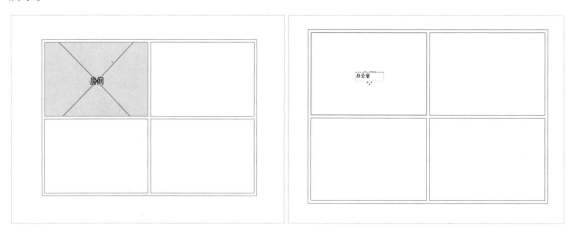

图5-269 放置房间　　　　　　　　　图5-270 修改房间名称

如果需要批量创建房间，可以再次执行"房间"命令，在"房间"面板中单击"自动放置房间"

按钮，此时所有的封闭空间将自动创建房间，如图 5-271 所示。

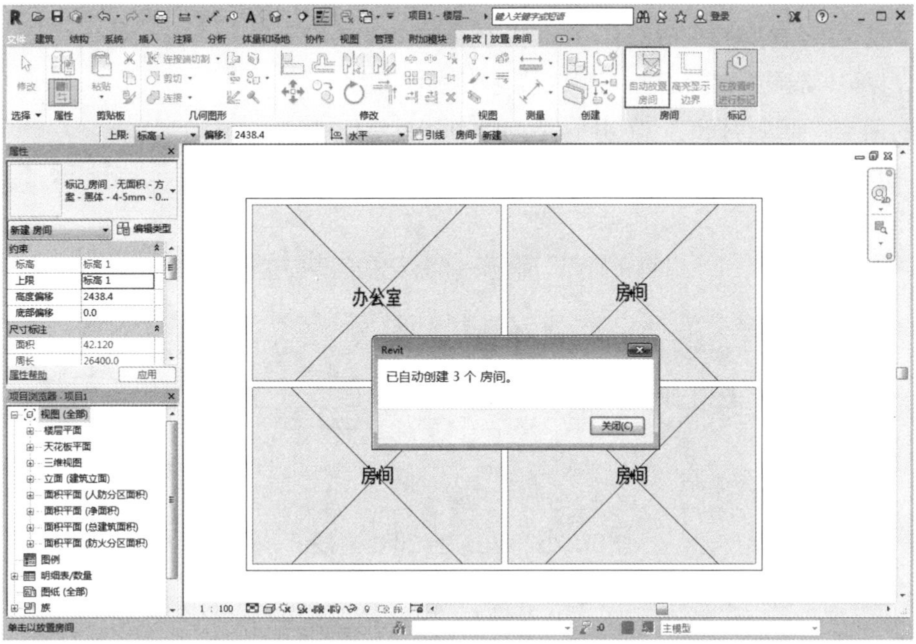

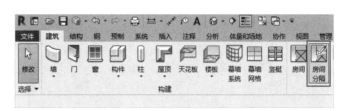

图 5-271　自动创建房间

5.7.2　添加房间分隔

通常情况下，只能在封闭的区域创建房间。但有些情况下根据不同的功能性，不同区域之间并没有采用实体的分隔，而是通过其他方式进行空间分隔。在这种情况下，就需要手动添加房间分隔线，来满足这样的需求。

单击"建筑"选项卡→"房间和面积"面板→"房间分隔"按钮，如图 5-272 所示。

选择分隔线形式，然后在房间内绘制分隔线，如图 5-273 所示。

添加完分隔线后，再次创建房间。会发现通过分隔线，已经将一个房间分隔成两个独立的区域，如图 5-274 所示。

图 5-272　单击"房间分隔"按钮

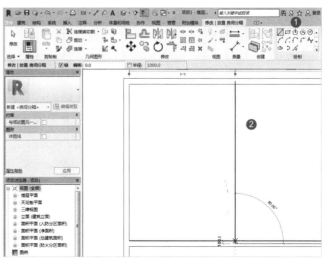

图 5-273　绘制分隔线

5.7.3 添加房间标记

在默认情况下，创建房间时会自动创建房间标记。但因为反复修改，标记可能被误删。还有一种情况，在绘制剖面图时，所剖到的房间也需要进行标记。但房间都是在平面视图中创建的，所以剖面图中并没有标记。这时就需要使用"标记房间"工具，来添加房间标记了。

图5-274　分隔效果

单击"建筑"选项卡→"房间和面积"面板→"标记房间"按钮，如图5-275所示。

图5-275　单击"标记房间"按钮

在"属性"面板中选择标记类型，然后在绘制区域依次单击放置房间标记，如图5-276所示。

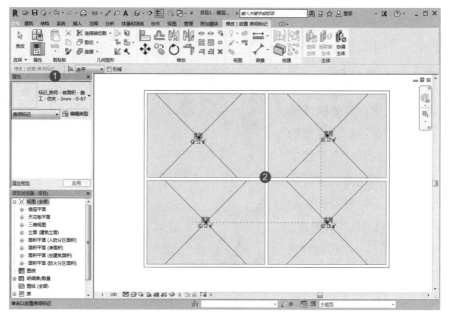

图5-276　放置房间标记

5.7.4 实例：创建房间

本实例主要运用"房间"工具进行房间的创建，同时利用"房间分隔"工具划分不同的功能区域，最终效果如图5-277所示。

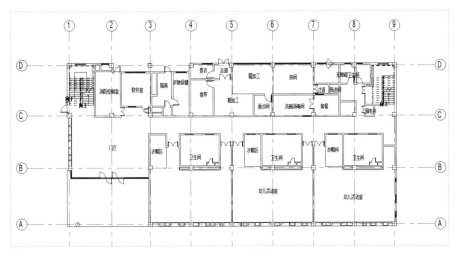

图5-277　最终效果

操作步骤

第1步 ▶ 打开"素材文件\第5章\5-9.rvt"文件，打开F1平面图。单击"建筑"选项卡→"房间和面积"面板→"房间"按钮，如图5-278所示。

图5-278　单击"房间"按钮

第2步 ▶ 在"属性"面板中选择房间标记为"标记_房间-无面积-施工-仿宋-3mm-0-67"，然后依次在各个房间的位置单击放置房间，如图5-279所示。如果有遮挡可以移动房间标记的位置。

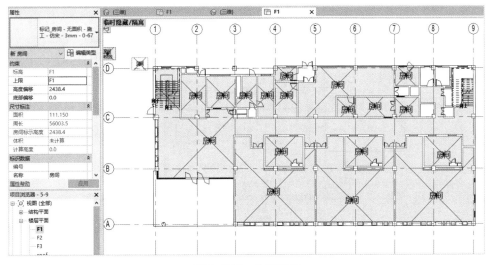

图5-279　放置房间

第3步 ► 因为有一些房间的分隔并没有实体隔断，所以需要通过房间分隔工具来进行手动划分。单击"建筑"选项卡→"房间和面积"面板→"房间分隔"按钮，如图5-280所示。

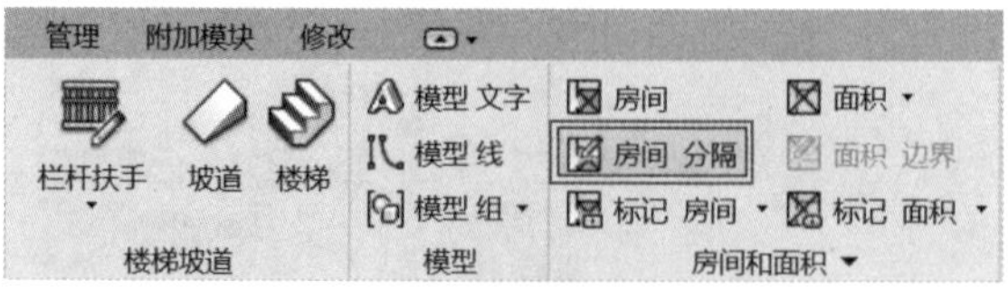

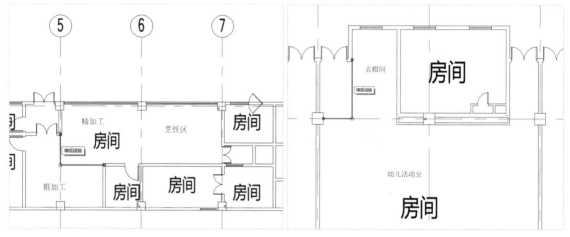

图5-280 单击"房间分隔"按钮

第4步 ► 首先在厨房区域使用分隔线，将"粗加工、精加工、烹饪区"分隔开，如图5-281所示。

第5步 ► 然后在幼儿活动房的位置，同样将衣帽间单独划分出来，如图5-282所示。

图5-281 绘制分隔线（1）

图5-282 绘制分隔线（2）

第6步 ► 对刚分隔出来的房间，继续放置房间。然后双击各个房间名称修改房间的名称，如图5-283所示。其余楼层按照同样的方式放置房间即可。

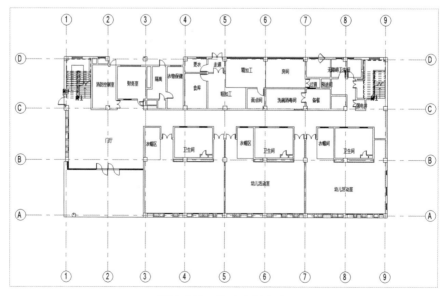

图5-283 修改房间名称

5.7.5　创建颜色方案

不论是房间还是面积区域，都可以使用"颜色方案"工具，以不同的颜色来表示不同的房间或面积区域。

图5-284　单击"颜色方案"按钮

单击"建筑"选项卡→"房间和面积"面板→"颜色方案"按钮，如图5-284所示。

在"编辑颜色方案"对话框中，选择方案类别为"房间"，颜色为"名称"，如图5-285所示。在列表中显示的房间类别，还可以分别设置颜色及填充样式。在制作防火分区示意图中，非常有用。

5.7.6　应用颜色方案

图5-285　编辑颜色方案

通过上面的描述，我们成功地创建了颜色方案。但这些颜色不会直接显示在视图中，我们还需要借助"颜色填充图例"工具，才能让刚才的设置在视图中显示。

单击"注释"选项卡→"颜色填充"面板→"颜色填充图例"按钮，如图5-286所示。

在平面视图中任意位置单击。在弹出的"选择空间类型和颜色方案"对话框中，选择空间类型为"房间"，颜色方案为"方案1"，如图5-287所示。

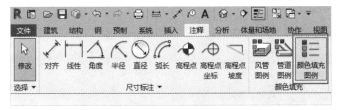

图5-286　单击"颜色填充图例"按钮

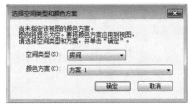

图5-287　选择空间类型和颜色方案

单击"确定"按钮后，图例及颜色填充将应用到当前平面视图中，如图5-288所示。

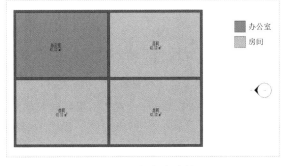

图5-288　颜色方案效果

5.8 构件

在 Revit 中，构件是指需要现场交付和安装的建筑图元，如门、窗和家具等。这些构件是可载入族的实例，并通常以其他图元（如墙作为门的主体）为依附进行放置。对于独立式构件如桌子，它们虽然不直接依附于楼板或标高，但在放置时会参考这些元素来确定其空间位置。

5.8.1 放置构件

除门窗外，其他类型的三维可载入族，都可以通过"构件"工具在 Revit 项目中创建并放置。

单击"建筑"选项卡→"构建"面板→"构件"按钮 🗒 ，如图 5-289 所示。

在"属性"面板中选择图元的类型，然后在视图中单击进行放置，如图 5-290 所示。

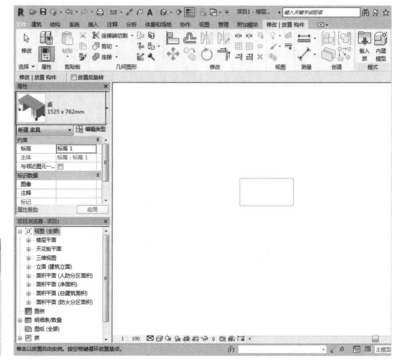

图 5-289　单击"构件"按钮　　　　　　　　　图 5-290　放置构件

5.8.2 实例：创建外墙装饰格栅

本实例主要运用"内建模型"工具来进行外墙装饰格栅的创建。同时配合创建组及镜像复制命令，可以快速地完成室内空间的布置，最终效果如图 5-291 所示。

136

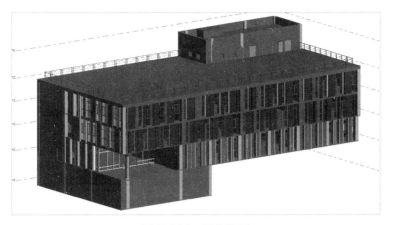

图5-291　最终效果

操作步骤

第1步 ▶ 打开"素材文件\第5章\5-10.rvt"文件，打开F2平面视图。单击"建筑"选项卡→"构建"面板→"构件"下拉按钮→"内建模型"按钮，如图5-292所示。

第2步 ▶ 然后在"族类别和族参数"对话框中，选择族类别为"常规模型"，并单击"确定"按钮，如图5-293所示。

图5-292　单击"内建模型"按钮

图5-293　选择常规模型

第3步 ▶ 在"名称"对话框中，输入名称为"装饰格栅幕墙"，然后单击"确定"按钮，如图5-294所示。

第4步 ▶ 进入族编辑环境后，单击"拉伸"按钮，如图5-295所示。

图5-294　输入名称

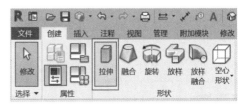

图5-295　单击"拉伸"按钮

第5步 ▶ 找到装饰格栅所在的位置，然后使用矩形绘制工具绘制格栅轮廓，最后单击"完成"按钮，如图5-296所示。

说明：每次只能创建一个区域的装饰格栅，因为不同区域的格栅所使用的装饰颜色不同。

第6步 ▶ 进入南立面视图，拖曳装饰格栅控制柄使其与窗的高度保持一致，如图5-297所示。

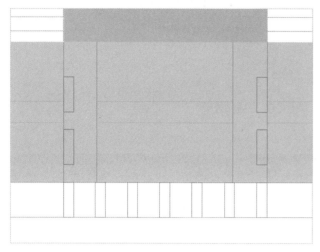

图5-296　绘制格栅轮廓　　　　　　图5-297　拖曳控制柄

第7步 ▶ 其余位置的装饰格栅继续使用拉伸工具进行创建，全部创建完成后单击"完成模型"按钮，如图5-298所示。

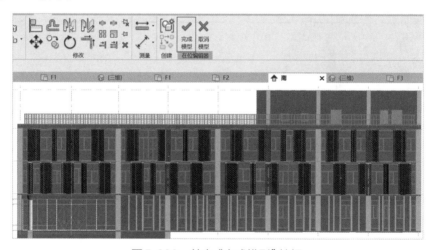

图5-298　单击"完成模型"按钮

技巧：外形尺寸一致的装饰格栅，可以使用复制工具重复利用，无须单独创建。

第8步 ▶ 进入二层平面，然后执行墙体命令，开始绘制装饰幕墙相邻的外墙，如图5-299所示。三层和二层一样，同样需要绘制外侧墙体。

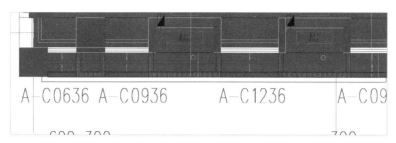

C0636 A-C0936　　A-C1236　　A-C09

600 700　　　　　　700

图5-299　绘制墙体

第9步 ▶ 二层和三层墙体全部绘制完成后，进入南立面视图。然后选中二层墙体，单击"编辑轮廓"按钮，如图5-300所示。

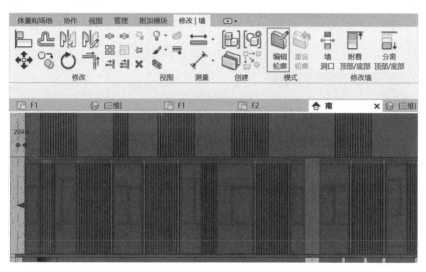

图5-300　单击"编辑轮廓"按钮

第10步 ▶ 使用矩形绘制工具绘制窗口与装饰格栅位置的轮廓，如图5-301所示，遇到线段重合的位置使用修剪和裁剪工具进行处理，最后单击"完成"按钮。三层的墙体也按照同样的方法处理。

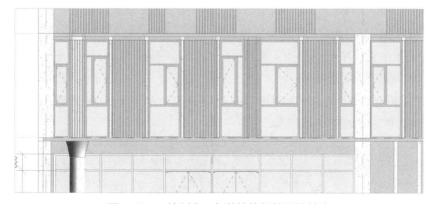

图5-301　绘制窗口与装饰格栅位置的轮廓

第11步 ▶ 打开三维视图，查看最终效果，如图5-302所示。

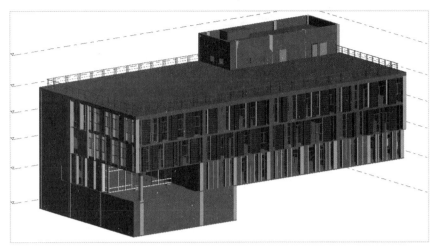

图5-302　最终效果

5.9　场地的设计

在Revit中，生成地形的方式主要分为两种，一种是通过载入外部文件来生成地形；另一种是通过在Revit中手动放置高程点来生成地形。在创建原始地形后，通常还需要对地形进行进一步处理，如场地平整、道路创建、植被放置等操作。

5.9.1　通过实例创建地形

当所获得的原始地形文件为CAD格式的等高线文件时，可以通过Revit的"导入CAD功能"，并选择"选择导入实例"来创建地形。但在某些情况下，CAD地形文件中可能仅标注了等高线与高程点的实际高度，而等高线图形本身为平面，并没有实际高度。在这种情况下，需要借助专业的地形处理软件，将等高线赋值才可以正常生成地形。

首先将CAD地形文件导入Revit中，然后单击"体量和场地"选项卡→"场地建模"面板→"地形表面"按钮，如图5-303所示。

在"工具"面板中单击"通过导入创建"按钮，在下拉菜单中选择"选择导入实例"选项，然后在视图中单击进行放置，如图5-304所示。

图5-303　单击"地形表面"按钮

图5-304　选择"选择导入实例"选项

然后拾取所导入的地形文件，在弹出的对话框中单击"确定"按钮，系统将根据导入的地形文件生成三维地形模型，如图5-305所示。

图5-305　拾取CAD文件生成地形

5.9.2　通过点文件创建地形

除了图形文件外，有时我们得到的地形文件可能是高程点数据文件，在这个文件中记录了各个高程点的坐标位置、高度信息。对于这类地形文件，可以通过"指定点文件"来生成地形。

单击"体量和场地"选项卡→"场地建模"面板→"地形表面"按钮。在"工具"面板中单击"通过导入创建"按钮，在下拉菜单中选择"指定点文件"选项，如图5-306所示。

图5-306　选择"指定点文件"选项

在弹出的对话框中，选择"高程点"文件，然后单击"打开"按钮，如图5-307所示。

系统将自动根据文件中的高程点信息，创建原始地形，如图5-308所示。

图5-307　选择"高程点"文件

图5-308　创建原始地形

5.9.3　手动创建地形

通过上述两种方法，可以实现将外部数据文件转换为Revit地形。在没有外部数据的情况下，还可以通过手动输入高程点来实现地形的创建。

切换到"场地"平面视图，单击"体量和场地"选项卡→"场地建模"面板→"地形表面"按钮。在"工具"面板中单击"放置点"按钮，然后在工具选项栏中输入高程数值，最后在视图中单击放置高程点，如图5-309所示。

按照上述操作，完成其他高程点的创建，形成完整的地形，如图5-310所示。

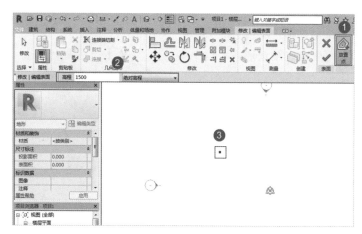

图5-309　放置高程点

图5-310　创建地形

5.9.4　创建建筑地坪

单击"体量和场地"选项卡→"场地建模"面板→"建筑地坪"按钮▦，如图5-311所示。

在"绘制"面板中选择合适的绘制工具，然后在"属性"面板中输入地坪高度，最后在平面视图中绘制地坪边界轮廓，如图5-312所示。

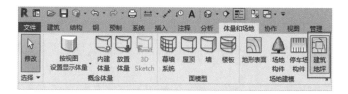

图5-311　单击"建筑地坪"按钮

说明：地坪外边界轮廓不能超过原始地形边界。

最后单击"完成"按钮，地坪创建成功，最终效果如图5-313所示。

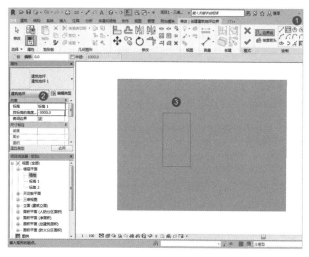

图5-312　绘制地坪轮廓

图5-313　最终效果

5.9.5 拆分表面

单击"体量和场地"选项卡→"修改场地"面板→"拆分表面"按钮，如图 5-314 所示。

图 5-314 单击"拆分表面"按钮

拾取地形表面，在"绘制"面板中选择合适的绘制工具，然后在现有地形基础上绘制穿越过地形边界的线段，或在地形边界内绘制封闭的轮廓，如图 5-315 所示。

最后单击"完成"按钮，地形表面被成功拆分，拆分结果如图 5-316 所示。

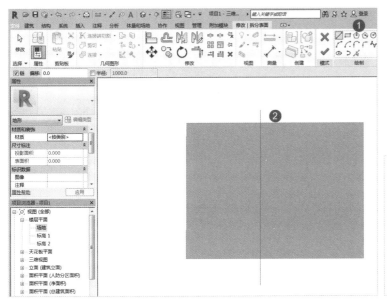

图 5-315 绘制穿过地形边界的线段

图 5-316 拆分结果

5.9.6 合并表面

"合并表面"按钮与"拆分表面"按钮实现的功能相反。使用"合并表面"按钮可以将两个完全独立的地形合并到一起，形成一个完整的地形表面。

单击"体量和场地"选项卡→"修改场地"面板→"合并表面"按钮，如图 5-317 所示。

拾取其中一个地形，然后拾取需要合并的地形，最终两个地形合并成一个完整的地形表面，如图 5-318 所示。

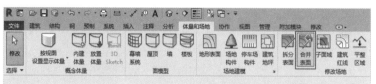

图5-317　单击"合并表面"按钮

图5-318　地形合并

5.9.7　子面域

使用"子面域"工具可以在原始地形中独立划分出一部分区域，还可以定义材质。也可以使用"子面域"工具绘制道路、湖泊等。

单击"体量和场地"选项卡→"修改场地"面板→"子面域"按钮📇，如图5-319所示。

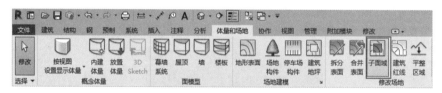

图5-319　单击"子面域"按钮

在"绘制"面板中选择合适的绘制工具，然后在"属性"面板中定义材质，最后在地形边界内绘制子面域边界轮廓，如图5-320所示。

最后单击"完成"按钮，子面域创建成功，最终效果如图5-321所示。

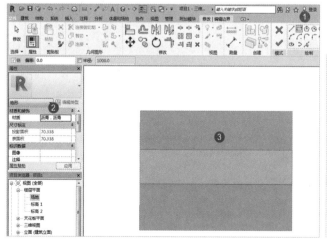

图5-320　绘制子面域边界轮廓

图5-321　最终效果

5.9.8　放置场地构件

单击"体量和场地"选项卡→"场地建模"面板→"场地构件"按钮，如图5-322所示。

图5-322　单击"场地构件"按钮

在"属性"面板中选择要放置的图元，然后在绘图区域单击进行放置，如图5-323所示。

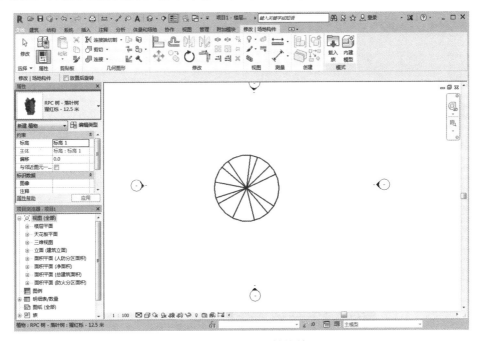

图5-323　放置场地构件

5.9.9　放置停车场构件

单击"体量和场地"选项卡→"场地建模"面板→"停车场构件"按钮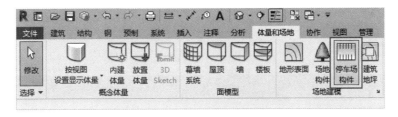，如图5-324所示。

图5-324　单击"停车场构件"按钮

在"属性"面板中选择要放置的图元，然后在绘图区域单击进行放置，如图5-325所示。

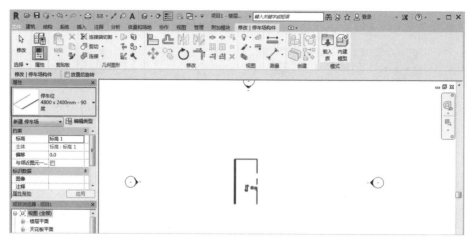

图5-325　放置停车场构件

5.9.10　实例：场地建立与布置

本实例主要运用"放置点"工具来完成原始地形的生成，同时使用"场地构件"命令来添加树木，最终效果如图5-326所示。

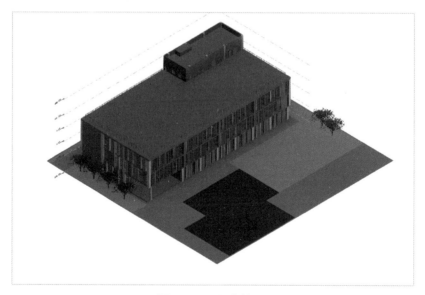

图5-326　最终效果

操作步骤

第1步 ▶ 打开"素材文件\第5章\5-11.rvt"文件，打开场地平面视图，然后在"属性"面板中设置方向参数为"正北",如图 5-327 所示。

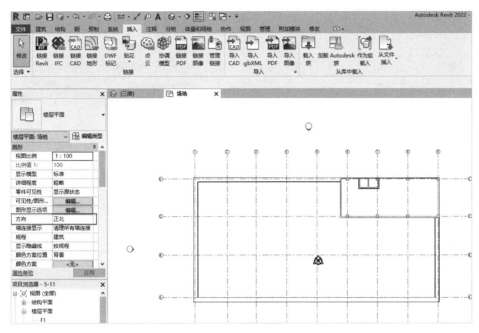

图 5-327 场地平面图

第2步 ▶ 进入"插入"选项卡,单击"链接 CAD"按钮,在弹出的对话框中打开"素材文件 \ 第 5 章 \ CAD 图纸"文件夹,然后选择"总平面图 .dwg"文件,选中"仅当前视图"复选框,设置导入单位为"米",最后单击"打开"按钮,如图 5-328 所示。

第3步 ▶ 根据总平面的信息,需要调整项目北的方向。选中项目基点,然后设置到正北的角度为"–67°",如图 5-329 所示。

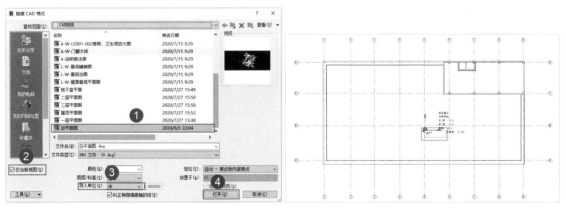

图 5-328 链接 CAD 总平面　　　　　　图 5-329 调整方向

第4步 ▶ 选中链接的 CAD 图纸,然后进行解锁。解锁完成后使用对齐工具,将 CAD 图纸的 1 轴和 A 轴分别与 Revit 模型的轴线对齐,如图 5-330 所示。

第5步 ▶ 进入"建筑"选项卡,单击"参照平面"按钮,沿着用地红线在建筑四周分别绘制参照平面线段,如图5-331所示。

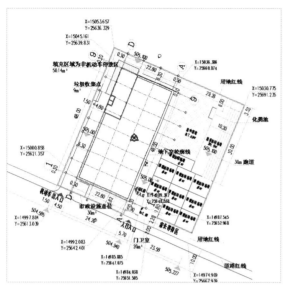

图5-330 对齐CAD图纸

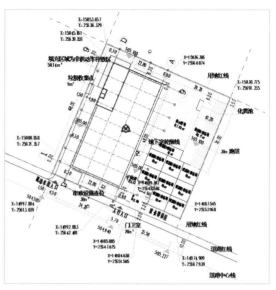

图5-331 绘制参照平面

第6步 ▶ 进入"体量和场地"选项卡,单击"地形表面"按钮,选择放置点的方式,设置高程为"-150",然后依次在各个角点位置单击放置高程点,如图5-332所示。全部放置完成后,单击"完成"按钮。

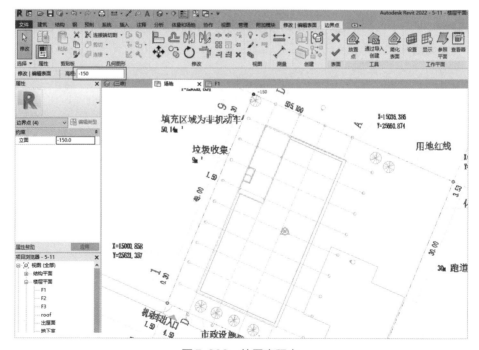

图5-332 放置高程点

第7步 ▶ 选中CAD图纸，将其设置为前景，然后进入"体量和场地"选项卡，单击"子面域"按钮，使用直线工具绘制总平面图中集中绿地部分的轮廓，最后单击"完成"按钮，如图5-333所示。按照相同的方法继续完成班级活动场地的轮廓，如图5-334所示。

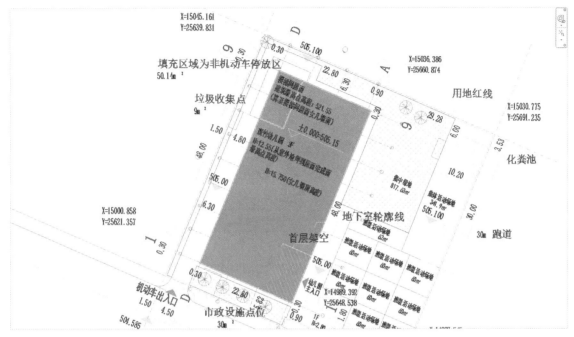

图5-333 绘制子面域轮廓（1）

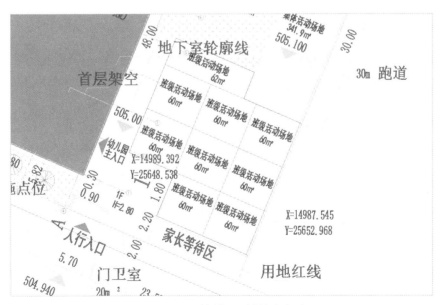

图5-334 绘制子面域轮廓（2）

第8步 ▶ 选中创建好的集中绿地子面域，然后在"属性"面板单击"材质"参数右侧的"浏览"

按钮▦，如图5-335所示。

第9步 ► 在检索框内输入"植物"，然后在搜索结果中双击"植物"材质将其添加到项目材质，最后单击"确定"按钮，如图5-336所示。按照相同的方法设置班级活动场地材质为"草"，如图5-337所示。

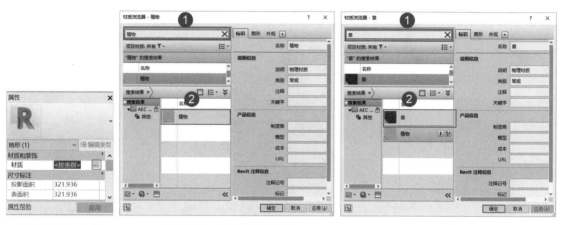

图5-335　单击 "浏览"按钮　　　　图5-336　选择植物材质　　　　图5-337　选择草材质

第10步 ► 进入"修改|场地构件"选项卡，在"属性"面板中选择"白蜡树-5.6米"，设置相对标高的偏移为"-150.0"，沿道路右侧绿地位置放置树木，如图5-338所示。

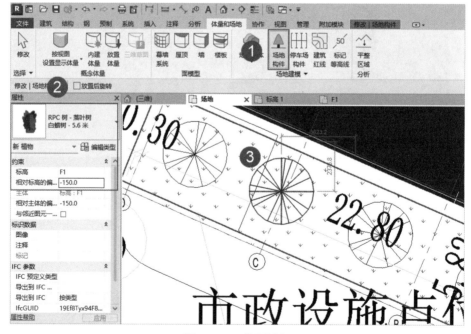

图5-338　放置树木

第11步 ► 打开三维视图，将视角样式调整为"真实"，查看最终效果，如图5-339所示。

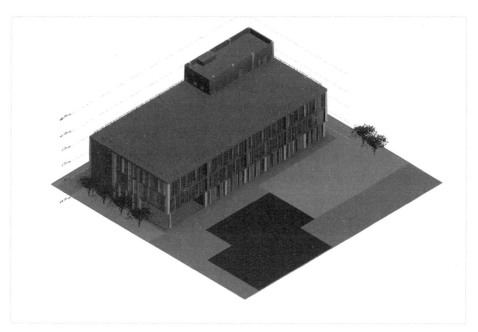

图 5-339　最终效果

读书笔记

第 6 章

结构模型设计

本章导读

本章主要讲解Revit软件在结构模块中的实际应用操作，包括结构柱、结构墙、结构梁、结构洞口、支撑、桁架、钢筋及基础等模块创建。

本章学习要点

1. 基础。

2. 结构柱。

3. 结构墙、结构梁、结构板。

4. 钢筋、支撑、桁架。

6.1 基础的设计

基础是指建筑物地面以下的承重结构，包括基坑、承台、框架柱基础、地梁等。这些结构是建筑物的墙或柱子在地下的扩展部分，主要作用是承受建筑物上部结构传递下来的荷载，并将这些荷载连同自身重量一起传递给地基。

6.1.1 结构基础的分类

根据基础的样式和创建方式的不同，软件将基础分为三大类：独立基础、条形基础和基础底板。

独立基础：将基脚或桩帽作为独立的构件添加到结构模型中。

条形基础：以条形结构为主体，通常沿着结构墙或柱列的方向延伸。它可以在平面视图或三维视图中沿着结构墙放置。

基础底板：用于在平整的地基表面上建立结构楼板的模型，同时也适用于创建复杂基础形状的模型。

6.1.2　创建与编辑独立基础

独立基础通常会自动附着到柱的底部。在将独立基础族放置在项目模型中之前，需要先通过"载入族"命令将相应的族文件载入当前项目中。

单击"结构"选项卡→"基础"面板→"独立"按钮 ，如图6-1所示。

选择独立基础族类型，设置基础的实例属性参数，然后在视图中单击进行放置，如图6-2所示。

图6-1　单击"独立"按钮

如果没有合适的基础类型，可以载入其他类型的基础族。如果需要编辑基础尺寸，可以单击"编辑类型"按钮，打开"类型属性"对话框，修改"宽度""长度"等尺寸，独立基础的类型属性如图6-3所示。不同类型的独立基础参数各不相同。

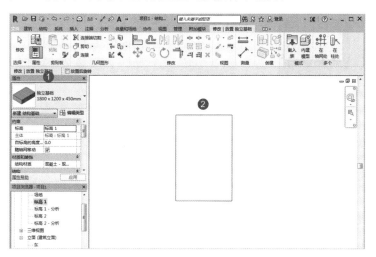

图6-2　放置独立基础

图6-3　独立基础的类型属性

此外，创建基础还有两种方式，在软件的"多个"面板中，提供了"在轴网处"和"在柱上"两种放置方式。这两种方式允许用户快速创建同类型的独立基础实例。

两种放置方式的说明如下。

在轴网处：单击此按钮，在绘图区域中框选轴网。在轴网的相交处，软件会自动生成独立基础的临时模型。此时，用户只需单击"完成"按钮，即可完成独立基础的创建。

在柱上：单击此按钮，在绘图区域中，选择已创建好的结构柱会自动在结构柱下方显示独立基础的临时模型。通过配合使用Ctrl键，可以同时选择多个结构柱，批量生成独立基础的临时模型。此时，用户只需单击"完成"按钮，即可完成独立基础在多个结构柱上的创建。

6.1.3 创建与编辑条形基础

条形基础是以条形图元对象为主体进行创建的，其主要的主体对象为结构墙体。因此，要创建条形基础，首先需要创建条形图元对象，并将条形基础约束到其主体对象上。如果主体对象发生变化，条形基础也会随之调整。

单击"结构"选项卡→"基础"面板→"墙"按钮，如图6-4所示。

选择需要创建的基础类型，并设置实例属性参数。然后拾取结构墙创建条形基础，如图6-5所示。单击"选择多个"按钮，可以批量创建条形基础。

单击"编辑类型"按钮，打开"类型属性"对话框，修改条形基础尺寸参数，如图6-6所示。

图6-4　单击"墙"按钮

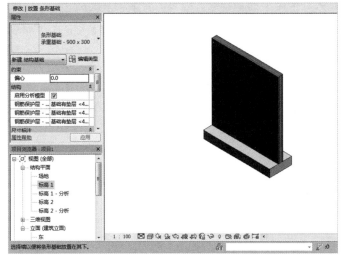

图6-5　创建条形基础

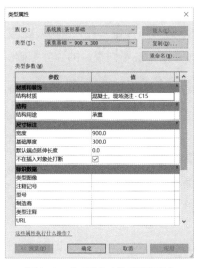

图6-6　条形基础的类型属性

条形基础的类型属性参数介绍如下。

结构材质：为基础赋予特定的材质类型。

结构用途：指定墙体的功能类型，如挡土墙或承重墙。

宽度：指定承重墙基础的总宽度。

基础厚度：指定条形基础的厚度值。

默认端点延伸长度：指定基础将延伸至墙体终点之外的距离。

不在插入对象处打断：指定位于插入对象下方的基础是连续的还是被打断的。

6.1.4 基础底板的创建与编辑

基础底板是一种独立的结构构件，不需要其他结构图元的直接支撑。使用"基础底板"工具可以创建平整表面的结构继板（即楼板的一种，但通常用于基础层），也可以创建复杂型形状的基础模型。

单击"结构"选项卡→"基础"面板→"板"下拉按钮→"结构基础：楼板"按钮，如图6-7所示。

图6-7　单击"结构基础：楼板"按钮

选择基础底板类型。将视图切换到结构平面视图，选择需要的绘制工具来绘制基础底板的边界线，完成后单击"完成"按钮，完成基础底板的创建，如图6-8所示。

单击"编辑类型"按钮，打开"类型属性"对话框，其参数设置与楼板参数设置方法一致，如图6-9所示。

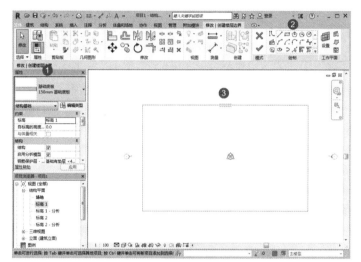

图6-8　绘制基础底板

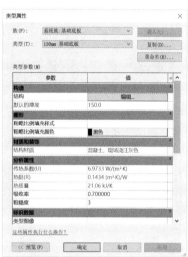

图6-9　基础底板的类型属性

6.1.5　实例：新建结构项目

本实例主要使用"复制／监视"工具，将建筑模型中的标高与轴网数据复制到结构模型中，最终效果如图6-10所示。

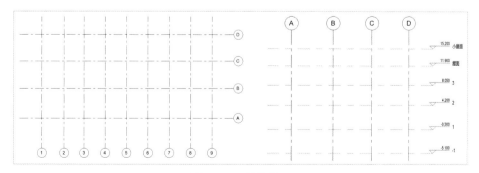

图6-10　最终效果

操作步骤

第1步 ▶ 单击"新建"按钮，打开"新建项目"对话框，使用"结构样板"新建项目文件，单击"确定"按钮，如图6-11所示。

第2步 ▶ 进入"插入"选项卡，单击"链接Revit"按钮，如图6-12所示。

图6-11　新建项目文件

图6-12　单击"链接Revit"按钮

第3步 ▶ 在"导入/链接RVT"对话框中，进入"素材文件\第6章"文件夹，选择"建筑模型.rvt"文件，然后设置定位方式为"自动–原点到原点"，最后单击"打开"按钮，如图6-13所示。

第4步 ▶ 模型链接成功后，进入"协作"选项卡，单击"复制/监视"下拉按钮→"选择链接"按钮，然后拾取链接模型，如图6-14所示。

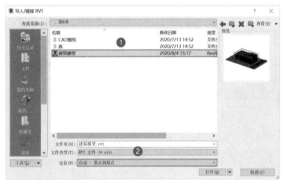

图6-13　选择链接模型

图6-14　单击"选择链接"按钮

第5步 ▶ 单击"复制"按钮，选中"多个"复选框，然后按住Ctrl键选中视图中的所有轴线，最后单击"完成"按钮，如图6-15所示。

说明：如有必要还可以选中标高，在实例"属性"面板的标识数据面板中，选中"结构"复选框。

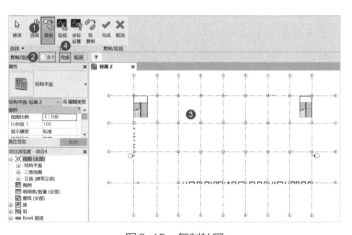

图6-15　复制轴网

第6步 ▶ 进入东立面视图，单击"复制"按钮，选中"多个"复选框。然后框选所有标高，单击"完成"按钮。确认所有的标高和轴线复制到项目中后，单击"完成"按钮 ✔ ，如图6-16所示。

第7步 ▶ 轴线和标高全部复制完成后，选中链接模型按下 Detele 键将其删除，然后在弹出的警告对话框中单击"删除链接"按钮，如图6-17所示。

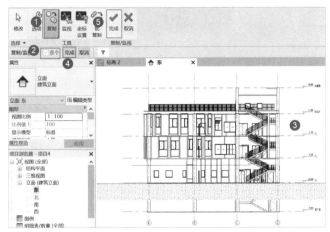

图6-16　复制标高

图6-17　删除链接模型

第8步 ▶ 链接模型删除后，同时将自带标高也一并删除，如图6-18所示。

第9步 ▶ 按照结构CAD图纸中的结构楼层层高表，调整标高数值并修改标高名称，如图6-19所示。

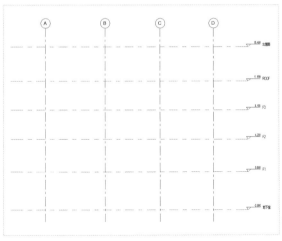

图6-18　删除默认标高

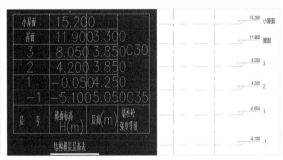

图6-19　调整标高

第10步 ▶ 进入"视图"选项卡，单击"平面视图"下拉按钮→"结构平面"按钮，如图6-20所示。

第11步 ▶ 进入"新建结构平面"对话框，把类型设置为"结构平面"，为新建的视图选中全部标高，单击"确定"按钮，如图6-21所示。

第12步▶ 结构平面创建如图6-22所示。

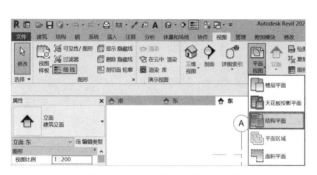

图6-20　单击"结构平面"按钮

图6-21　选择标高

图6-22　结构平面创建

6.1.6　实例：创建结构基础

本实例主要运用"板"和"独立"工具，完成结构模型中基础的创建，最终效果如图6-23所示。

操作步骤

第1步▶ 打开"素材文件＼第6章＼6-1.rvt"文件，进入"-1"结构平面，如图6-24所示。

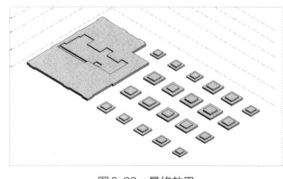

图6-23　最终效果

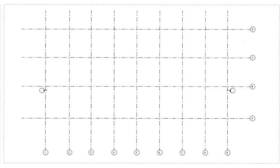

图6-24　"-1"平面

第2步▶ 进入"插入"选项卡，单击"链接CAD"按钮，如图6-25所示。

第3步▶ 在"链接CAD格式"对话框中，进入"素材文件＼第6章＼CAD图纸"文件夹，选择"基础平面布置图.dwg"文件，选中"仅当前视图"复选框，如图6-26所示。

图6-25　单击"链接CAD"按钮

第4步▶ 图纸链接到视图后，选中CAD图纸先进行解锁（快捷键为UP），然后使用对齐工具将其与轴线对齐（快捷键为 AL），如图 6-27 所示。

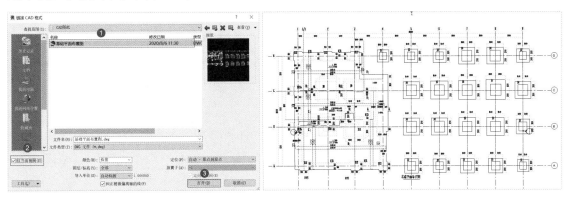

图 6-26　选择链接 CAD 图纸　　　　图 6-27　调整 CAD 图纸位置

第5步 ▶ 进入"结构"选项卡，单击"板"按钮，如图 6-28 所示。

第6步 ▶ 在"属性"面板中单击"编辑类型"按钮，打开"类型属性"对话框。复制新类型为"600mm 基础底板"，然后单击"编辑"按钮，如图 6-29 所示。

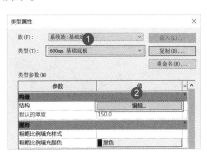

图 6-28　单击"板"按钮　　　　　　图 6-29　复制基础类型

第7步 ▶ 将结构层的厚度修改为"600"，如图 6-30 所示，然后单击"确定"按钮。

第8步 ▶ 使用线工具绘制外围基础板轮廓，然后单击"完成"按钮，如图 6-31 所示。

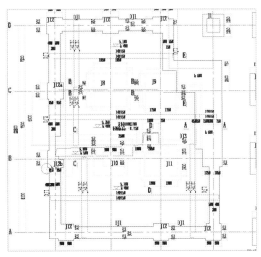

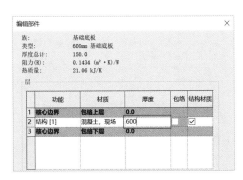

图 6-30　修改厚度　　　　　　　　图 6-31　绘制外围基础板轮廓

159

第9步► 在"属性"面板中再次单击"编辑类型"按钮,打开"类型属性"对话框。复制新基础类型为"400mm 基础底板",然后修改结构层默认的厚度为"400.0",最后单击"确定"按钮,如图6-32所示。

第10步► 选择基础类型为"400mm 基础底板",然后使用线工具绘制上部基础轮廓,最后单击"完成"按钮,如图6-33所示。

图6-32 修改厚度

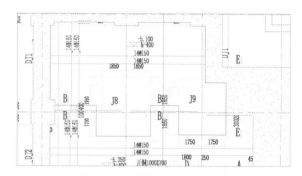

图6-33 绘制上部基础轮廓

第11步► 继续绘制中部基础,在"属性"面板设置自标高的高度偏移为"-250.0",然后单击"完成"按钮,如图6-34所示。

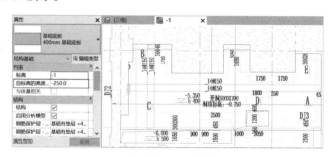

图6-34 设置标高

第12步► 继续绘制下部基础轮廓,在"属性"面板设置自标高的高度偏移为"0",然后单击"完成"按钮,如图6-35所示。

第13步► 在"属性"面板单击"编辑类型"按钮,打开"类型属性"对话框。复制新的基础类型为"500mm 基础底板",然后修改默认的厚度为"500.0",最后单击"确定"按钮,如图6-36所示。

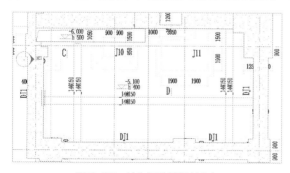

图6-35 绘制下部基础轮廓

图6-36 复制基础类型

第14步 绘制洞口部分基础，在"属性"面板设置自标高的高度偏移为"-900.0"，然后单击"完成"按钮，如图6-37所示。

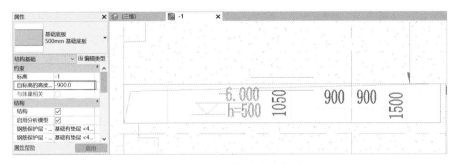

图6-37　设置偏移高度（1）

第15步 绘制另外一个洞口的基础，在"属性"面板设置自标高的高度偏移为"-1100.0"，然后单击"完成"按钮，如图6-38所示。

第16步 筏板基础绘制完成后，继续绘制独立基础。进入"结构"选项卡，单击"独立"按钮，如图6-39所示。

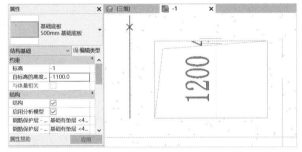

图6-38　设置偏移高度（2）

图6-39　单击"独立"按钮

第17步 由于样板中没有我们需要的基础样式，因此需要单击"载入族"按钮，载入新的基础族，如图6-40所示。

第18步 打开"载入族"对话框后，进入"素材文件\第6章\族"文件夹，选择"独立基础-两阶.rfa"文件，单击"打开"按钮将其载入项目中，如图6-41所示。

图6-40　单击"载入族"按钮

图6-41　选择基础族

第19步▶ 在"属性"面板中选择"独立基础 – 两阶"基础类型，然后单击"编辑类型"按钮，如图6-42所示。

第20步▶ 在"类型属性"对话框中，复制新的基础类型为"J1"，然后按照CAD图纸中所给的参数设置基础尺寸，最后单击"确定"按钮，如图6-43所示。

第21步▶ 在视图中找到需要放置基础的位置，单击进行放置，如果放置基础与CAD底图没有对齐可以使用对齐工具进行处理，如图6-44所示。

图6-42　单击"编辑类型"按钮

图6-43　修改基础参数

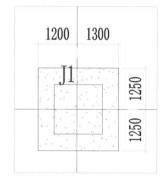

图6-44　放置基础

第22步▶ 由于基础的参照标高为基顶标高，而实际图纸所给出的数据是基底标高，因此需要选中已经放置好的基础设置自标高的高度偏移，以满足实际基底标高的要求，如图6-45所示。

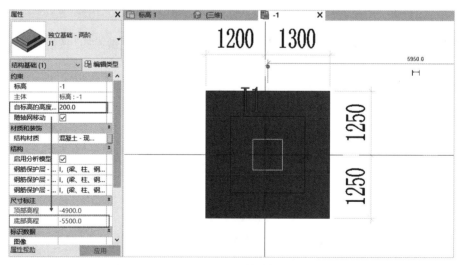

图6-45　设置基础标高

第23步▶ 其他类型的基础也按照相同的方法进行放置，放置完成后的效果如图6-46所示。

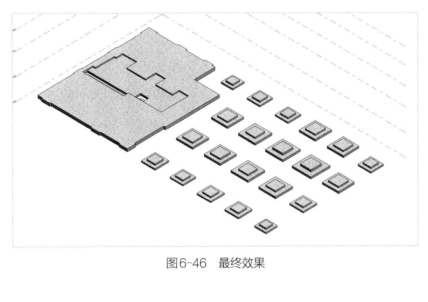

图6-46 最终效果

6.2 结构柱的设计

结构柱是用于承重的结构图元，主要作用是承受建筑荷载。

6.2.1 放置与编辑结构柱

单击"结构"选项卡→"结构"面板→"柱"按钮⬛，如图6-47所示。

选择要放置的结构柱类型，然后在工具选项栏中设置标高，最后在视图中单击进行放置，如图6-48所示。

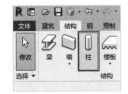

图6-47 单击"柱"按钮

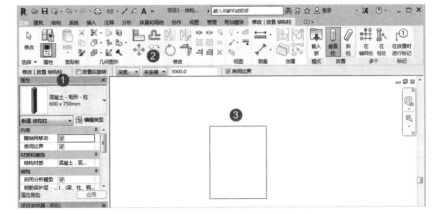

图6-48 放置结构柱

如果项目中没有需要的结构柱类型尺寸，可以单击"编辑类型"按钮，打开"类型属性"对话框，单击"复制"按钮，在结构柱"类型"文本框中输入新建的柱尺寸，并修改对应参数，如图6-49所示。

若是钢柱，需要编辑的类型参数会多一些，如图6-50所示。

图6-49　结构柱的类型属性（1）

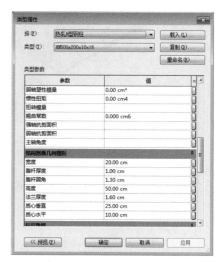

图6-50　结构柱的类型属性（2）

说明：除了上述的放置方式，结构柱还提供了其他放置方式。在第5章创建建筑模型中已经进行了较为详细的说明，此处不再重复说明。

6.2.2　实例：绘制结构柱

本实例主要运用"柱"工具来完成结构柱的创建，最终效果如图6-51所示。

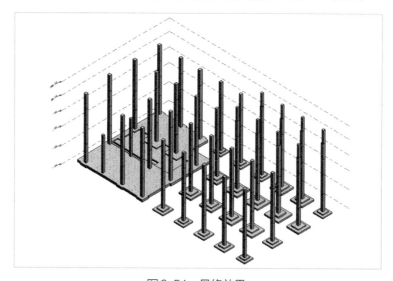

图6-51　最终效果

操作步骤

第1步 ▶ 打开"素材文件 \ 第6章 \6-2.rvt"文件，进入"一层平面"。进入"插入"选项卡，单击"链接CAD"按钮，进入"素材文件 \ 第6章 \CAD图纸"文件夹，选择"-1层柱布置图.dwg"文件，然后单击"打开"按钮，如图6-52所示。

第2步 ▶ CAD图纸导入后，使用对齐工具将其与现有的轴线对齐，如图6-53所示。

图6-52　链接CAD图纸

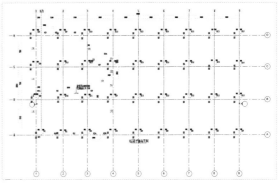

图6-53　对齐CAD图纸

第3步 ▶ 进入"结构"选项卡，单击"柱"按钮，如图6-54所示。

第4步 ▶ 在"属性"面板选择任意类型的矩形结构柱，单击"编辑类型"按钮。在弹出的"类型属性"对话框中，复制新的柱类型为"KZ6"，然后设置其b边和h边的尺寸均为"600.0"，如图6-55所示。其他规格的结构柱也按照相同的方法进行设定。

图6-54　单击"柱"按钮

图6-55　修改柱参数

第5步 ▶ 柱类型设置好后，在"属性"面板选择柱类型为"KZ6"，然后设置放置方式为"深度"，标注约束到"-1"，最后在左上角的位置单击放置，如图6-56所示。

第6步 ▶ 按照相同的方法完成其他结构柱的放置。当放置独立基础部分的结构柱时要注意柱底标高，因为基础顶部的标高会随着柱底标高变化而变化。例如，放置KZ16柱时，保持基础标高不变的情况下，需要将结构柱的底部偏移设置为"200.0"，如图6-57所示。

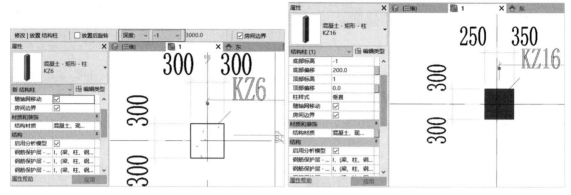

图6-56　修改标高参数　　　　　　　　图6-57　设置底部偏移

第7步 "-1"层结构柱布置完成后全部框选，然后单击"复制到剪贴板"按钮，如图6-58所示。随后单击"粘贴"下拉按钮，选择"与选定的标高对齐"选项，如图6-59所示。

第8步 在弹出的对话框中选择"2""3""屋面"标高，然后单击"确定"按钮，如图6-60所示。

图6-58　单击"复制到剪贴板"按钮　　图6-59　选择"与选定的标高对齐"选项　　图6-60　选择标高

第9步 根据图纸分别调整不同楼层的结构柱，最终效果如图6-61所示。

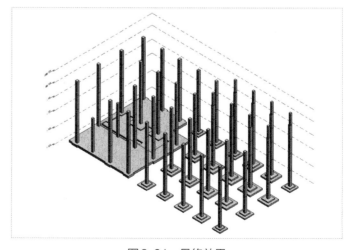

图6-61　最终效果

6.3 结构墙的设计

结构墙是指建筑模型中的承重墙或剪力墙。

6.3.1 绘制与编辑结构墙

单击"结构"选项卡→"结构"面板→"墙"按钮 ，如图6-62所示。

选择需要绘制的墙类型，然后在工具选项栏中设置墙体标高。接着在"绘制"面板中选择需要的绘制工具，最后在视图中进行绘制，如图6-63所示。

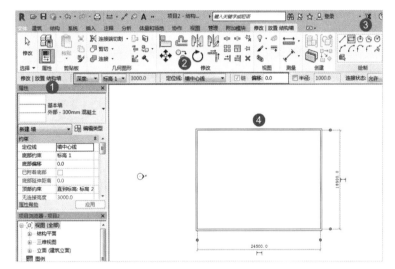

图6-62 单击"墙"按钮　　　　　　　　图6-63 绘制结构墙

> 说明：结构墙与结构柱相同，默认的放置方式为"深度"。也就是说，是以当前平面标高向下绘制，是自上而下的绘制方法，比较符合结构设计人员的绘图习惯。

选择需要进行修改的结构墙，在"属性"面板中修改该实例墙体的限制条件，如图6-64所示。参数设置与建筑墙体设置相同。

此外，还可以对结构墙进行开洞等处理，操作完全与建筑墙一致，此处不作重复说明。

图6-64 结构墙的实例属性

6.3.2 实例：绘制结构墙

本实例主要运用"墙"工具来进行剪力墙的绘制，最终效果如图6-65所示。

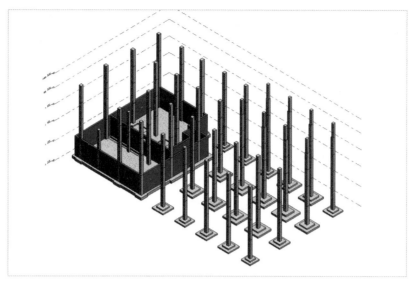

图6-65　最终效果

操作步骤

第1步 ● 打开"素材文件\第6章\6-3.rvt"文件，打开一层平面图，如图6-66所示。

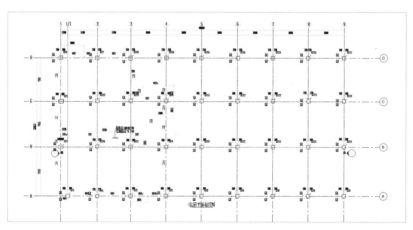

图6-66　一层平面图

第2步 ● 进入"结构"选项卡，单击"墙"按钮，如图6-67所示。

第3步 ● 选择墙类型为"基本墙 常规 –300mm"，然后从左上角开始绘制，如图6-68所示。墙体全部绘制完成后的效果如图6-69所示。

图6-67　单击"墙"按钮

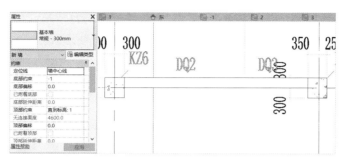

图6-68　绘制墙体

第4步 ▶ 进入"插入"选项卡，单击"载入族"按钮。在"载入族"对话框中选择"结构\洞口"文件夹，选择"洞口-窗-方形"族，然后单击"打开"按钮，如图6-70所示。

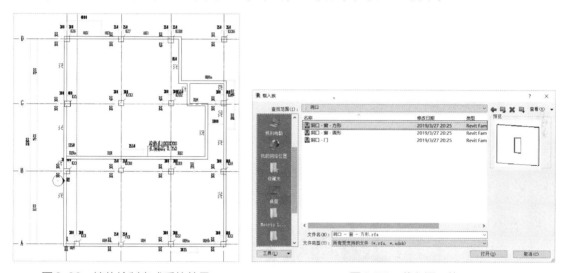

图6-69　墙体绘制完成后的效果　　　　　　　　图6-70　载入洞口族

第5步 ▶ 选中CAD底图，然后在工具选项栏中设置参数为"前景"，如图6-71所示。

第6步 ▶ 进入"建筑"选项卡，单击"窗"按钮。然后在"属性"面板选择刚刚载入的窗洞，单击"编辑类型"按钮，如图6-72所示。

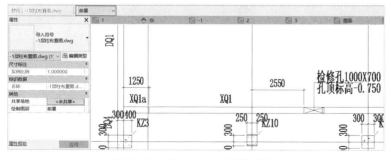

图6-71　设定CAD图纸为前景　　　　　　　　图6-72　单击"编辑类型"按钮

第7步 ▶ 在"类型属性"对话框中，复制新类型为"1000×700mm"，然后设置粗略宽度为

"1000.0"，粗略高度为"700.0"，最后单击"确定"按钮，如图6-73所示。

第8步 ▶ 在"属性"面板设置洞口底高度为"-1450.0"，然后在洞口的位置单击放置，如图6-74所示。

图6-73　修改洞口尺寸

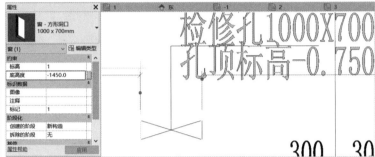

图6-74　设置洞口底高度

第9步 ▶ 最终效果如图6-75所示。

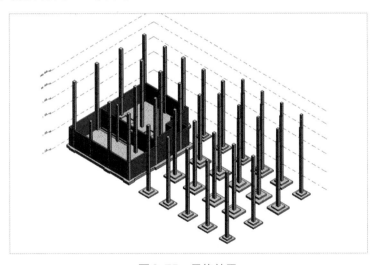

图6-75　最终效果

6.4　结构梁的设计

梁是通过特定梁族类型属性定义的用于承重的结构框架图元。

6.4.1　梁布置与编辑

单击"结构"选项卡→"结构"面板→"梁"按钮，如图 6-76 所示。

选择需要布置的梁类型，然后在工具选项栏中设置放置平面标高。接着在"绘制"面板选择需要的绘制工具，最后在视图中单击拖动进行绘制，如图 6-77 所示。

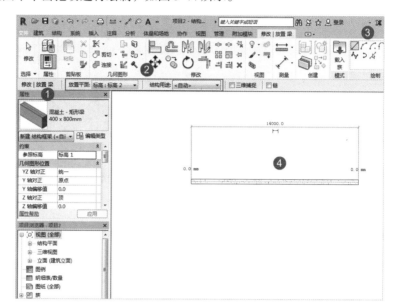

图 6-76　单击"梁"按钮　　　　　　　图 6-77　绘制结构梁

如果没有需要的梁类型，可以打开"类型属性"对话框，复制新的类型并修改其参数，结构梁的类型属性如图 6-78 所示。

结构梁的实例属性参数说明如下。

YZ 轴对正：此参数用于指定梁的起点和终点在 YZ 平面上的对正方式。选择"统一"时，梁的起点和终点将使用相同的对正参数；选择"独立"时，则可以为梁的起点和终点分别设置不同的对正参数。

Y 轴对正：设置梁在 Y 轴方向上的定位线位置。默认情况下，定位线位于梁的中心线上（即原点位置）。

Y 轴偏移值：设置梁相对于其 Y 轴定位线的偏移距离。

Z 轴对正：设置梁在 Z 轴方向上的定位线位置。

Z 轴偏移值：设置梁相对于其 Z 轴定位线的偏移距离。

图 6-78　结构梁的类型属性

6.4.2　实例：绘制结构梁

本实例主要运用"梁"工具，进行框架梁与连梁及屋面框架梁的绘制，最终效果如图 6-79 所示。

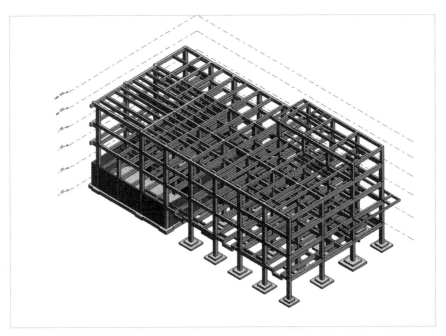

图6-79　最终效果

操作步骤

第1步 ▶ 打开"素材文件\第6章\6-4.rvt"文件,在项目浏览器找到1层平面,单击鼠标右键选择"复制视图"→"复制"选项,如图6-80所示。

第2步 ▶ 选中复制出来的视图副本,单击鼠标右键选择"重命名"选项,如图6-81所示。将其名称修改为"1层梁",如图6-82所示。

图6-80　复制视图　　　　图6-81　选择"重命名"选项　　　图6-82　修改视图名称

第3步 ▶ 进入"插入"选项卡,单击"链接CAD"按钮。在"链接CAD格式"对话框中选择"素材文件\第6章\CAD图纸\1层梁平法.dwg"文件,选中"仅当前视图"复选框,然后单击"打开"按钮,如图6-83所示。

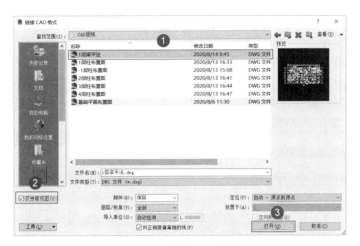

图6-83 链接CAD图纸

第4步 CAD图纸成功导入后，先进行解锁，然后使用对齐工具与项目轴线对齐，如图6-84所示。

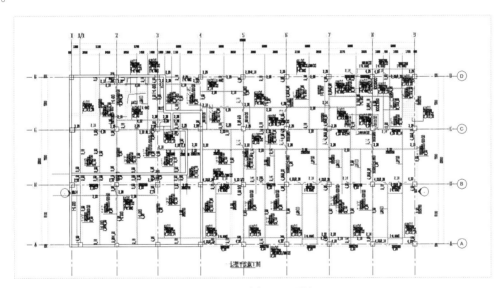

图6-84 对齐CAD图纸

第5步 进入"结构"选项卡，单击"梁"按钮，如图6-85所示。

第6步 在"属性"面板选择任意类型的混凝土-矩形梁，然后单击"编辑类型"按钮。在打开的"类型属性"对话框中，复制新的梁类型为"L1 250×450"，然后分别设置b和h参数为"250.0""450"，最后单击"确定"按钮，如图6-86所示。

图6-85 单击"梁"按钮

第7步 在视图中找到L1梁所在的位置，然后开始绘制结构梁，如图6-87所示。

图6-86　编辑梁尺寸

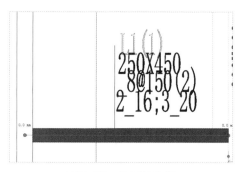

图6-87　绘制结构梁

第8步 遇到局部降板的区域，梁顶标高也会做调整。例如，绘制"L5"梁的时候，需要在绘制之前或绘制完成后，在"属性"面板设置Z轴偏移值为"−400.0"，如图6-88所示。

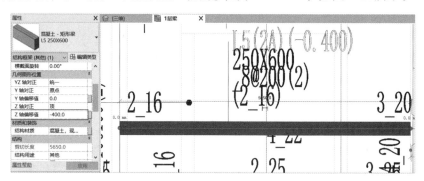

图6-88　设置偏移值

第9步 按照同样的方法完成其他梁的绘制，最终效果如图6-89所示。

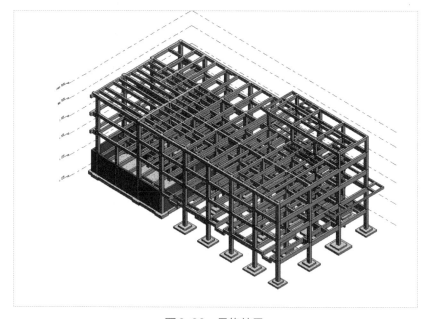

图6-89　最终效果

6.5　结构板的设计

可以通过"楼板"工具绘制结构楼板和压型板，其绘制方法与建筑楼板完全一致。

6.5.1　创建结构板

结构板具有结构分析属性，可以参与结构计算，同时还可以对其进行配筋。

单击"结构"选项卡→"结构"面板→"楼板"按钮，如图6-90所示。

选择需要创建的楼板类型，然后使用绘制工具在绘图区域绘制楼板边界轮廓，如图6-91所示。

绘制完成后单击"完成"按钮，然后单击"编辑类型"按钮，打开"类型属性"对话框。在其中单击"结构"参数右侧的"编辑"按钮进行楼板构造编辑。在打开的"编辑部件"对话框中，将"结构"层修改为"压型板"，这时可以设置压型板轮廓及压型板的用途，如图6-92所示。

图6-90　单击"楼板"按钮

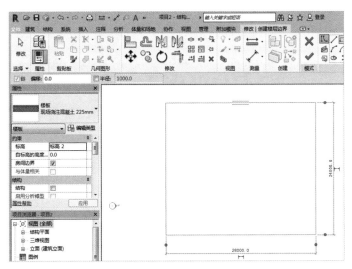

图6-91　绘制楼板边界轮廓

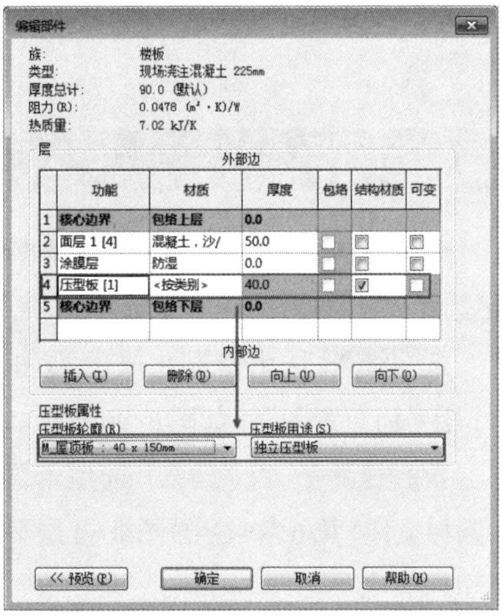

图6-92　设置楼板构造为压型板

单击"确定"按钮后，在立面视图或剖面视图中将视图详细程度调整为"中等"或"精细"，便可以看到压型板样式，如图6-93所示。在三维视图中不会显示压型板样式，只会显示板厚。

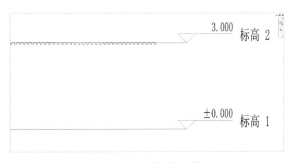

图6-93　压型板立面效果

6.5.2 实例：绘制楼板与屋面板

本实例主要运用"楼板"工具来进行普通楼板与屋面板的绘制，最终效果如图6-94所示。

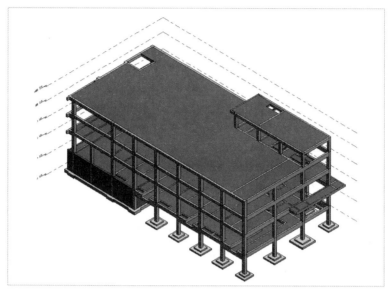

图6-94 最终效果

操作步骤

第1步 ▶ 打开"素材文件\第6章\6-5.rvt"文件，在项目浏览器中找到1层平面。单击鼠标右键选择"复制视图"→"复制"选项，如图6-95所示。

第2步 ▶ 选中复制出来的视图副本，单击鼠标右键选择"重命名"选项，将其名称修改为"1层平面布置图"，如图6-96所示。

第3步 ▶ 进入"插入"选项卡，单击"链接CAD"按钮。在"链接CAD格式"对话框中选择"素材文件\第6章\CAD图纸\1层平面布置图.dwg"文件，然后单击"打开"按钮，如图6-97所示。

图6-95 复制视图　　　图6-96 重命名视图　　　图6-97 链接CAD图纸

第4步 ▶ CAD图纸成功导入后，先进行解锁，然后使用对齐工具与项目轴线对齐，如图6-98所示。

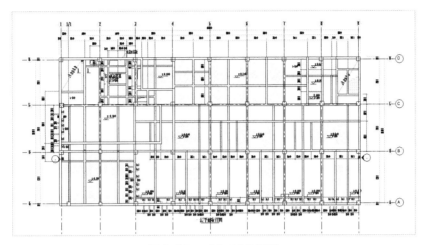

图6-98　对齐CAD图纸

第5步 ▶ 进入"结构"选项卡，单击"楼板"按钮，如图6-99所示。

第6步 ▶ 在"属性"面板中选择"常规-300m"楼板类型，然后单击"编辑类型"按钮。在打开的"类型属性"对话框中，复制新类型为"常规-120mm"，然后单击"编辑"按钮，如图6-100所示。

图6-99　单击"楼板"按钮

第7步 ▶ 将厚度设定为"120.0"，然后单击"确定"按钮，如图6-101所示。

图6-100　编辑楼板类型　　　　图6-101　设置楼板厚度

第8步 ▶ 使用直线工具绘制非楼梯间及阴影部分的楼板轮廓，最后单击"完成"按钮，如图6-102所示。

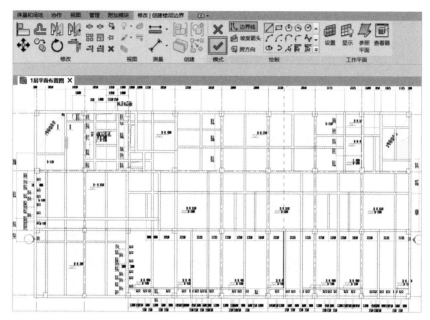

图6-102　绘制楼板轮廓

第9步 ▶ 随后复制新的楼板类型为"楼板常规-200mm"并修改楼板厚度，然后设置自标高的高度偏移为"-650.0"，开始绘制阴影部分的楼板，如图6-103所示。

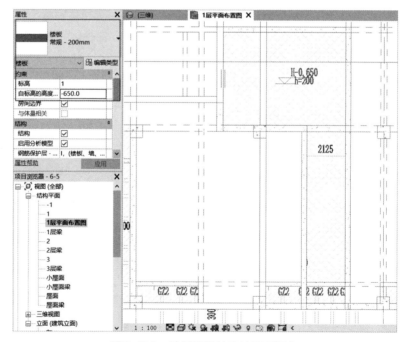

图6-103　绘制楼板轮廓并设置标高

第10步 ▶ 其余位置按照图纸中给出的实际楼板厚度及标高进行绘制及标高的设定，如图6-104所示。

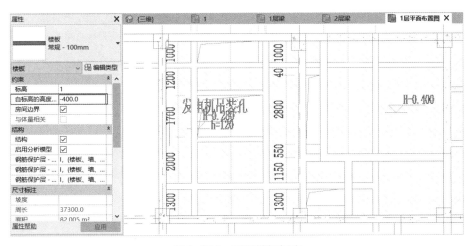

图6-104 设置楼板标高

第11步 ► 所有楼板绘制完成后，最终效果如图6-105所示。

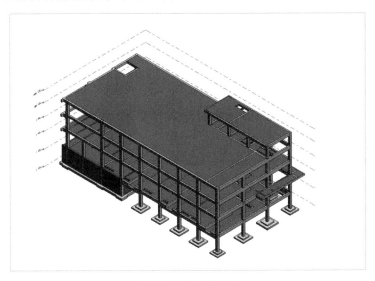

图6-105 最终效果

6.6 支撑的设计

支撑是指在平面视图或框架立面视图中添加连接梁和柱的斜构件。

6.6.1 创建支撑

与梁相似，可通过利用光标捕捉到一个结构图元、单击起点、捕捉到另一个结构图元并单击终点来创建支撑。

单击"结构"选项卡→"结构"面板→"支撑"按钮 🔲，如图 6-106 所示。

选择合适的支撑类型，并设置支撑的类型属性参数和实例属性参数，其方法和梁一致。将视

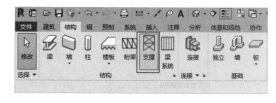

图 6-106 单击"支撑"按钮

图切换到结构楼层平面，在工具选项栏中指定起点标高和偏移距离及终点标高和偏移距离。在视图中，单击支撑的起点和终点完成支撑的创建，如图 6-107 所示。

完成后的支撑三维效果如图 6-108 所示。

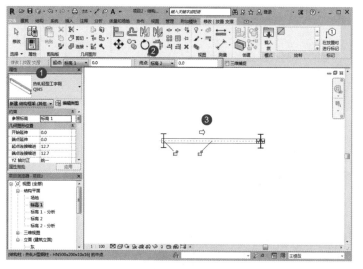

图 6-107 绘制支撑

图 6-108 支撑三维效果

6.6.2 实例：绘制支撑

本实例主要运用"支撑"工具来完成钢结构支撑的创建，最终效果如图 6-109 所示。

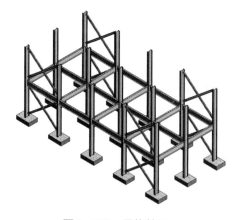

图 6-109 最终效果

操作步骤

第1步 ▶ 打开"素材文件\第6章\钢结构.rvt"文件,切换到二层平面。然后执行"支撑"命令,选择支撑类型为"热轧普通工字钢I20a"。接着在工具选项栏中设定起点与终点的标高,并在1轴和2轴之间开始绘制,如图6-110所示。

第2步 ▶ 按照同样的方法,完成其他位置支撑的绘制,使用复制工具复制"标高1",向下偏移300,如图6-111所示。

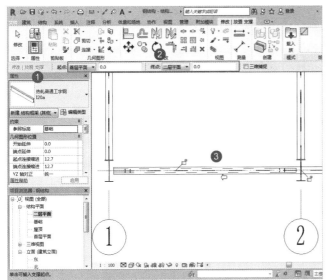

图6-110 绘制支撑

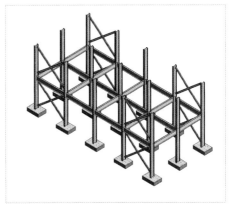

图6-111 支撑完成后的三维效果

6.7 桁架的设计

使用"桁架"工具将项目所需要的桁架类型添加到结构模型中。

6.7.1 创建桁架

桁架可以创建在两条梁之间,也可以创建在屋顶之上,形式多种多样,以项目要求为准。项目样板中没有桁架形式,可以通过载入族的方式进行扩充。

进入结构平面视图,然后单击"结构"选项卡→"结构"面板→"桁架"按钮,如图6-112所示。

图6-112 单击"桁架"按钮

选择桁架类型,然后在工具选项栏中设置桁架放置标高或参照平面,将光标移动到绘图区域,单击桁架的起点和终点完成桁架的创建，如图6-113所示。

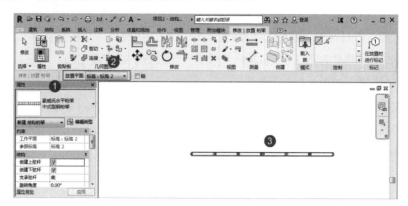

图6-113　创建桁架

6.7.2　编辑桁架

在完成桁架的创建后，可以对桁架进行相关的修改，桁架的修改主要包括实例属性参数修改、选项面板工具修改和绘图区域修改。

单击选择已创建的桁架，在"属性"面板中可以设置偏移等选项，如图6-114所示。通过调整起点标高偏移、终点标高偏移，可将桁架调整到相对于工作平面的另一高度上，或调整数值形成倾斜的桁架样式。

单击"编辑类型"按钮，打开"类型属性"对话框，可以设置上弦杆、竖向腹杆等参数，如图6-115所示。

此外，还可以通过修改工具对桁架进行修改。单击"编辑轮廓"按钮，编辑桁架轮廓样式，如图6-116所示。

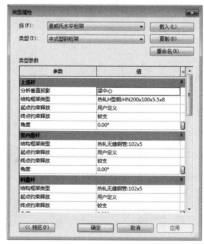

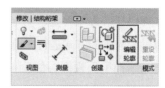

图6-114　桁架的实例属性　　　图6-115　桁架的类型属性　　　图6-116　单击"编辑轮廓"按钮

单击"上弦杆"按钮 ，然后在视图中绘制上弦杆路径，如图6-117所示。编辑完成后的桁架三维效果如图6-118所示。

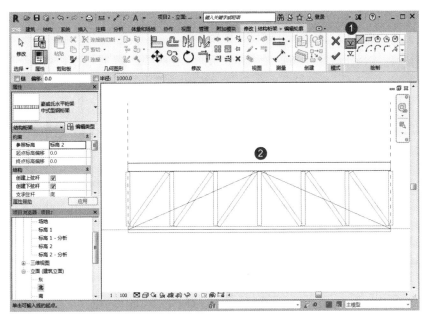

图6-117　绘制上弦杆轮廓

桁架的实例属性参数介绍如下。

参照标高：测量"起点标高偏移"和"终点标高偏移"的基准标高。

起点标高偏移：指定从定位线起点到参照标高的垂直距离偏移量。

终点标高偏移：指定从定位线终点到参照标高的垂直距离偏移量。

创建上弦杆：创建桁架的上弦杆部分。

创建下弦杆：创建桁架的下弦杆部分。

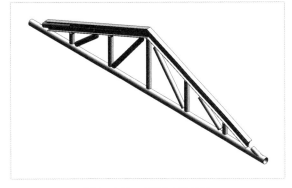

图6-118　桁架三维效果

支承弦杆：确定弦杆是否具有承重属性，并影响桁架相对于定位线的位置布局。

旋转角度：设置桁架轴线的旋转角度。

旋转弦杆及桁架：在旋转时，将弦杆与桁架平面保持对齐。

支承弦杆竖向对正：设置支承弦杆构件在垂直方向上的对正方式。

单线示意符号位置：指定在粗略视图平面中，用单线表示桁架的位置，可以是上弦杆、下弦杆或支承弦杆。

桁架高度：在桁架布局族中，指定顶部和底部参照平面之间的垂直距离。

非支承弦杆偏移：指定非支承弦杆相对于定位线的水平偏移距离。

跨度：指定桁架沿着定位线方向的最大跨越距离。

桁架的类型属性参数介绍如下。

分析垂直投影：指定各分析线在三维模型中的垂直投影位置。如果选择"自动检测"，则分析模型将遵循与梁相同的投影规则。

结构框架类型：指定桁架部件采用的结构框架类型。

起点约束释放：指定桁架起点处的约束释放条件，包括"铰接""固定""弯矩""用户定义"。

终点约束释放：指定桁架终点处的约束释放条件，包括"铰接""固定""弯矩""用户定义"。

角度：指定桁架绕形状纵轴的旋转角度。

腹杆符号缩进：指定允许在粗略表示中缩进腹杆符号。

腹杆方向：指定腹杆的方向，可以是"垂直"或"正交"。

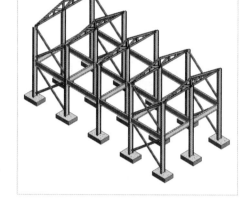

图6-119　最终效果

6.7.3　实例：绘制桁架

本实例主要运用"桁架"工具来完成屋顶桁架的创建，最终效果如图6-119所示。

操作步骤

第1步 ▶ 打开"素材文件\第6章\6-6.rvt"文件，单击"载入族"按钮。在弹出的对话框中进入"结构\桁架"文件夹，选择"豪威氏人字形桁架－6嵌板"族，并将其载入项目中，如图6-120所示。

图6-120　载入桁架族

第2步 ▶ 执行"桁架"命令，然后选择刚刚载入的桁架类型，设置桁架高度为"1000.0"，沿A轴向C轴进行绘制，如图6-121所示。

第3步 ▶ 按同样的方法完成其他位置的桁架绘制，最终效果如图6-122所示。

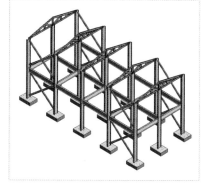

图6-121　绘制并修改桁架参数　　　　　　　　图6-122　最终效果

6.8 | 钢筋的设计

使用"钢筋"工具可以将钢筋图元添加到相关的有效结构主体上，这些结构主体包括结构框架、结构柱、结构基础、结构连接件、楼板、墙体、基础底板、条形基础和楼板边缘。在选择了有效的结构主体图元时，上下文选项卡中的"钢筋"面板或"修改"选项卡中将出现钢筋布置工具，同时，用户也可以通过单独的钢筋布置工具进行钢筋的布置操作。

6.8.1 钢筋保护层的设置和创建

钢筋保护层是钢筋参数化设计中的一个关键要素，它定义了钢筋在混凝土主体内部的偏移位置。保护层参照是钢筋附着并接触的参照面。钢筋保护层的参数设置会直接影响附着在这些钢筋上的其他钢筋的布置情况。如果修改主体的保护层设置，已放置在主体内的其他钢筋并不会因此自动发生偏移，需要手动调整或重新布置。

单击"结构"选项卡→"钢筋"面板→"保护层"按钮 ▦ ，如图6-123所示。

图6-123　单击"保护层"按钮

选择将设置保护层的主体图元或面，在工具选项栏"保护层设置"下拉菜单中选择保护层类型，如图6-124所示。

如果需要添加保护层类型，可以单击"保护层设置"右侧的浏览按钮，在打开的"钢筋保护层设置"对话框中选择相应的保护层类型，如图6-125所示。

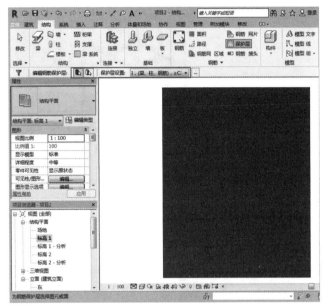

图6-124　设置保护层类型　　　　　图6-125　"钢筋保护层设置"对话框

6.8.2　结构钢筋的创建

通过"钢筋"命令可将单个钢筋实例放置在有效主体的平面、立面或剖面视图中。可绘制钢筋包括平面钢筋和多平面钢筋。

切换到结构平面视图，单击"结构"选项卡→"钢筋"面板→"钢筋"按钮 ，如图6-126所示。

图6-126　单击"钢筋"按钮

在界面右侧钢筋形状浏览器中选择钢筋形状，然后选择钢筋直径规格。接着在功能区面板中分别设置，放置平面为"近保护层参照"，放置方向为"平行于工作平面"，最后在结构柱的位置单击放置钢筋，如图6-127所示。

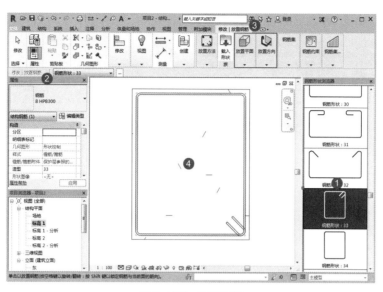

图6-127 放置钢筋

钢筋放置完成后，可以设置钢筋的布局方案，快速批量放置钢筋，如图6-128所示。结合不同的布局方案，还可以巧妙地完成加密区与非加密区钢筋的布置。

切换到立面或剖面视图，将视图调整为线框显示，也可以很清晰地看到钢筋的布置情况，如图6-129所示。

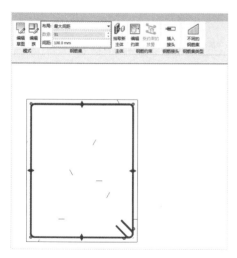

图6-128 修改钢筋布局参数

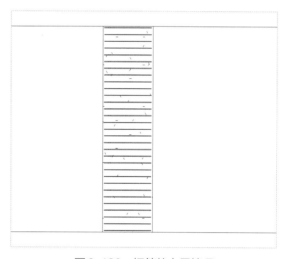

图6-129 钢筋的布置情况

6.8.3 钢筋形状及修改

选择要修改的钢筋，修改钢筋形状，在工具选项栏中的"钢筋形状"下拉列表中选择新形状，或直接单击"编辑草图"按钮，进行钢筋形状的自定义编辑。也可以通过拖曳钢筋形状控制柄，以重新定位钢筋和钢筋段的长度，如图6-130所示。

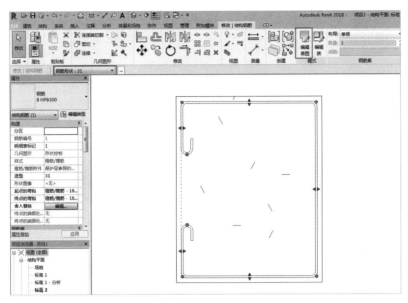

图6-130　修改钢筋形状

6.8.4　钢筋的视图显示

通过对钢筋的显示编辑，可以让钢筋在任何视觉样式下正常显示。

选择相关钢筋对象，在钢筋"属性"面板中单击"视图可见性状态"后的"编辑"按钮，如图6-131所示。

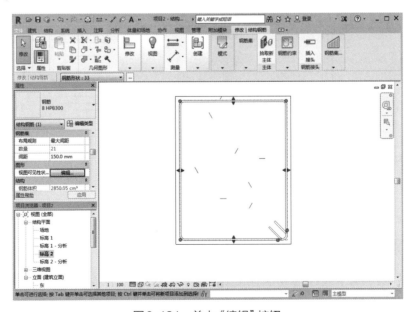

图6-131　单击"编辑"按钮

在"钢筋图元视图可见性状态"对话框中
选中对应视图复选框，如图6-132所示。

选项说明如下。

清晰的视图：在视觉样式模式下，启用此
功能将确保选定的钢筋始终可见，不会被其
他图元遮挡。钢筋会显示在所有遮挡图元的前
面，即使被剖切面剖切，钢筋图元也始终可见。
禁用该功能后，钢筋将在除"线框"外的所有
"视觉样式"视图中被隐藏。

作为实体查看：当视图的详细程度设置为
"精细"时，如果应用了实体视图，视图将以
实际体积形式表示符号中显示的钢筋。需要注
意的是，该视图参数仅适用于三维视图。

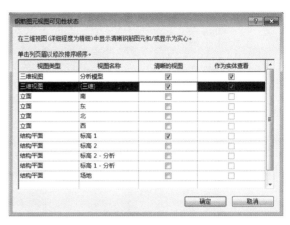

图6-132　"钢筋图元视图可见性状态"对话框

6.8.5　实例：手动配筋

本实例主要使用"结构钢筋"与"结构区
域钢筋"等工具，来完成结构柱与楼板的钢筋，
最终效果如图6-133所示。

图6-133　最终效果

操作步骤

第1步　打开"素材文件\第6章\6-7.rvt"文件，进入标高2平面视图。然后选中其中一根结
构柱，单击"钢筋"按钮。接着分别设置放置平面为"近保护层参照"，放置方向为"平行于工作平
面"，布局为"最大间距"，间距为"100.0 mm"，如图6-134所示。

图6-134　设置钢筋放置方向及布局参数

第2步　在视图右侧"钢筋形状浏览器"或工具选栏中选择钢筋形状为"33"，然后在"属性"
面板中设置钢筋类型为"钢筋10 HPB300"，最后在结构柱的位置单击放置箍筋。向下偏移300，如
图6-135所示。

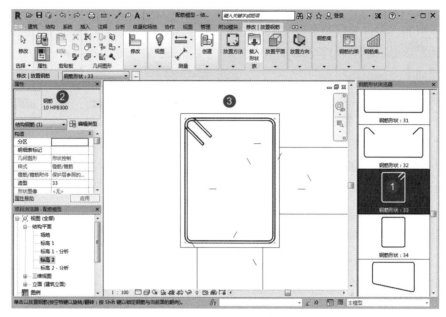

图6-135　放置箍筋

第3步 ▶ 接着将放置方向修改为"平行于保护层",并将布局修改为"单根"。选择钢筋形状为"01",然后在"属性"面板中选择钢筋类型为"钢筋20 HPB300",最后在结构柱位置单击放置纵筋,如图6-136所示。

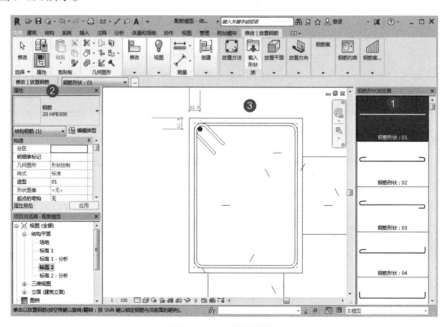

图6-136　放置纵筋

第4步 ▶ 选中结构板,然后在"修改|创建钢筋边界"选项卡中单击"面积"按钮,在楼板的结构区域放置钢筋。在"属性"面板中设置钢筋类型及间距等参数,然后绘制区域钢筋边界轮廓线,

如图6-137所示。最后单击"完成"按钮。

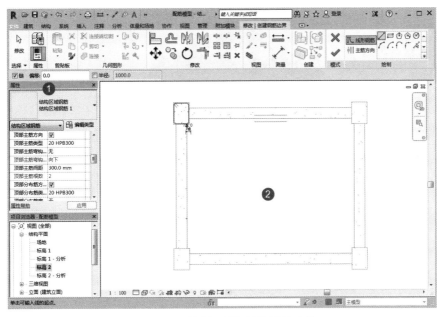

图6-137　绘制区域钢筋边界轮廓线

第5步 ▶ 切换到三维视图，框选全部结构构件，然后通过过滤器选择钢筋。在"属性"面板中单击"编辑"按钮，打开"钢筋图元视图可见性状态"对话框，分别在"三维视图"一行选中"清晰的视图"与"作为实体查看"两个复选框，如图6-138所示。

图6-138　设置钢筋显示样式

第6步 ▶ 将视图详细程度调整为"精细"，视觉样式调整为"真实"，最终效果如图6-139所示。

图6-139 最终效果

读书笔记

_____

_____

_____

_____

_____

_____

_____

第 7 章
族的设计

本章导读

本章主要讲解使用Revit软件创建概念体量的实际应用操作，包括新建体量、内置体量、放置体量以及基于体量的幕墙系统、屋顶、墙体、楼板等的创建。

本章学习要点

1. 三维族的制作。

2. 二维族的制作。

7.1 族概述

族是Revit中一个极为重要的概念。通过参数化族的创建，可以像AutoCAD中的块一样，在工程设计中被反复使用，从而显著提高三维设计的效率。

族是一个包含通用参数和相关图形表示的图元集合。属于同一个族的不同图元，其部分或全部参数可能有不同的值，但参数的集合是保持一致的。在族中，这些具有不同参数值的变体被称为族类型或类型实例。

7.2 族的创建

本节主要介绍族创建过程中的一系列内容，包括族创建的操作界面、族三维模型的创建、族参数的添加、族二维表达的处理等。

7.2.1 操作界面

族创建的操作界面与项目创建的操作界面相似，如图 7-1 所示。本节主要介绍与项目操作界面的不同之处。

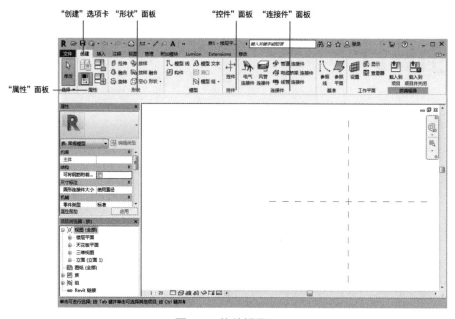

图 7-1 族编辑界面

1. "属性"面板

"属性"面板提供了"族类别和族参数""族类型"两个工具按钮。

族类别和族参数：用于设置当前族所属的族类别和相关族参数，如图 7-2 所示。

族类型：通过此功能，用户可以为族文件添加多种族类型，并可以在不同类型下添加相关参数，以通过参数控制此类型的形状、材质等特性，如图 7-3 所示。

图 7-2 "族类别和族参数"对话框

图 7-3 "族类型"对话框

2．"形状"面板

"形状"面板用于创建族的三维模型，包括实心和空心两种形式。创建方法包括拉伸、融合、旋转、放样、放样融合等。

3．"控件"面板

"控件"面板只提供了一个工具——"翻转控件"。该工具用于添加翻转箭头，以便在项目中灵活控制构件的方向，如图7-4所示。

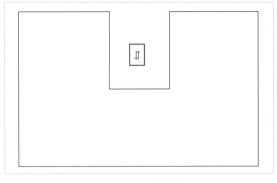

图7-4 翻转控件

4．"连接件"面板

"连接件"面板提供了MEP（Mechanical，Electrical&Plumbing，机械、电气、管道）不同专业设备的连接件工具。

电气连接件：用于在构件中添加电气连接件。

风管连接件：用于在构件中添加风管连接件。

管道连接件：用于在构件中添加管道连接件。

线管连接件：用于在构件中添加线管连接件。

5．"注释"选项卡

"注释"选项卡提供了尺寸标注、详图注释等工具，如图7-5所示。

6．"详图"面板

"详图"面板提供了符号线、详图构件等一系列工具。符号线用于创建族在项目中的二维表示符号，需要注意的是，符号线本身并不用于创建实例几何图形。详图构件则用于添加详细的构造信息和说明。

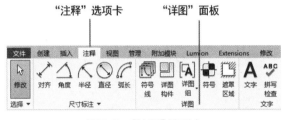

图7-5 "注释"选项卡

7.2.2 新建族

新建族与新建项目的操作过程相似，都需要选择合适的样板，才能继续后面的操作。不同的族样板中提供了不同的预设条件，所以在创建族之前选定正确的样板非常重要。

单击"文件"选项卡→"新建"→"族"按钮。打开"新族-选择样板文件"对话框，选择合适的样板。例如，创建窗族就选择"公制窗"样板，如果不确定新建的族属于哪个类别，或没有对应的族样板时，可以选择"公制常规模型"族样板，如图7-6所示。

选定合适的样板，并单击"打开"按钮，这

图7-6 "公制常规模型"族样板

时就进入了族制作环境，如图7-7所示。

7.2.3 族三维模型的创建

族三维模型的创建思路与体量三维模型的创建思路相同，但创建方法不同，本节主要介绍拉伸、融合、旋转、放样、放样融合五种形式的创建方法。

1. 拉伸

通过"拉伸"功能可以创建拉伸形式族三维模型，包括实心形状和空心形状。实心形状和空心形状创建方法一致。

新建族，然后将视图切换至相关平面，单击"创建"选项卡→"形状"面板→"拉伸"按钮，如图7-8所示。

在"绘制"面板选择合适的绘制工具，然后在视图中绘制拉伸截面。接着在"属性"面板中设置拉伸参数，最后单击"完成"按钮，完成拉伸体创建，如图7-9所示。

切换到三维视图，最终效果如图7-10所示。

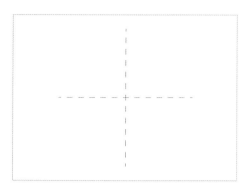

图7-7 族制作环境

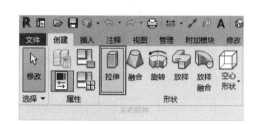

图7-8 单击"拉伸"按钮

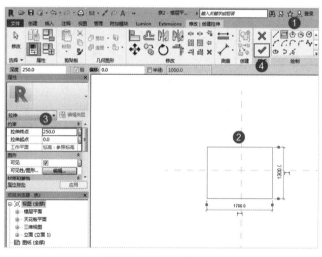

图7-9 绘制拉伸轮廓

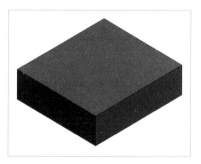

图7-10 最终效果

2. 融合

通过"融合"功能可以创建融合形式族三维模型，包括实心形状和空心形状。实心形状和空心形状创建方法一致。

将视图切换至相关平面，单击"创建"选项卡→"形状"面板→"融合"按钮，如图7-11所示。绘制融合底部截面，接着单击"编辑顶部"按钮，如图7-12所示。

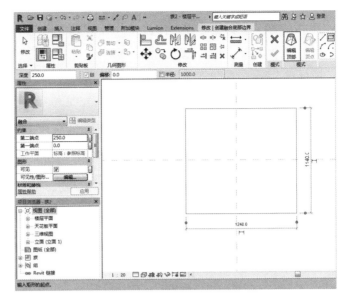

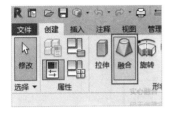

图7-11　单击"融合"按钮　　　　　　　图7-12　绘制融合底部截面

切换至顶部截面，绘制融合顶部截面，如图7-13所示。单击"完成"按钮，完成融合体创建。切换到三维视图，最终效果如图7-14所示。

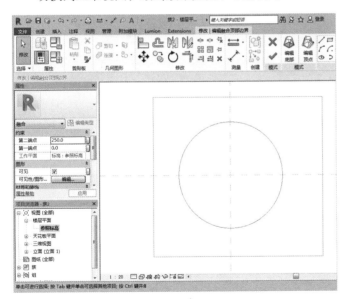

图7-13　绘制融合顶部截面　　　　　　　　图7-14　最终效果

3. 旋转

通过"旋转"功能可以创建旋转形式族三维模型，包括实心形状和空心形状。实心形状和空心形状创建方法一致。

将视图切换至相关平面，单击"创建"选项卡→"形状"面板→"旋转"按钮，如图7-15所示。

使用"边界线"工具绘制旋转体截面，然后在"绘制"面板单击"轴线"按钮，绘制旋转轴线。接着在"属性"面板设置旋转"起始角度"和"结束角度"，如图7-16所示。最后单击"完成"按钮，完成旋转体的创建。

切换到三维视图，最终效果如图7-17所示。

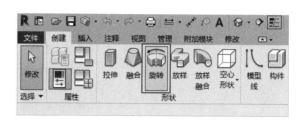

图7-15　单击"旋转"按钮

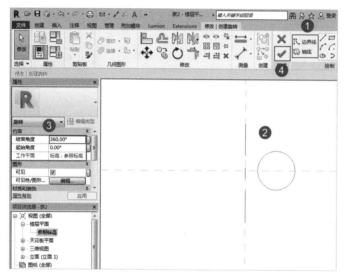

图7-16　绘制截面和旋转轴线

图7-17　最终效果

4. 放样

通过"放样"功能可以创建放样形式族三维模型，包括实心形状和空心形状。实心形状和空心形状创建方法一致。

将视图切换至相关平面，单击"创建"选项卡→"形状"面板→"放样"按钮，如图7-18所示。单击"绘制路径"或"拾取路径"按钮，进入路径创建工作界面，如图7-19所示。

图7-18　单击"放样"按钮

图7-19　单击"绘制路径"和"拾取路径"按钮

在"绘制"面板选择合适的绘制工具，在视图中绘制放样路径草图，如图7-20所示。单击"完成"按钮，完成放样路径的创建。

在轮廓下拉菜单中选择轮廓族文件，如果没有可供选择的族文件，可载入轮廓族或单击"编辑轮廓"按钮，绘制新的轮廓，如图7-21所示。

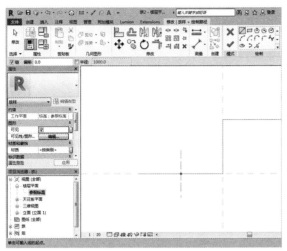

图 7-20　绘制放样路径

图 7-21　单击"编辑轮廓"按钮

进入轮廓编辑界面，绘制轮廓草图，如图 7-22 所示。单击两次"完成"按钮，完成放样体的创建。

切换到三维视图，最终效果如图 7-23 所示。

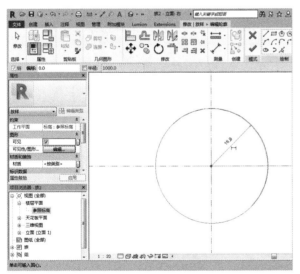

图 7-22　绘制轮廓草图

图 7-23　最终效果

5. 放样融合

通过"放样融合"功能可以创建放样融合形式族三维模型，包括实心形状和空心形状。实心形状和空心形状创建方法一致。

将视图切换至相关平面，单击"创建"选项卡→"形状"面板→"放样融合"按钮，如图 7-24 所示。

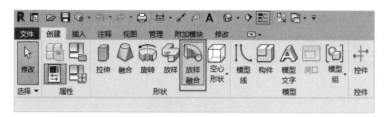

图7-24　单击"放样融合"按钮

单击"绘制路径"或"拾取路径"按钮，进入路径创建工作界面，如图7-25所示。

图7-25　单击"绘制路径"或"拾取路径"按钮

在"绘制"面板选择合适的绘制工具，绘制放样路径草图，单击"完成"按钮，完成放样路径的创建，如图7-26所示。

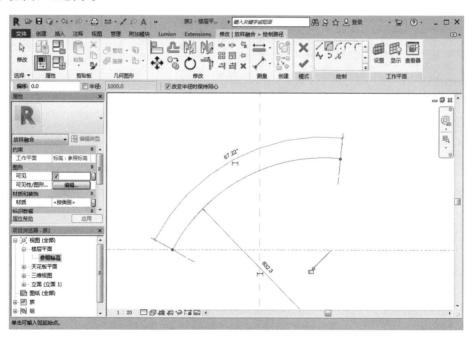

图7-26　绘制路径

分别选择或创建"轮廓一"和"轮廓二"形状，创建方法与放样相同，如图7-27所示。单击"完成"按钮，完成放样融合体的创建。

切换到三维视图，最终效果如图7-28所示。

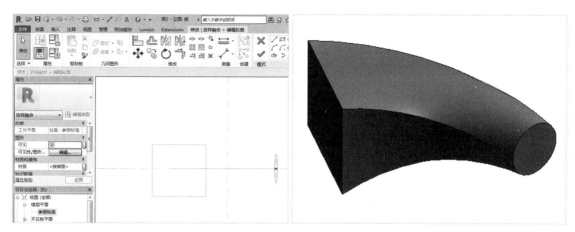

图7-27　绘制"轮廓一"和"轮廓二"　　　　图7-28　最终效果

7.2.4　族类型和族参数的添加及应用

族参数的添加是族创建过程中非常重要的一步，由于族参数种类繁多，本节简单介绍族参数的添加步骤。

1. 族类型的添加

单击"修改"选项卡→"属性"面板→"族类型"按钮，如图7-29所示。

弹出"族类型"对话框，单击"类型名称"右侧的"新建"按钮，弹出"名称"对话框。在"名称"对话框中输入族类型名称，单击"确定"按钮，完成族类型的创建，如图7-30所示。

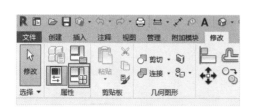

图7-29　单击"族类型"按钮　　　　图7-30　新建族类型

2. 族参数的添加

单击"修改"选项卡→"属性"面板→"族类型"按钮。弹出"族类型"对话框，单击该对话框下方的"新建"按钮，弹出"参数属性"对话框，如图7-31所示。

在"参数属性"对话框中，选择合适的参数类型，有"族参数"和"共享参数"两个选项，默认

"族参数"为选中状态，设置参数为"类型"或"实例"，最后设置参数数据的名称及规程等内容，如图7-32所示。

 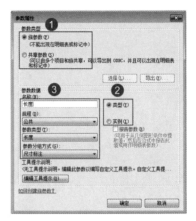

图7-31 "参数属性"对话框   图7-32 添加并设置参数

如需使用共享参数，可选中"共享参数"单选按钮，并单击"选择"按钮，在弹出的对话框中选择相关的共享参数。

3. 族参数的应用

使用"尺寸标注"工具对需要驱动的对象进行标注，如图7-33所示。

选择尺寸标注，在"标签尺寸标注"面板中的"标签"下拉菜单中，选择已设置的尺寸标注参数。如果未设置尺寸标注参数，可单击后方的"创建参数"按钮，进行族参数设置，如图7-34所示。

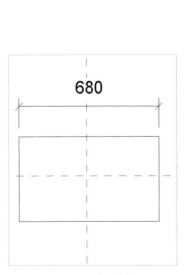 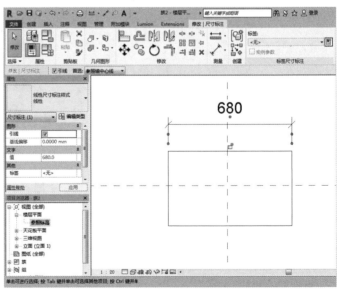

图7-33 标注对象   图7-34 新建参数

在弹出的"参数属性"对话框中，设置参数类型并输入参数名称，单击"确定"按钮，如图7-35所示。

此时所选中的尺寸标注已经变成可以驱动构件尺寸的参数了，最终效果如图7-36所示。

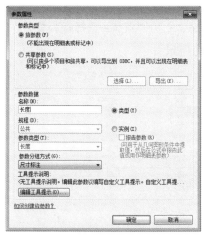

图7-35 添加族参数

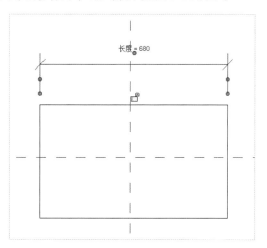

图7-36 最终效果

4. 材质参数的应用

选择已创建的三维模型，在"属性"面板中单击"材质和装饰"→"材质"参数后的"关联族参数"按钮，如图7-37所示。

弹出"关联族参数"对话框，在该对话框中选择已设置好的材质参数，并单击"确定"按钮，完成模型与材质参数的关联，如图7-38所示。如果没有参数，可单击"新建参数"按钮创建参数。

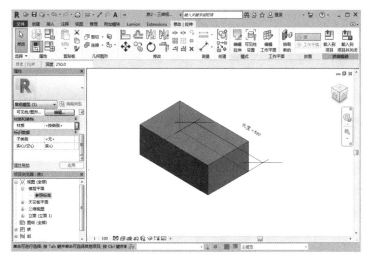

图7-37 单击"关联族参数"按钮

图7-38 选择关联族参数

7.2.5 实例：创建平开窗族

本实例通过运用"拉伸""符号线"等工具来完成平开窗族的创建，最终效果如图7-39所示。

操作步骤

第1步 ▶ 单击"文件"选项卡→"新建"→"族"按钮，打开"新族－选择样板文件"对话框，选择"公制窗"族样板文件，单击"打开"按钮，如图7-40所示。

图7-39　最终效果

图7-40　新建族

第2步 ▶ 进入立面视图"内部"视图，然后进入"创建"选项卡，单击"设置"按钮，如图7-41所示。

第3步 ▶ 在"工作平面"对话框中，设置"指定新的工作平面"的"名称"为"参照平面：中心（前／后）"，如图7-42所示。

图7-41　单击"设置"按钮

图7-42　设置名称为"参照平面：中心（前／后）"

第4步 ▶ 单击"拉伸"按钮，选择"矩形"绘制工具，沿着立面视图洞口边界绘制轮廓，如图7-43所示。单击"偏移"按钮，设置"偏移"值为"40.0"，选中"复制"复选框，按Tab键选择全部边界轮廓线向内进行偏移复制，如图7-44所示。

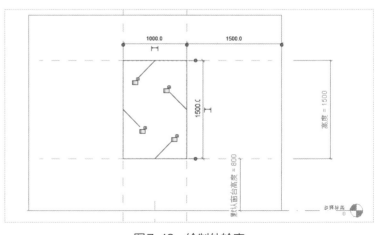

图7-43　绘制外轮廓

第5步 ▶ 基于偏移完成后的外轮廓，使用"直线"工具绘制两条平行线，然后使用"拆分图元"工具将内侧轮廓线进行拆分，并使用"修剪"工具将其与其他线段连接，设置平行线间距为"40"、距上一条线段为"300"，如图7-45所示。

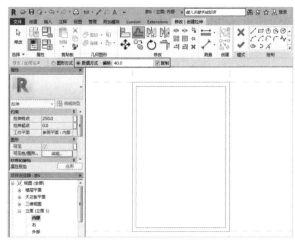

图 7-44　偏移复制轮廓

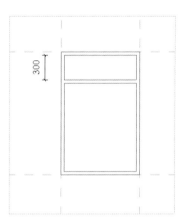

图 7-45　绘制直线并修剪

第6步 ▶ 在"属性"面板中，设置拉伸终点为"-30.0"、拉伸起点为"30.0"，如图7-46所示。向下拖曳滑块，然后设置"子类别"为"框架/竖梃"，单击"应用"按钮，如图7-47所示。

第7步 ▶ 使用"拉伸"工具绘制窗扇，轮廓宽度为30，如图7-48所示。

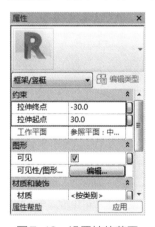

图 7-46　设置拉伸范围

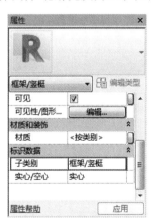

图 7-47　设置子类别

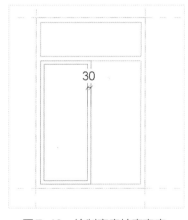

图 7-48　绘制窗扇轮廓宽度

第8步 ▶ 窗扇绘制完成后，使用"镜像"工具沿中心线复制到另外一侧，如图7-49所示。

第9步 ▶ 使用"拉伸"工具，沿着窗框内侧绘制窗玻璃轮廓，如图7-50所示，接着设置拉伸终点为"-5"、拉伸起点为"5"、子类别为"玻璃"，最后单击"确定"按钮。

第10步 ▶ 进入"注释"选项卡，单击"符号线"按钮，如图7-51所示。

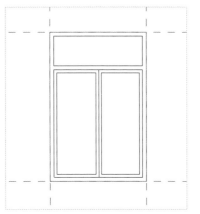
图 7-49　镜像复制窗扇

图 7-50　绘制窗玻璃轮廓

图 7-51　单击"符号线"按钮

第11步▶ 选择"直线"绘制方式，并设置"子类别"为"立面打开方向［投影］"。在视图中分别为两个窗扇绘制开启方向线，如图 7-52 所示。

第12步▶ 进入平面视图中，选择所绘制的所有图元，单击"可见性设置"按钮。在"族图元可见性设置"对话框中，取消选中第 1 个与第 4 个复选框，如图 7-53 所示，然后单击"确定"按钮，并将所绘制图元在视图中暂时隐藏。

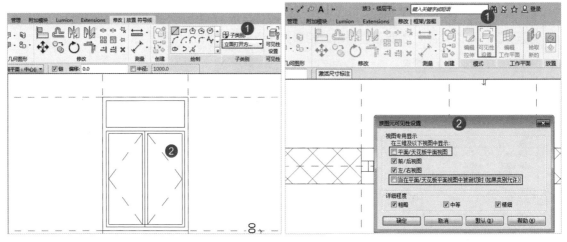

图 7-52　绘制窗开启线　　　　　图 7-53　设置图形可见性

第13步▶ 切换到"注释"选项卡，然后在"详图"面板中单击"符号线"按钮，接着选择"直线"绘制方式，再设置"子类别"为"玻璃（截面）"，最后在视图中洞口的位置添加两条平行线，如图 7-54 所示。

第14步▶ 使用"尺寸标注"工具，对添加的符号线进行标注，然后选择尺寸标注，单击"EQ"按钮进行均分，如图 7-55 所示。

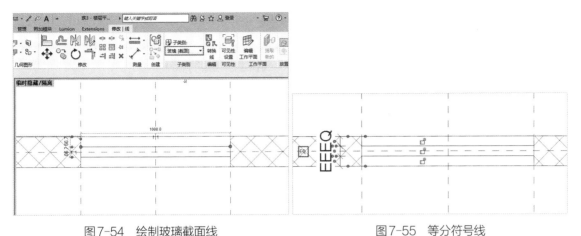

图7-54　绘制玻璃截面线　　　　　　图7-55　等分符号线

第15步● 修改窗的高度及宽度参数进行测试，然后切换到三维视图，依次修改玻璃与窗框的材质，并查看最终效果，如图7-56所示。

7.2.6　实例：创建罗马柱族

本实例通过运用"放样""旋转""空心形状"等工具，完成罗马柱族的创建，最终效果如图7-57所示。

图7-56　最终效果

操作步骤

第1步● 单击"文件"选项卡→"新建"→"族"按钮，打开"新族-选择样板文件"对话框，选择"公制柱"族样板文件，单击"打开"按钮，如图7-58所示。

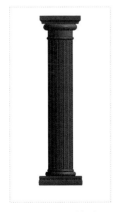

图7-57　最终效果

图7-58　选择"公制柱"族样板文件

第2步 ▶ 进入"创建"选项卡，单击"拉伸"按钮。选择"圆形"绘制方式，在视图中绘制柱轮廓，如图 7-59 所示。最后单击"临时标注转换"按钮，将临时标注转换为永久性标注。

第3步 ▶ 选择尺寸标注，然后单击"创建参数"按钮 📋，如图 7-60 所示。

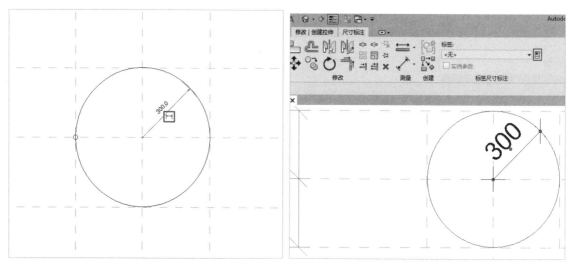

图 7-59　绘制柱轮廓

图 7-60　单击"创建参数"按钮

第4步 ▶ 在"参数属性"对话框中，输入"参数数据"的"名称"为"圆柱半径"，然后单击"确定"按钮，如图 7-61 所示。最后单击"完成"按钮，如图 7-62 所示。

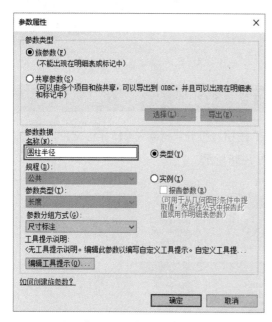

图 7-61　输入"参数数据"的"名称"为"圆柱半径"

图 7-62　单击"完成"按钮

第5步 ▶ 进入前立面视图，拖曳圆柱顶部控制柄至"高于参照标高"位置，然后单击"约束"按钮 ╔，将圆柱顶部与参照标高进行锁定，如图 7-63 所示。

第6步 ▶ 进入"创建"选项卡，单击"放样"按钮，如图 7-64 所示。

第7步 ▶ 进入楼层平面，单击"绘制路径"按钮，如图 7-65 所示。选择"矩形"工具，绘制矩形轮廓线，然后单击"完成"按钮，如图 7-66 所示。

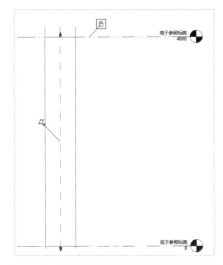

图 7-63 将圆柱顶部与参照标高进行锁定

图 7-64 单击"放样"按钮

图 7-65 单击"绘制路径"按钮

第8步 ▶ 进入右立面视图，单击"编辑轮廓"按钮，如图 7-67 所示。在立面视图中分别使用"弧线""直线"工具，完成截面轮廓绘制，最后单击"完成"按钮，如图 7-68 所示。

图 7-67 单击"编辑轮廓"按钮

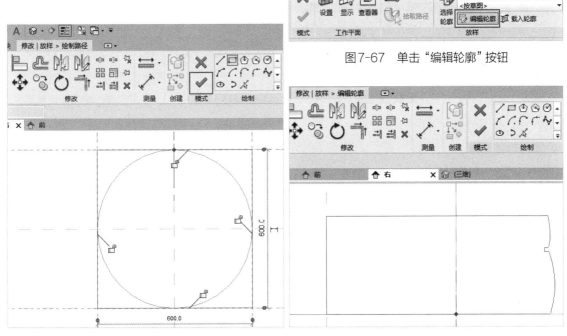

图 7-66 绘制矩形轮廓线

图 7-68 绘制截面轮廓

第9步 ▶ 将刚刚绘制完成的柱础部分的模型复制到柱顶位置，然后双击进入编辑轮廓状态。首先，删除现有的轮廓线条，然后使用"直线"工具重新绘制截面轮廓，最后单击"完成"按钮，如图7-69所示。

第10步 ▶ 进入"创建"选项卡，单击"旋转"按钮，如图7-70所示。

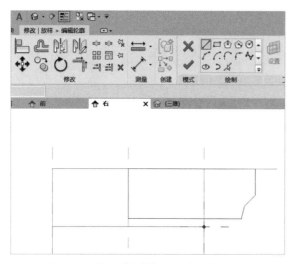

图7-69　使用"直线"工具绘制截面轮廓

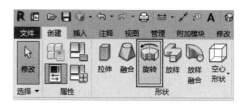

图7-70　单击"旋转"按钮

第11步 ▶ 使用"直线""弧线"工具绘制截面轮廓，如图7-71所示。

第12步 ▶ 单击"轴线"按钮，使用"直线"工具在中心线位置绘制轴线，如图7-72所示。

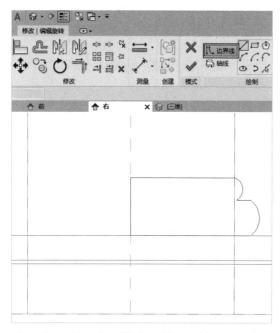

图7-71　使用"直线""弧线"工具绘制截面轮廓

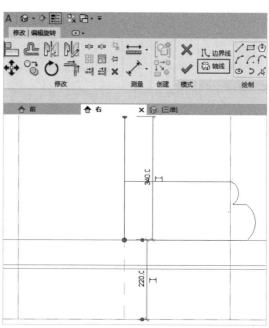

图7-72　绘制轴线

第13步 ▶ 继续单击"边界线"按钮,使用"弧线""直线"工具完成顶部的截面轮廓绘制,最后单击"完成"按钮,如图7-73所示。

第14步 ▶ 选中刚通过"旋转"命令完成的模型,然后单击"编辑工作平面"按钮,如图7-74所示。

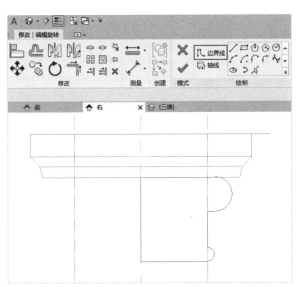

图7-73　完成顶部的截面轮廓绘制

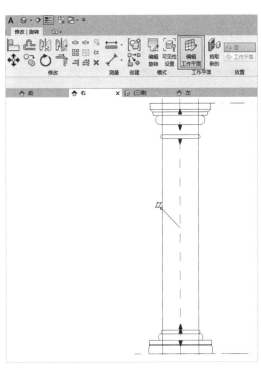

图7-74　单击"编辑工作平面"按钮

第15步 ▶ 在"工作平面"对话框中,设置"指定新的工作平面"的"名称"为"参照平面:中心(左/右)",最后单击"确定"按钮,如图7-75所示。

第16步 ▶ 进入"创建"选项卡,单击"空心形状"下拉菜单中的"空心拉伸"按钮,如图7-76所示。

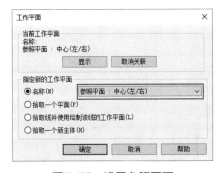

图7-75　设置参照平面

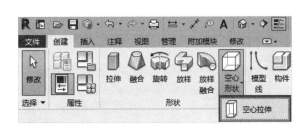

图7-76　单击"空心拉伸"按钮

第17步 ▶ 进入楼层平面,使用"弧线"工具在圆柱顶部绘制半圆形轮廓,最后单击"完成"按钮，如图 7-77 所示。

第18步 ▶ 选中绘制好的空心拉伸模型，在"属性"面板中设置"拉伸终点"的参数为"4000.0"，如图 7-78 所示。

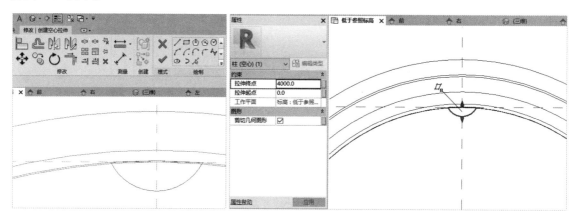

图 7-77　绘制半圆形轮廓　　　　　　　　　　　图 7-78　设置拉伸终点

第19步 ▶ 进入前立面视图，拖动控制柄至上下两端的装饰线脚范围内，如图 7-79 所示。

第20步 ▶ 进入楼层平面视图，选中"空心拉伸"模型。选择"阵列"工具（快捷键为 AR），设置"阵列"方式为"半径"，然后设置"旋转中心"为"圆柱中心"。接着，向右移动鼠标指针，设置阵列角度为 20°，如图 7-80 所示。最后，设置阵列数量为"18"，按 Enter 键确认，如图 7-81 所示。随后，在弹出的对话框中，单击"确定"按钮，如图 7-82 所示。

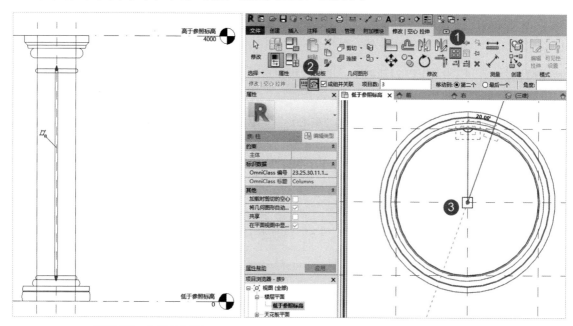

图 7-79　拖动控制柄　　　　　　　　　　　　图 7-80　设置阵列角度

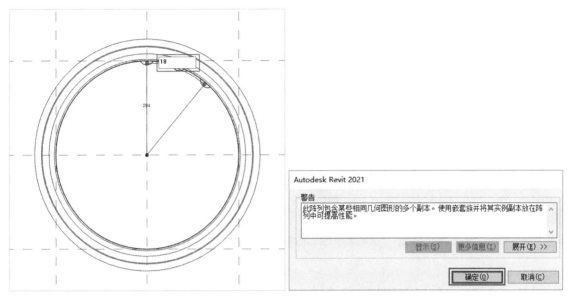

图7-81 设置阵列数量 图7-82 单击"确定"按钮

第21步 进入三维视图，选中柱础，在"属性"面板中单击"可见"参数右侧的"关联族参数"按钮，如图7-83所示。

第22步 在"关联族参数"对话框中，单击"新建参数"按钮，如图7-84所示。然后在"参数属性"对话框中，输入名称为"柱础"，选中"实例"单选按钮，最后单击"确定"按钮，如图7-85所示。

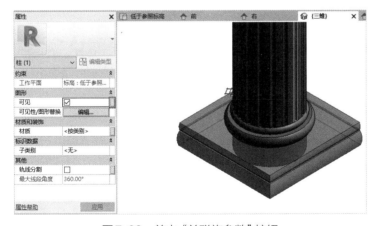

图7-83 单击"关联族参数"按钮 图7-84 单击"新建参数"按钮

第23步 将视图角度调整为前视图，查看罗马柱的最终效果，如图7-86所示。

第24步 新建项目文件，将族载入项目中并进行放置。然后选中罗马柱，在"属性"面板中取消选中"柱础"复选框，可以控制罗马柱柱础的可见性，如图7-87所示。

213

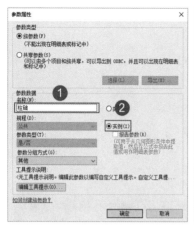

图7-85　设置参数

图7-86　最终效果

图7-87　控制可见性

7.2.7　实例：创建两阶独立基础族

本实例通过运用"拉伸""空性拉伸"工具来完成独立基础族的创建，最终效果如图7-88所示。

操作步骤

第1步 ▶ 单击"文件"选项卡→"新建"→"族"按钮，打开"新族-选择样板文件"对话框，选择"公制结构基础"样板文件，最后单击"打开"按钮，如图7-89所示。

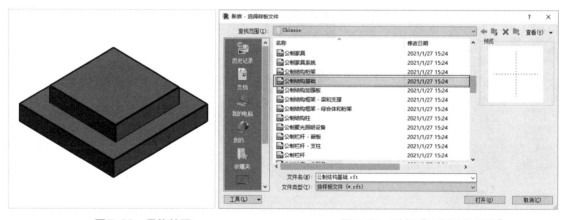

图7-88　最终效果　　　　　　　　　　　　　图7-89　选择"公制结构基础"

第2步 ▶ 进入"创建"选项卡，单击"参照平面"按钮。选择"线"绘制方式，在视图中分别在东西南北四个方向各绘制两条参照平面，共计8条，如图7-90所示。

第3步 ▶ 进入"注释"选项卡，选择"对齐尺寸标注"工具，然后分别拾取最左侧、中间、最右侧的参照平面进行标注。标注完成后单击"EQ"按钮，进行均分，如图7-91所示。

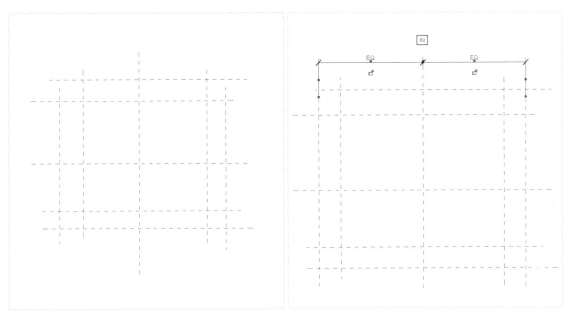

图7-90 绘制参照平面　　　　　　　　　图7-91 EQ均分

第4步 ▶ 继续拾取最左侧、最右侧的参照平面进行标注，如图7-92所示。

第5步 ▶ 按照相同的方法完成上下方向的参照平面尺寸标注，如图7-93所示。

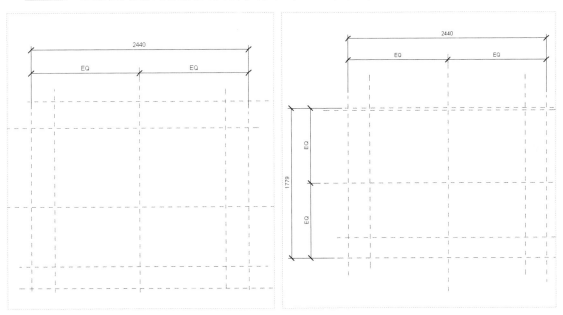

图7-92 添加尺寸标注（1）　　　　　　图7-93 添加尺寸标注（2）

第6步 ▶ 继续完成东西及南北方向两侧参照平面的尺寸标注，如图7-94所示。

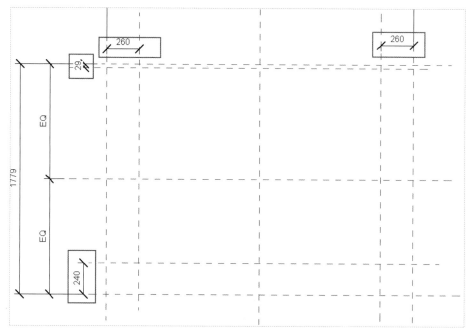

图7-94 添加尺寸标注（3）

第7步 ▶ 进入前立面视图，在"参照标高"下方绘制两条参照平面，分别进行标注，如图7-95所示。

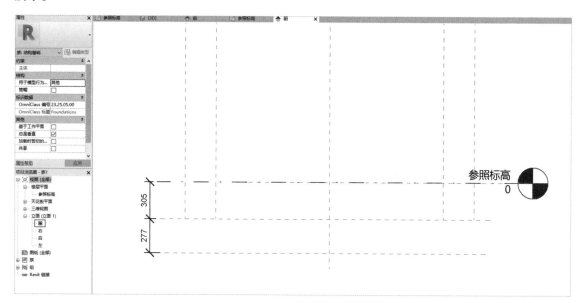

图7-95 绘制参照平面并标注

第8步 ▶ 选中下方的尺寸标注，然后单击"创建参数"按钮，如图7-96所示。

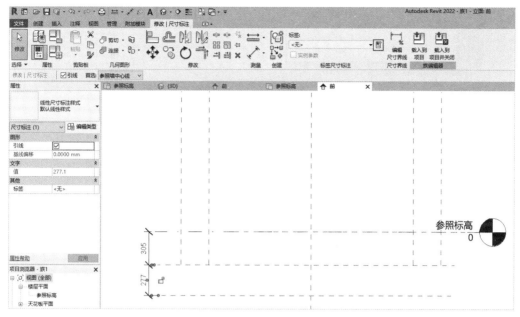

图7-96　选中尺寸标注

第9步 在弹出的"参数属性"对话框中，输入"参数数据"的"名称"为"h1"，然后单击"确定"按钮，如图7-97所示。

第10步 按照相同的方法，选中上方的尺寸标注，将其"名称"命名为"h2"，如图7-98所示。

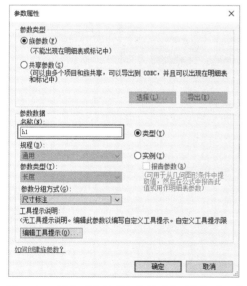

图7-97　输入"参数数据"的"名称"为"h1"

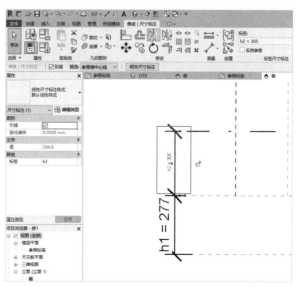

图7-98　输入"参数数据"的"名称"为"h2"

第11步 返回参照标高平面，选中水平方向的尺寸标注，在"标签"下拉列表中选择"宽度"参数进行关联，如图7-99所示。垂直方向的尺寸标注选择"长度"参数进行关联，如图7-100所示。

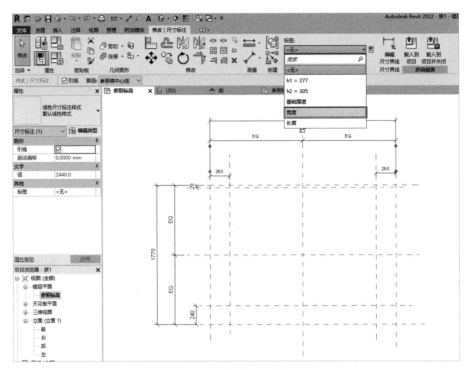

图7-99　关联族参数（1）

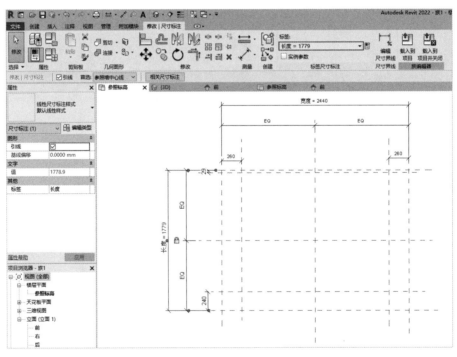

图7-100　关联族参数（2）

第12步 ▶ 参数关联完成后，单击"族类型"按钮，如图7-101所示。

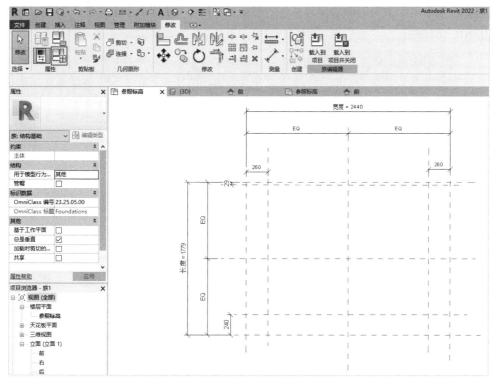

图 7-101 单击"族类型"按钮

第13步 在"族类型"对话框中，单击"新建参数"按钮，然后在弹出的"参数属性"对话框中输入"参数数据"的"名称"为"a1"，最后单击"确定"按钮，如图 7-102 所示。

第14步 按照相同的操作继续创建"b1"参数，最后单击"确定"按钮关闭对话框，如图 7-103 所示。

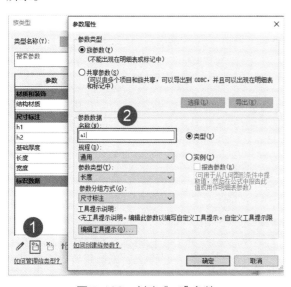

图 7-102 创建"a1"参数

图 7-103 创建"b1"参数

第15步▶ 选中水平方向两侧的尺寸标注，然后在"标签"下拉菜单中选择"a1=260"参数进行关联，如图7-104所示。

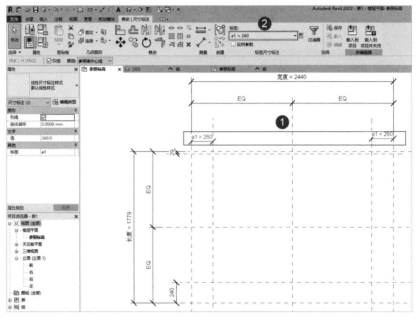

图7-104 关联族参数（1）

第16步▶ 选中垂直方向两侧的尺寸标注，然后在"标签"下拉菜单中选择"b1=29"参数进行关联，如图7-105所示。

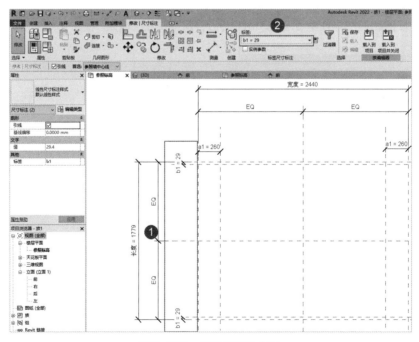

图7-105 关联族参数（2）

第17步▶ 进入"修改│创建拉伸"选项卡,单击"拉伸"按钮,选择"矩形"工具沿最外围参照平面绘制矩形轮廓,最后单击"完成"按钮,如图7-106所示。

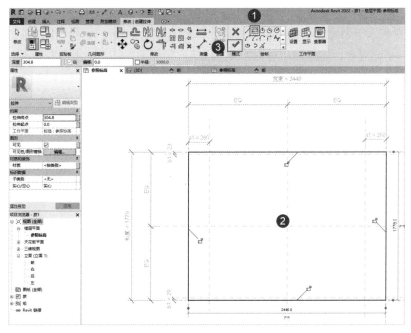

图7-106 绘制矩形轮廓(1)

第18步▶ 进入"修改│创建空心拉伸"选项卡,单击"空心拉伸"按钮,选择"矩形"工具沿最外围参照平面绘制矩形轮廓,再沿着内侧的参照平面绘制矩形轮廓,最后单击"完成"按钮,如图7-107所示。

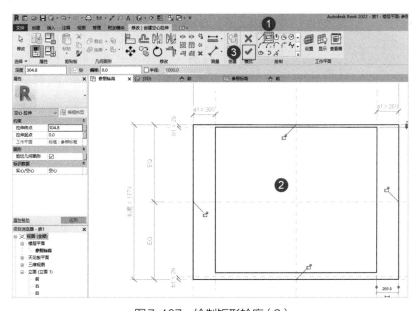

图7-107 绘制矩形轮廓(2)

第19步 ● 进入前立面视图，选中创建好的空心拉伸模型，通过拖曳控制柄将其顶部和底部分别与参照标高和下方的参照平面对齐，然后使用对齐工具再次拾取顶部和底部与参照标高和下方的参照平面对齐，出现锁定图标时单击进行锁定，如图 7-108 所示。

第20步 ● 再次选中创建好的实体拉伸模型，通过拖曳控制柄将其顶部和底部分别与参照标高和最下方的参照平面对齐，然后使用对齐工具再次拾取顶部和底部与参照标高和下方的参照平面对齐，出现锁定图标时单击进行锁定，如图 7-109 所示。

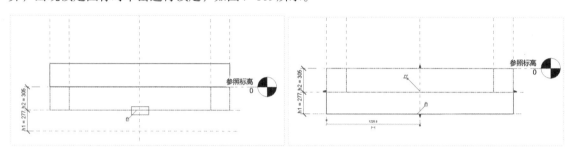

图 7-108　锁定空心形状　　　　　　　　图 7-109　锁定实心形状

第21步 ● 打开三维视图，单击"族类型"按钮打开"族类型"对话框。将 a1、b1、h1、h2 参数全部设定为"300.0"，长度和宽度参数设定为"2000.0"，最后单击"应用"按钮，查看基础族是否可以通过参数正常驱动，如图 7-110 所示。测试成功后单击"确定"按钮，将族进行保存，日后可以载入项目中进行使用。

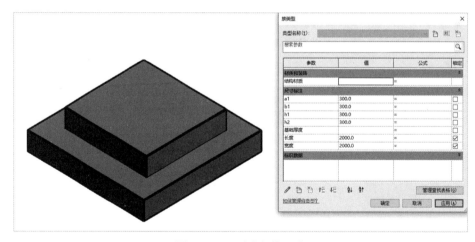

图 7-110　测试参数驱动

7.2.8　族二维表达处理

单创建族三维模型无法满足二维图纸表达，此时需要使用族二维表达以满足图纸要求。下面介绍族二维表达处理的一般操作步骤。实际操作步骤因不同族类别而不同。

选中需要控制显示的三维模型，然后单击"可见性设置"按钮，如图 7-111 所示。

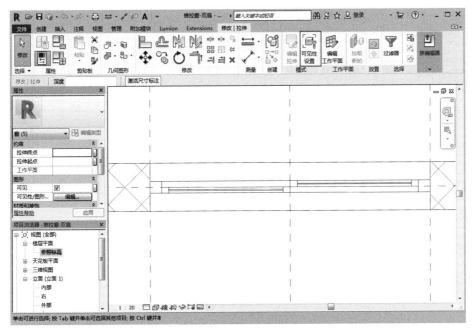

图7-111 单击"可见性设置"按钮

在弹出的"族图元可见性设置"对话框中,可以选中不
同显示复选框,如图7-112所示,控制模型在各视图中的
表达。

单击"确定"按钮,在视图中绘制相应符号线,并控制
各符号线的显示,如图7-113所示。

将族载入项目中,在"粗略"或"中等"状态下将只显
示符号线,满足二维出图表达,实际效果如图7-114所示。

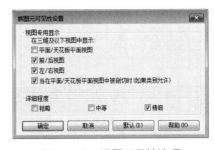

图7-112 设置可见性选项

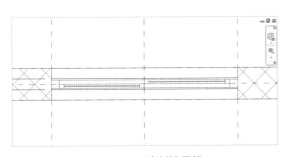

图7-113 绘制符号线

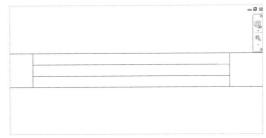

图7-114 实际效果

7.2.9 实例:创建图框族

本实例通过运用"导入CAD""标签"等工具来完成图框族的创建,最终效果如图7-115所示。

223

图 7-115　最终效果

操作步骤

第1步 ▶ 单击"文件"选项卡→"新建"→"族"按钮，打开"新族-选择样板文件"对话框，进入"标题栏"文件夹，选择"A1公制"族样板文件，单击"打开"按钮，如图7-116所示。

第2步 ▶ 进入"插入"选项卡，单击"导入CAD"按钮，在"导入CAD格式"对话框中选择"素材文件／第7章/A1图框.dwg"文件并打开，如图7-117所示。

图 7-116　新建族　　　　　　　　　　图 7-117　导入 CAD 文件

第3步 ▶ CAD文件导入后，先进行解锁。然后使用移动命令，将CAD图框与族样板图框边线对齐。接着选中CAD图框，然后单击"分解"→"完全分解"按钮，如图7-118所示。

第4步 ▶ 分解完成后，CAD图框的线段将转换为Revit中的详图线段，图框中的文字也成为Revit中的文字，可以将不需要的部分删除，分解后的效果如图7-119所示。

图7-118　分解CAD图框

图7-119　分解后的效果

第5步 ▶ 由于字体的问题，部分文字的位置、大小发生了变化，可以按照原始CAD图框的字体重新设置Revit文字，如图7-120所示。

第6步 ▶ 进入"管理"选项卡，单击"共享参数"按钮，如图7-121所示。

第7步 ▶ 在"编辑共享参数"对话框中单击"创建"按钮，如图7-122所示。然后在"创建共享参数文件"对话框中，输入"文件名"为"会签栏"，单击"保存"按钮，如图7-123所示。

图7-120　调整文字字体

图7-121　单击"共享参数"按钮

图7-122　单击"创建"按钮

第8步 ▶ 在"编辑共享参数"对话框中的"组"选项区域单击"新建"按钮。然后在"新参数组"对话框中，输入"名称"为"会签签字"，最后单击"确定"按钮，如图7-124所示。

图7-123　保存共享参数文件

图7-124　新建参数组

第9步▶ 单击"参数"选项区域中的"新建"按钮，如图7-125所示。

第10步▶ 在"参数属性"对话框中，设置"名称"为"建筑专业负责人"、"参数类型"为"文字"，如图7-126所示。

第11步▶ 按照相同的方法，分别添加其他专业负责人的参数，最后单击"确定"按钮，如图7-127所示。可以打开外部保存的共享参数文件查看其内容，如图7-128所示。

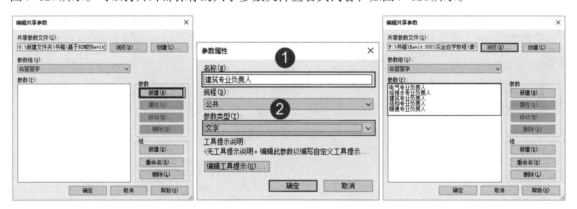

图7-125　新建参数　　　　　　图7-126　设置参数属性　　　　　　图7-127　添加共享参数

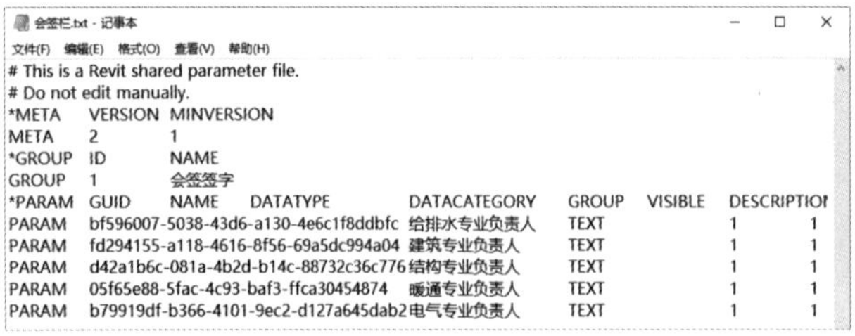

图7-128　查看共享参数文件

说明：共享参数文件中可以包含若干个参数组，而每个参数组内可以包含若干个参数。可以根据具体需求，将共享参数划分到不同的参数组内进行归类，以便后期查找相应参数。

第12步▶ 进入"创建"选项卡，单击"标签"按钮。在图框"会签"栏的位置单击，并在"编辑标签"对话框中单击"添加参数"按钮，如图7-129所示。

第13步▶ 在"参数属性"对话框中，单击"选择"按钮，如图7-130所示。在"共享参数"对话框中，选择需要添加的共享参数并单击"确定"按钮，如图7-131所示。重复此操作，将所有共享参数添加至"会签"参数栏中。

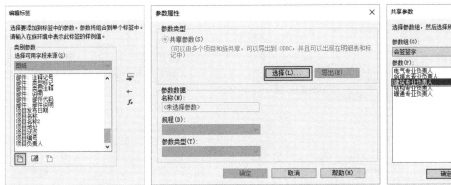

图7-129 单击"添加参数"按钮　　图7-130 单击"选择"按钮　　　　图7-131 添加共享参数

第14步▶ 将各个专业负责人的标签全部放于图框"会签"一栏中，如图7-132所示。将图框保存并载入项目中。

第15步▶ 新建项目文件，然后载入刚创建的图框族。在项目文件中新建图纸，选择载入的图框族，进入"管理"选项卡，单击"项目参数"按钮，如图7-133所示。

第16步▶ 在"项目参数"对话框中，单击"添加"按钮，如图7-134所示。

图7-132 添加标签参数

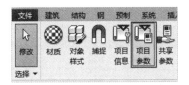

图7-133 单击"项目参数"按钮

图7-134 单击"添加"按钮

第17步▶ 在"参数属性"对话框中，选中"共享参数"单选按钮，然后单击"选择"按钮。接着在"共享参数"对话框中双击"建筑专业负责人"参数，如图7-135所示。

第18步 在"参数属性"对话框中，选中"共享参数"单选按钮，然后在"参数数据"选项区域中选中"实例"单选按钮。接着在"类别"选项区域中选择"项目信息"类别，如图 7-136 所示。按照相同的方法添加其他共享参数。

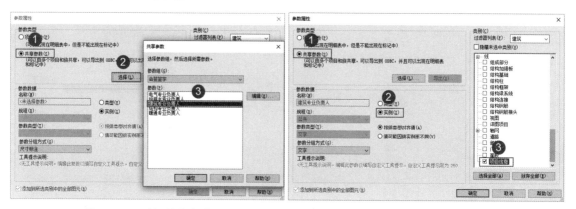

图 7-135　选择共享参数　　　　　　　　图 7-136　添加共享参数

第19步 进入"管理"选项卡，单击"项目信息"按钮。在"项目信息"对话框中输入各专业负责人的信息，最后单击"确定"按钮，如图 7-137 所示。

第20步 在图框"会签"栏中将显示项目信息中的内容，如图 7-138 所示。

图 7-137　输入参数信息

图 7-138　内容显示

7.2.10　实例：创建窗标记族

本实例主要通过运用"标签"工具来完成窗标记族的创建，最终效果如图 7-139 所示。

图 7-139　最终效果

操作步骤

第1步 ▶ 单击"文件"选项卡→"新建"→"族"按钮，打开"新族-选择样板文件"对话框，先选择"注释"文件夹，再选择"公制窗标记"族样板文件，最后单击"打开"按钮，如图7-140所示。

第2步 ▶ 进入"创建"选项卡，单击"标签"按钮，如图7-141所示。接着在视图中心位置单击，确定标签位置。

图7-140　选择"公制窗标记"族样板文件　　　　图7-141　单击"标签"按钮

第3步 ▶ 在随后弹出的"编辑标签"对话框中，双击"类型标记"字段，将其添加到"标签参数"区域，然后设置"样例值"为"C2015"，最后单击"确定"按钮，如图7-142所示。

第4步 ▶ 移动标签文字，使样例值中心对齐垂直参数线，底部略高于水平参数线，然后在"属性"面板中选中"随构件旋转"复选框，如图7-143所示。

图7-142　添加"类型标记"参数　　　　　图7-143　选中"随构件旋转"复选框

说明：选中"随构件旋转"复选框，当项目中有不同方向的门窗时，门窗标记族就会根据所标记对象的方向自动更改。

第5步 ▶ 新建项目文件，绘制一面墙体并放置一扇窗，如图7-144所示。

第6步 ▶ 使用"Ctrl+Tab"组合键返回族环境，进入"修改"选项卡，单击"载入到项目"按钮，如图7-145所示，将族载入项目，进行标记测试。

图7-144　放置窗　　　　　　　　　图7-145　单击"载入到项目"按钮

第7步 ▶ 进入项目环境，进入"注释"选项卡，单击"按类别标记"按钮。拾取项目中已经放置好的窗，系统将读取窗族中的"类型标记"样例值并自动进行标记，如图7-146所示。

图7-146　读取样例值并自动进行标记

读书笔记

第 8 章

施工图设计

本章导读

本章主要讲解Revit软件在视图中的实际应用操作，包括视图创建及视图控制。

本章学习要点

1. 创建视图。
2. 视图样式控制。
3. 尺寸标注。
4. 施工图深化。
5. 明细表统计。

8.1 视图创建

通过视图工具可以为模型创建二维平面或三维视图。

8.1.1 创建平面视图

"平面视图"工具用于创建二维平面视图，如楼层平面、天花板投影平面、结构平面、平面区域、面积平面。平面视图在创建新标高时可以自动创建，也可以在完成标高的创建后手动添加相关平面视图。

单击"视图"选项卡→"创建"面板→"平面视图"按钮，在"平面视图"下拉列表中选择要创建的视图类型，如图8-1所示。

以创建楼层平面为例，在下拉列表中选择"楼层平面"选项，打开"新建楼层平面"对话框，在该对话框中的标高栏中选择标高，如图8-2所示。配合使用Ctrl键和Shift键来进行选择。选中下边的"不复制现有视图"复选框。若未选中，则会生成已有平面视图的副本。单击"确定"按钮，软件会自动生成所选标高对应的楼层平面，在项目浏览器"楼层平面"目录下就可以找到新创建的标高平面。

图8-1　选择视图类型

图8-2　选择标高

8.1.2　创建立面图与编辑

立面图的创建功能用于创建面向模型几何图形的其他立面视图。在默认情况下，项目文件中的四个指南针点提供外部立面视图。立面视图包括立面和框架立面两种类型，框架立面主要用于显示支撑等结构对象。

切换到平面视图，单击"视图"选项卡→"创建"面板→"立面"按钮，如图8-3所示。

图8-3　单击"立面"按钮

在"属性"面板中选择"立面"类型，包括建筑立面、内部立面等立面类型。在绘制区域单击放置立面符号，如图8-4所示。

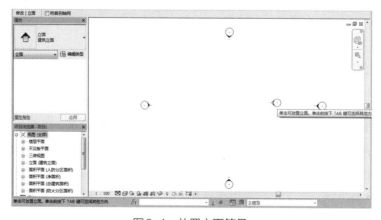

图8-4　放置立面符号

8.1.3　创建剖面图

可以通过"剖面"工具剖切模型，并生成相应的剖面视图，在平面、剖面、立面和详图视图中均可以绘制剖面视图。

切换到平面视图，单击"视图"选项卡→"创建"面板→"剖面"按钮，如图8-5所示。

选择剖面类型并设置相关参数。在绘制区域单击确定剖面线起点，拖动鼠标再次单击确定终点，如图8-6所示。

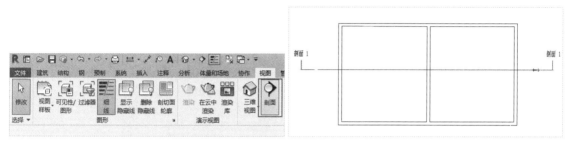

图8-5　单击"剖面"按钮　　　　　　　　　　　图8-6　绘制剖面线

选中剖面线，单击"拆分线段"按钮，还可以将剖面线拆分成多个独立的线段，单独进行调整，如图8-7所示。

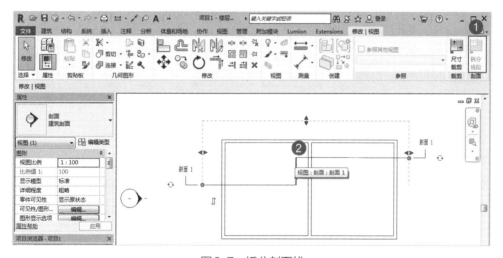

图8-7　拆分剖面线

8.1.4　详图索引的创建

通过"详图索引"工具，可以在视图中创建矩形详图索引，即大样图。详图索引能够隔离模型几何图形的特定部分，在项目中可允许多个详图索引同时参照同一个视图。

切换到平面视图，单击"视图"选项卡→"创建"面板→"详图索引"按钮，并选择详图索引绘制方式，如图8-8所示。

详图索引的绘制方式包括"矩形"和"草图"两种，矩形方式只能用于绘制矩形详图索引，而利用草图方式可绘制较复杂形状的详图索引，根据实际情况选择对应的方式进行绘制。

选择"矩形"绘制方式，在视图中单击拖动鼠标绘制范围框，将生成详细范围边框，如图8-9所示。此时，项目浏览器中也将自动生成对应的详图视图。

图8-8　单击"详图索引"按钮

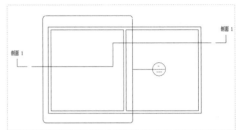

图8-9　绘制详图范围框

8.1.5　创建绘图视图

利用"绘图视图"工具可以创建一个空白视图，在该视图中显示与建筑模型不直接关联的详图，使用二维详图工具按照不同的视图比例（粗糙、中等或精细）创建未关联的视图专用详图。

单击"视图"选项卡→"创建"面板→"绘图视图"按钮，如图8-10所示。

图8-10　单击"绘图视图"按钮

软件弹出"新绘图视图"对话框，在该对话框中设置新绘图视图的名称和比例，如图8-11所示。

完成后单击"确定"按钮，这时软件会跳转到一个空白的视图界面，可以在该视图绘制二维图元，如节点大样、设计说明等。

图8-11　"新绘图视图"对话框

8.1.6　复制视图

使用"复制视图"工具可以复制并创建当前视图的副本，其中可能包含模型图元、模型专有图元和视图专有图元，或者是仅包含与视图相关的内容作为副本。在新创建的视图中，隐藏的视图专有图元将不会被包含在内。而隐藏的模型图元和基准图元将被复制到新视图中，并保持其原有的隐藏状态。复制视图包括复制视图、带细节复制、复制作为相关三种形式。

复制视图：用于创建一个新视图，该视图仅包含当前视图中的模型几何图形。在此过程中，将排除所有视图专有图元，如注释、尺寸标注和详图等。

带细节复制：表示不仅模型几何图形会被复制到新视图中，详图几何图形也会被包含在内。详图几何图形中包括详图构件、详图线、重复详图、详图组和填充区域。

复制作为相关：用于创建与原始视图相关联的视图，即原始视图与其副本之间始终保持同步。在其中一个视图中进行的修改将自动反映在另一个视图中。

切换到需要复制的视图，单击"视图"选项卡→"创建"面板→"复制视图"下拉按钮，在弹出的下拉菜单中选择相应的复制视图方式，如图8-12所示。

图8-12　"复制视图"下拉菜单

复制完成后，在项目浏览器中当前视图下方生成同名的副本视图。也可以在项目浏览器中找到需要复制的视图并右击，在右键菜单中选择"复制视图"选项，然后选择需要复制的方式。

8.1.7　图例的创建

使用"图例"工具可以为材质、符号、线样式、工程阶段、项目阶段和注释记号创建图例，用于显示项目中使用的各种建筑构件和注释的列表。图例包括图例和注释记号图例两种类型。

图例：可用于建筑构件和注释的图例创建。

注释记号图例：可用于注释记号的图例创建。

单击"视图"选项卡→"创建"面板→"图例"下拉按钮，在下拉菜单中选择"图例"选项，如图8-13所示。

图8-13　选择"图例"选项

此时会弹出"新图例视图"对话框，设置视图名称、比例、比例值1等，如图8-14所示。

可以在项目浏览器中将需要制作图例的构件族直接拖曳到视图中。此时在图例视图中将显示当前族样式，可以在工具选项栏

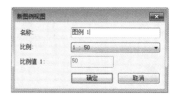

图8-14　"新图例视图"对话框

235

中设置需要显示的视图，如图8-15所示。

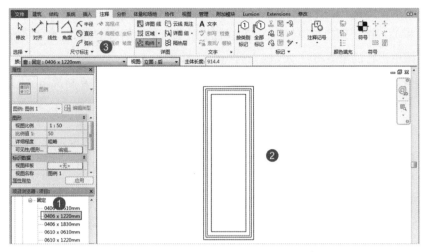

图8-15 放置图例

8.1.8 相机视图

打开平面视图，单击"视图"选项卡→"创
建"面板→"三维视图"下拉按钮→"相机"按
钮，如图8-16所示。

在工具选项栏中设置相机高度等参数，然
后在视图中单击确定相机所在的位置，然后拖
动鼠标确认视点终点位置，如图8-17所示。

图8-16 单击"相机"按钮

系统会自动生成一个相机视图，并且自动打开。可以拖动边框上的四个端点，调整相机视图边
界范围，如图8-18所示。

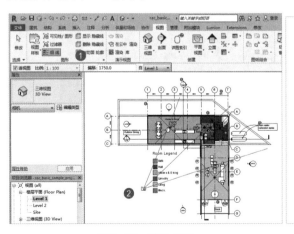

图8-17 确认位置

图8-18 相机视图

8.2 视图控制

使用视图控制工具可以修改模型几何图形的样式，包括可见性设置、粗细线的设置等。

8.2.1 视图可见性设定

"可见性/图形"工具用于控制模型图元、注释图元、导入和链接的图元以及工作集图元在视图中的可见性和图形显示。"可见性/图形"工具可替换的显示内容包括截面线填充图案、投影线样式以及模型类别、注释类别、分析模型类别、导入的类别和过滤器。还可以针对模型类别和过滤器应用半色调和透明度。

将视图切换到需要调整可见性的视图，单击"视图"选项卡→"图形"面板→"可见性/图形"按钮，如图8-19所示。

弹出"可见性/图形替换"对话框，如图8-20所示。

图8-19 单击"可见性/图形"按钮　　　图8-20 "可见性/图形替换"对话框

在该对话框中包括五个选项卡，分别为模型类别、注释类别、分析模型类别、导入的类别和过滤器。选择每一个选项卡，可以对当前视图进行相关的设置。

1. 模型类别

在"模型类别"选项卡下，常用的操作是设置模型中部分内容的可见性，单击"过滤器列表"下拉按钮，选中要显示的专业模型构件，如图8-21所示。

在"过滤器列表"下拉列表中，你可以根据需要选中相关专业，也可以全部选中以显示全部的模型构件。完成后，在"可见性"列表中找到需要隐藏或显示的构件，通过在其前方的复选框中确定是否选中，选中即为显示，取消选中即为隐藏。同时，还可以调整每项构件后面的投影/表面或截面的线型、填充图案、半色调等属性。

在该选项卡中还有一个常用的"截面线样式"设置，选中"截面线样式"复选框。这时"编辑"按钮由灰显状态变为可单击状态，单击"编辑"按钮，进入"主体层线样式"对话框，如图8-22所示。

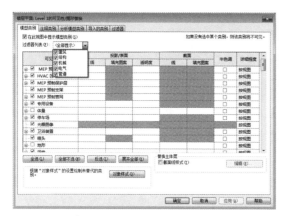

图8-21 专业类别   图8-22 "主体层线样式"对话框

在创建详图索引或大样时，常常会设置墙截面、楼板截面等结构线宽，就是在此对话框中设置的，可将结构"线宽"调整为"3"或"4"，将其他主体层"线宽"调整为"1"，这样在大样图中截面结构边线就会以粗线显示出来，完成后单击"确定"按钮。

2. 注释类别

选择"可见性/图形替换"对话框中的"注释类别"选项卡，如图8-23所示。

设置方法与模型类别可见性设置一样，选中或取消选中每项前面的复选框，完成对其的显示或隐藏。在项目创建过程中，通常在此隐藏或显示剖面、剖面框、轴网、标高、参照平面等。

3. 分析模型类别

选择"可见性/图形替换"对话框中的"分析模型类别"选项卡，其操作方法与之前均相同。

4. 导入的类别

选择"可见性/图形替换"对话框中的"导入的类别"选项卡，如图8-24所示。

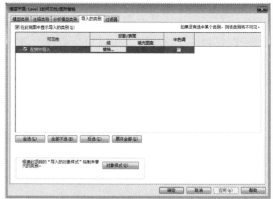

图8-23 "注释类别"选项卡   图8-24 "导入的类别"选项卡

在该对话框中可对导入当前项目中的 .dwg 格式文件进行可见性设置，在 .dwg 格式文件前选中或取消选中复选框完成可见性设置，且该设置只对当前视图有效。当切换到其他视图时，如果需要隐藏或显示 .dwg 文件，都可以通过此方式进行设置。

5. 过滤器

选择"可见性／图形替换"对话框中的"过滤器"选项卡，如图 8-25 所示。

对于在视图中共享公共属性的图元，过滤器提供了替换其图形显示和控制其可见性的方法。可将图元添加到过滤器列表，然后更改其投影／表面或截面的线型、填充图案、透明度等。

单击"添加"按钮，从弹出的"添加过滤器"对话框中选择一个或多个过滤器插入对话框中，如图 8-26 所示。对话框中的图元都是根据当前视图提取出来的。

图 8-25 "过滤器"选项卡

在"添加过滤器"对话框中选择一个或多个要插入的过滤器。选择后单击"确定"按钮，图元类别就会自动添加到过滤器下方，然后对其进行线条或颜色的设定，如图 8-27 所示。通过此方法添加混凝土墙类别，选中"可见性"复选框，并逐一设置后面的线型及颜色。完成后单击"确定"按钮，这时当前平面中的图元类别就会按照过滤器所设置的颜色、线条、透明度进行显示。

图 8-26 "添加过滤器"对话框

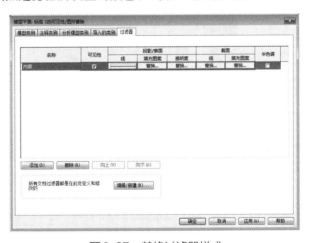

图 8-27 替换过滤器样式

8.2.2 实例：设置对象样式

本实例通过运用"对象样式"工具来完成对图元样式的更改，最终效果如图 8-28 所示。

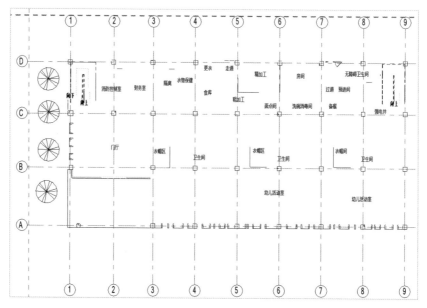

图 8-28　最终效果

操作步骤

第1步 ▶ 打开"素材文件\第8章\8-1.rvt"文件，进入 F1 楼层平面。进入"管理"选项卡，单击"对象样式"按钮 🔲，如图 8-29 所示。

图 8-29　单击"对象样式"按钮

第2步 ▶ 在"对象样式"对话框中，选中"过滤器列表"中的"建筑"复选框，并取消选中其余复选框，如图 8-30 所示。

图 8-30　选中"建筑"复选框

技巧：在"过滤器列表"中只选中需要设置的专业类别，可以有效缩减查找模型对象的时间。

第3步 ▶ 在"对象样式"对话框中,设置"卫浴装置"的线宽投影为"2",线颜色为"紫色"。设置"墙"的线宽截面为"5",线颜色为"黄色"。接着,设置"幕墙嵌板""幕墙竖梃""幕墙系统"的线宽投影和截面均为"1",线颜色为"青色"。最后,设置"窗""门"的线宽投影和截面均为"2",线颜色为"黄色",如图8-31和图8-32所示。

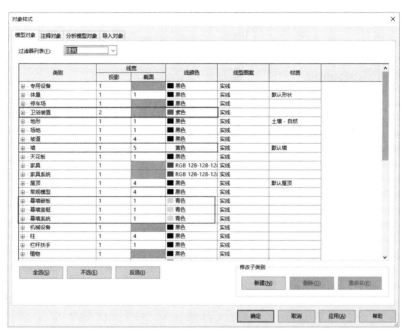

图8-31 设置对象样式(1)

图8-32 设置对象样式(2)

第4步 ▶ 展开"楼梯"卷展栏，设置"楼梯"及其子类别的线宽截面为"2"，然后将除"隐藏线"外的其他子类别的线颜色设置为"黄色"，如图8-33所示。

图8-33　设置对象样式（3）

第5步 ▶ 进入"注释对象"选项卡，设置"标高标头"的线宽投影为"2"，线颜色为"绿色"。然后展开"楼梯路径"卷展栏，设置"楼梯路径"及"向上箭头、向下箭头"类别的线宽投影为"1"，线颜色为"绿色"。最后单击"确定"按钮，如图8-34所示。

图8-34　设置对象样式（4）

第6步 ▶ 将CAD图纸隐藏后，查看各构件在平面视图中的显示状态，最终效果如图8-35所示。

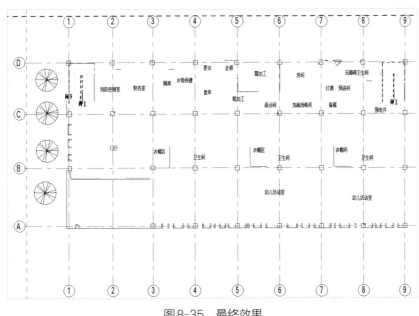

图8-35 最终效果

8.2.3 过滤器的设置

在可见性/图形替换功能中，介绍了过滤器的图元类别添加以及投影/表面、截面的线型、填充图案及透明度的修改方法。若在"过滤器列表"中没有包含所需的图元类别，而模型几何图形实际存在，用户可以通过新建过滤器来添加并设置相应的图元类别。

单击"视图"选项卡→"图形"面板→"过滤器"按钮，如图8-36所示。

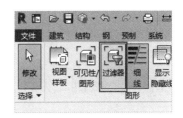

图8-36 单击"过滤器"按钮

弹出"过滤器"对话框，如图8-37所示。

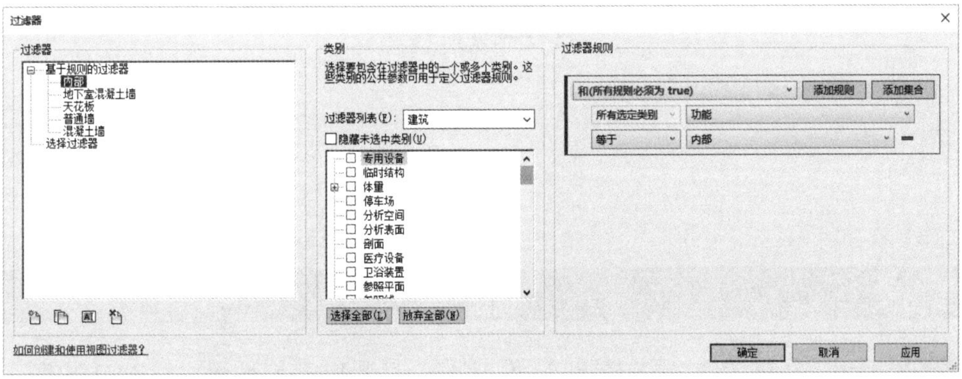

图8-37 "过滤器"对话框

在"过滤器"对话框中,"过滤器"一栏仅"新建"按钮处于可单击状态。当在其列表框中选择某一项图元类别后,"编辑""重命名""删除"按钮将变为可单击状态,此时可以对所选的图元类别进行过滤器条件设置、重命名或从列表中删除此图元类别。

若要创建新的图元类别过滤器,单击"新建"按钮,这时软件弹出"过滤器名称"对话框,如图8-38所示。其中,在"名称"文本框中修改过滤器的类别名称,在下方有"定义规则""选择""使用当前选择"三个单选按钮,软件默认选中"定义规则"单选按钮。其中"定义规则"指示通过设置相关过滤器条件来控制模型几何图形中的图元类别构件。

单击"确定"按钮,返回"过滤器"对话框,在其中可以设置过滤条件,如图8-39所示。

图8-38 创建过滤器   图8-39 设置过滤条件

完成该对话框中的所有设置后,单击"确定"按钮返回,这时可在"可见性/图形替换"对话框中"过滤器"选项卡下进行各项类别的添加,以及更改其投影/表面或截面的线型、填充图案、透明度等。

8.2.4 实例:使用过滤器控制墙体样式

本实例通过运用"过滤器"工具,实现通过设定好的条件控制图元显示样式,最终效果如图8-40所示。

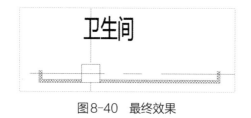

图8-40 最终效果

操作步骤

第1步 ▶ 打开"素材文件\第8章\8-2.rvt"文件,打开F1楼层平面,将CAD图纸隐藏,如图8-41所示。

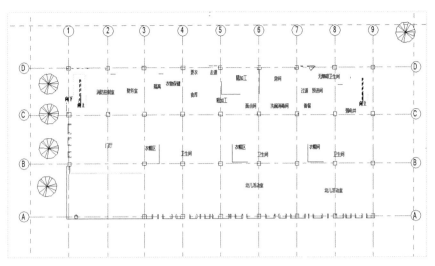

图 8-41　隐藏 CAD 图纸

第2步　使用快捷键 VV 或 VG 打开"可见性/图形替换"对话框，进入"过滤器"选项卡，单击"添加"按钮，如图 8-42 所示。

图 8-42　单击"添加"按钮

第3步　在打开的"添加过滤器"对话框中，单击"编辑/新建"按钮，如图 8-43 所示。

第4步　单击"过滤器"对话框中的"新建"按钮，在"过滤器名称"对话框中输入名称为"轻钢龙骨纸面石膏板墙体"，单击"确定"按钮，如图 8-44 所示。

图8-43　单击"编辑/新建"按钮　　　　　　　　　　图8-44　新建过滤器

第5步 ● 在"过滤器"列表框中选择"轻钢龙骨纸面石膏板墙体"选项，然后在"类别"列表框中选中"墙"复选框。接着，在"过滤器规则"一栏设置过滤条件为类型名称"包含""石膏板墙体"，最后单击"确定"按钮，如图8-45所示。

第6步 ● 返回"添加过滤器"对话框，选择"轻钢龙骨纸面石膏板墙体"，单击"确定"按钮，如图8-46所示。

图8-45　设置过滤条件　　　　　　　　　　　　　图8-46　选择过滤器

第7步 ● 在"过滤器"选项卡中，"轻钢龙骨纸面石膏板墙体"过滤器类别已经添加成功。单击"截面"下方的"线"参数中的"替换"按钮。在打开的"线图形"对话框中，设置颜色为"紫色"。最后单击"确定"按钮，如图8-47所示。

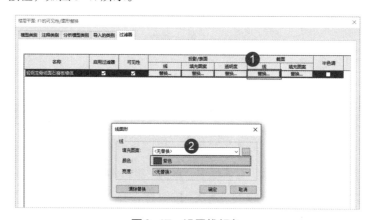

图8-47　设置线颜色

第8步 ▶ 继续单击"截面"下方的"填充图案"参数中的"替换"按钮。在打开的"填充样式图形"对话框中，设置填充图案为"对角线交叉填充－0.3mm"，最后单击"确定"按钮，如图8-48所示。

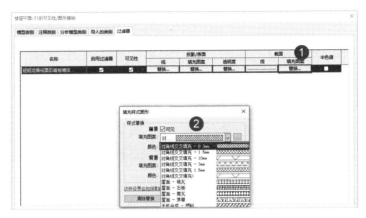

图8-48 设置填充图案

第9步 ▶ 选中卫生间下方的隔墙，然后在"属性"面板中单击"编辑类型"按钮，如图8-49所示。

第10步 ▶ 在弹出的"类型属性"对话框中单击"复制"按钮，复制新的墙体类型为"内墙－100mm（石膏板墙体）"，如图8-50所示。最后依次单击"确定"按钮关闭所有对话框。

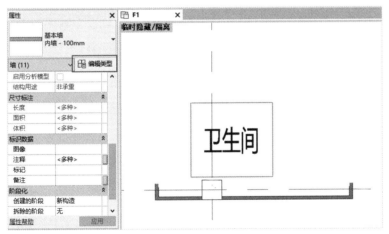

图8-49 单击"编辑类型"按钮　　　　　图8-50 复制新墙体类型

第11步 ▶ 此时通过观察可以发现，视图中卫生间下方墙体已经按照过滤器设定的条件，变换了墙体颜色和填充样式，最终效果如图8-51所示。

图8-51 最终效果

技巧：视图过滤器不仅具备替换颜色的功能，还能有效控制过滤对象的可见性。当需要在特定视图中隐藏某些类别或构件时，可以通过设置过滤器进行筛选，并取消选中相应过滤器的可见性复选框，即可实现隐藏这些对象的目的。

8.2.5　粗线/细线的切换

粗线/细线的切换功能用于在屏幕上以统一宽度显示所有线条，无论当前的缩放级别如何。"细线"模式能够确保线宽相对于视图缩放的真实性。通常，在小比例视图中放大模型时，图元线条的显示宽度可能会大于其实际宽度。激活"细线"模式后，该设置将影响所有视图中的线宽显示，但它不会影响打印输出或打印预览中的线宽。若禁用该模式，打印时线条的宽度将按照其在屏幕上的显示进行打印。

单击"视图"选项卡下的"细线"按钮，这时图形中的粗线都变为细线显示。以常规的-200mm墙体为例，在楼层平面视图中，可以清晰地观察到墙体线条在粗线状态和细线状态之间的变化，如图8-52所示。

用户可以通过单击"细线"按钮，在细线和粗线显示之间轻松切换。此外，用户还可以单击快速访问工具栏中的按钮来实现同样的效果，该按钮的功能与"视图"选项卡下的"细线"按钮完全一致。

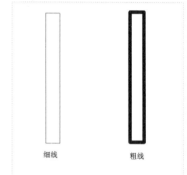

图8-52　细线粗线模式对比

8.2.6　隐藏线的控制

隐藏线的控制主要分为显示隐藏线和删除隐藏线两种，且这两种工具的效果是相反的。被其他图元遮挡的模型和详图图元，可以通过"显示隐藏线"工具显示出来。该工具适用于所有包含"隐藏线"子类别的图元。而"删除隐藏线"工具的作用与"显示隐藏线"工具相反，它会移除那些被判定为隐藏的线。需要注意的是，这两种工具不适用于MEP（机械、电气、管道）专业图元，如果当前视图样板为"机械""电气""管道"，则无法使用该工具。

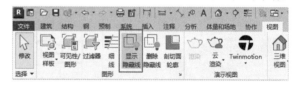

图8-53　单击"显示隐藏线"按钮

单击"视图"选项卡→"图形"面板→"显示隐藏线"按钮，如图8-53所示。依次单击遮盖隐藏对象的图元和需要显示隐藏线的图元，如图8-54所示。若要反转该效果，可以使用"视图"选项卡下的"删除隐藏线"按钮。

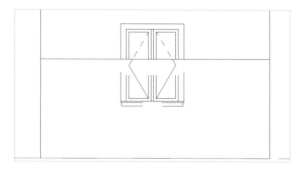

图8-54　显示隐藏线

8.2.7 剖切面轮廓的绘制

使用"剖切面轮廓"工具可以修改在视图中剖切的图元的形状，如屋顶、楼板、墙和复合结构的层。可以在平面视图、天花板平面视图和剖面视图中使用该工具。修改后的剖切轮廓只在当前视图有效，在其他视图中不会显示。

将视图切换至需要绘制剖切面轮廓的视图，单击"视图"选项卡→"图形"面板→"剖切面轮廓"按钮 ，如图 8-55 所示。

图 8-55 单击"剖切面轮廓"按钮

拾取需要编辑轮廓的截面，然后绘制所需的轮廓边界形状，如图 8-56 所示。小箭头方向一定要向内侧，否则不会保留所绘制的轮廓边线。如果方向反了，可以单击箭头图标→翻转方向。

轮廓绘制完成后，单击"完成"按钮查看效果，如图 8-57 所示。

图 8-56 翻转方向   图 8-57 剖切面轮廓

8.2.8 视图样板的设置与控制

通过对视图应用视图样板，可确保各类型视图图纸表达的一致性，同时可以减少单独自定义的工作量，以提高设计和出图的效率。

1. 将样板属性应用于当前视图

打开需要应用视图样板的视图，单击"视图"选项卡→"图形"面板→"视图样板"下拉按钮→"将样板属性应用于当前视图"按钮，如图 8-58 所示。在弹出的"应用视图样板"对话框的"名称"列表中选择要应用的视图样板，如图 8-59 所示，单击"确定"按钮，视图样板成功应用于当前视图。

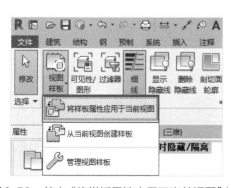

图 8-58 单击"将样板属性应用于当前视图"按钮

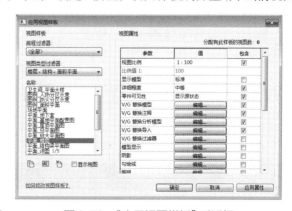

图 8-59 "应用视图样板"对话框

2. 从当前视图创建样板

单击"视图"选项卡→"图形"面板→"视图样板"下拉按钮→"从当前视图创建样板"按钮，如图 8-60 所示。

弹出"新视图样板"对话框，如图 8-61 所示。输入"名称"为"视图样板"，单击"确定"按钮，新视图板样就创建成功了。

图 8-60　单击"从当前视图创建样板"按钮　　　　图 8-61　"新视图样板"对话框

3. 管理视图样板

单击"视图"选项卡→"图形"面板→"视图样板"下拉按钮→"管理视图样板"按钮，如图 8-62 所示。

弹出"视图样板"对话框，如图 8-63 所示，其中显示了当前项目文件中的所有视图样板，可以对现有样板进行编辑，或新建视图样板。

图 8-62　单击"管理视图样板"按钮　　　　图 8-63　"视图样板"对话框

8.2.9　实例：创建首层平面视图样板

本实例通过创建"视图样板"，将视图设置参数进行保存、赋予，将重复的工作变成标准化模板。

操作步骤

第1步 ▶ 打开"素材文件\第8章\8-3.rvt"文件，进入"视图"选项卡，单击"可见性/图形"

按钮（快捷键为VV或VG），如图8-64所示。

第2步 ▶ 在"可见性／图形替换"对话框中，取消选中"地形""场地"复选框，然后选中"家具"复选框，接着选中"半色调"复选框，如图8-65所示。

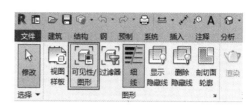

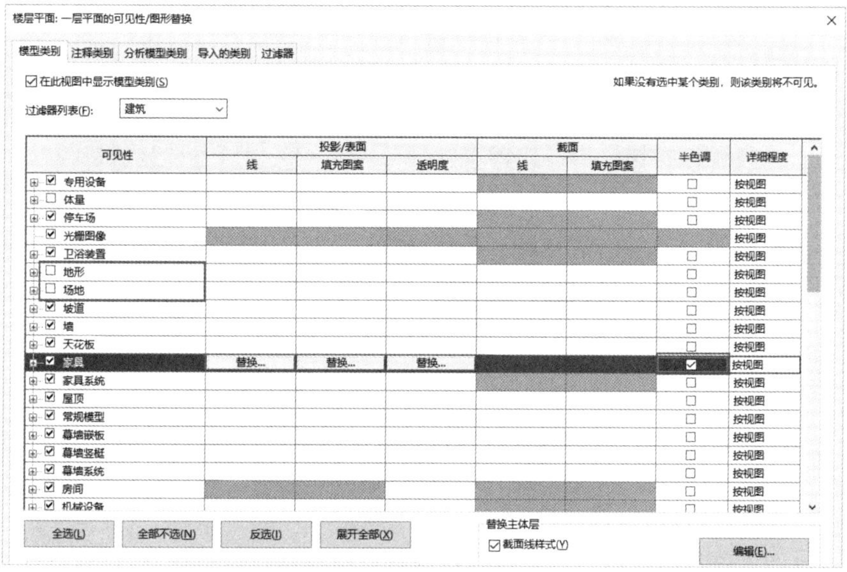

图 8-64　单击"可见性／图形"按钮

图 8-65　设置图元可见性（1）

第3步 ▶ 继续向下拖动滑块，取消选中"植物"复选框，如图8-66所示。

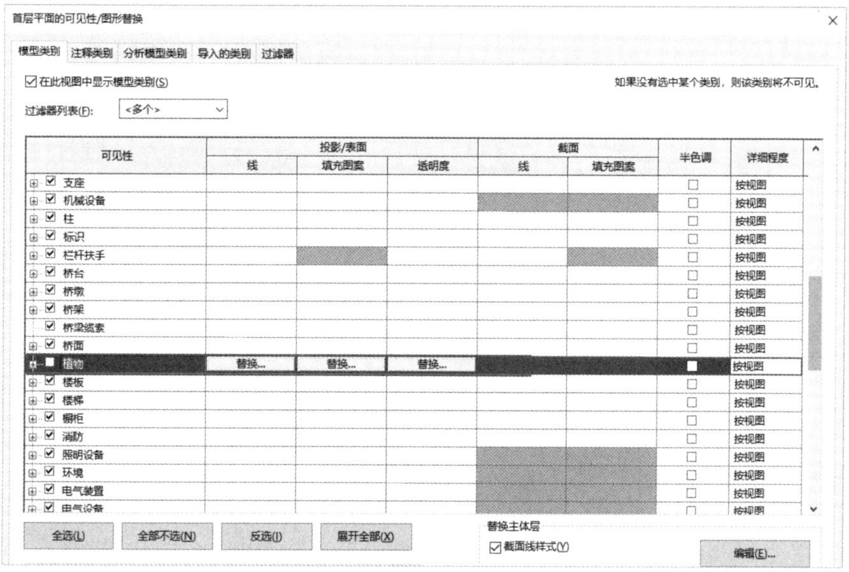

图 8-66　设置图元可见性（2）

第4步 ▶ 展开"楼梯"卷展栏，取消选中"<高于>"系列子类别复选框，如图8-67所示。按照同样的方法，取消选中"栏杆扶手"的"<高于>"系列子类别复选框，如图8-68所示。

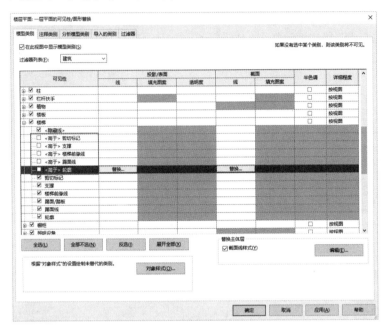

图8-67　设置图元可见性（3）

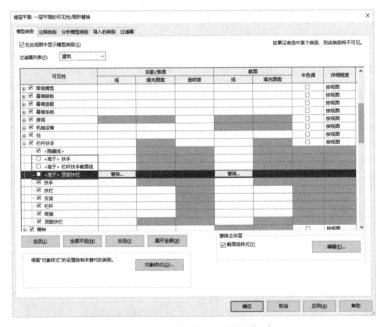

图8-68　设置图元可见性（4）

第5步 ▶ 进入"注释类别"选项卡，取消选中"参照平面""参照点""参照线"复选框，单击"确定"按钮，如图8-69所示。

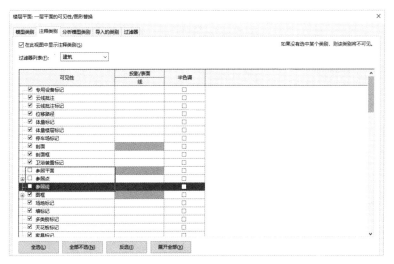

图8-69　设置图元可见性（5）

第6步 ▶ 进入"视图"选项卡，单击"视图样板"下拉菜单中的"从当前视图创建样板"按钮，如图8-70所示。

第7步 ▶ 在打开的"新视图样板"对话框中，输入"名称"为"首层平面"，然后单击"确定"按钮，如图8-71所示。

第8步 ▶ 单击"视图样板"下拉菜单→"管理视图样板"选项，弹出"视图样板"对话框。在该对话框中选择"首层平面"视图样板，右侧可以设置样板中需要控制的参数类别，最后单击"确定"按钮，如图8-72所示。

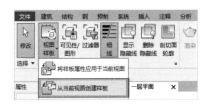

图8-70　单击"从当前视图创建样板"按钮

图8-71　设置新视图样板名称

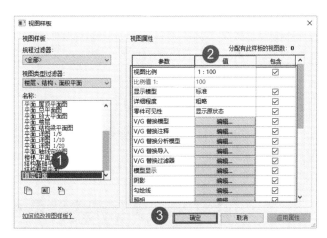

图8-72　选择视图样板

第9步 ▶ 在当前视图的"属性"面板中找到"视图样板"参数，单击其右侧的"<无>"按钮，如图8-73所示。

第10步 ▶ 在"指定视图样板"对话框中，选择"首层平面"视图样板，单击"确定"按钮，如图8-74所示。

图8-73 设置视图样板

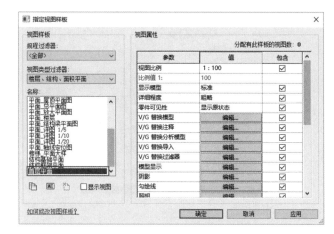

图8-74 应用视图样板

第11步● 临时隐藏CAD图纸，查看应用视图样板后的视图样式，如图8-75所示。

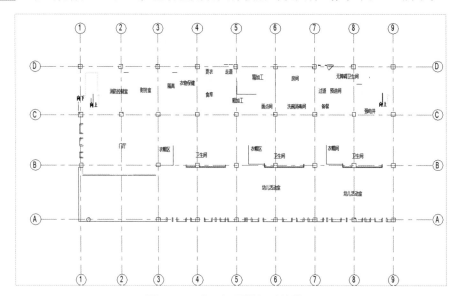

图8-75 应用视图样板后的效果

8.3 尺寸标注

我们在进行城市规划设计、建筑设计时，需要绘制建筑制图，其中很重要的一个细节就是尺寸标注，某知名建筑大师说过："建筑制图最重要的就是尺寸标注，因为任何研究和施工都是以你的尺寸数字为准的。"

8.3.1　对齐尺寸标注

"对齐"工具用于在平行参照之间或多点之间放置尺寸标注。

切换到平面视图，单击"注释"选项卡→"尺寸标注"面板→"对齐"按钮，如图8-76所示。

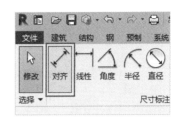

图8-76　单击"对齐"按钮

选择尺寸标注类型并设置标注样式，单击"编辑类型"按钮，进入尺寸标注"类型属性"对话框，如图8-77所示。

将鼠标指针移动到绘图区域，并放置在某个图元的参照点上，此时参照点会高亮显示。通过Tab键，可以在不同的参照点之间循环切换。依次单击以指定参数，按Esc键退出放置状态，即可完成对齐尺寸标注的创建，如图8-78所示。拖动标注文字下方的移动控制柄，还可以将标注文字移动到其他位置。

图8-77　"类型属性"对话框

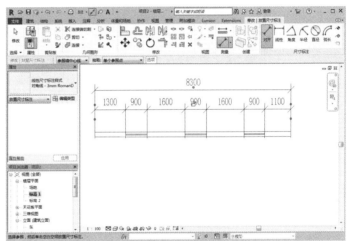

图8-78　对齐尺寸标注

8.3.2　线性尺寸标注

线性尺寸标注通常放置于选定的点之间。选定点通常是图元的端点或参照的交点。尺寸标注会与视图的水平轴或垂直轴对齐。需要注意的是，只有在项目环境中才可以用线性尺寸标注。线性尺寸标注无法在族编辑器中创建。

切换到平面视图，单击"注释"选项卡→"尺寸标注"面板→"线性"按钮，如图8-79所示。

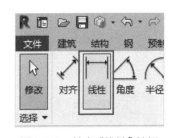

图8-79　单击"线性"按钮

在选择线性尺寸标注类型并设置标注样式后，应依次单击图元的参照点或参照的交点。此时，使用空格键可以在垂直轴标注和水平轴标注之间切换。在选择完所有参照点之后，按Esc键两次以退出放置状态，从而完成线性尺寸标注的绘制，如图8-80所示。

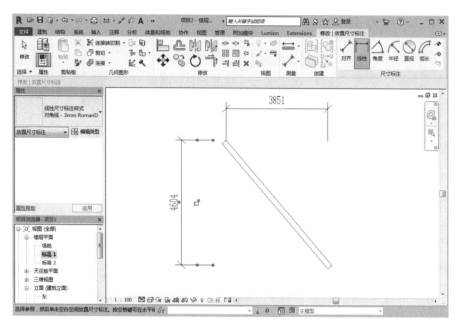

图 8-80　线性尺寸标注

8.3.3　角度尺寸标注

通过放置角度尺寸标注，可以测量共享公共交点的参照点之间的角度。可为尺寸标注选择多个参照点，每个图元都必须穿越一个公共点。

切换到平面视图，单击"注释"选项卡→"尺寸标注"面板→"角度"按钮，如图 8-81 所示。

选择角度尺寸标注类型并设置标注样式，依次单击构成角度的两条边，拖曳鼠标以调整角度标注的大小。当尺寸标注大小合适时，单击以放置标注。完成后按 Esc 键退出放置状态，如图 8-82 所示。

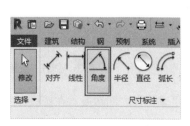

图 8-81　单击"角度"按钮

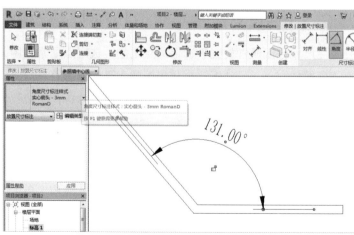

图 8-82　角度尺寸标注

8.3.4 半径尺寸标注

通过放置一个径向尺寸标注，可以测量内部曲线或圆角的半径。

切换到平面视图，单击"注释"选项卡→"尺寸标注"面板→"半径"按钮，如图8-83所示。

选择径向尺寸标注类型并设置标注样式后，将光标移动到要放置标注的弧或圆上。此时通过按Tab键，可以在弧或圆的边缘和圆心之间切换尺寸标注的参照点。确定参照后单击，尺寸标注将预览显示。拖动鼠标选择合适位置，并再次单击以放置永久性尺寸标注。最后，按Esc键退出放置状态，如图8-84所示。

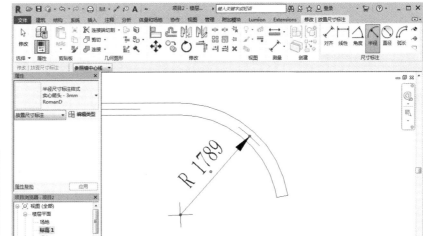

图8-83 单击"半径"按钮   图8-84 半径尺寸标注

8.3.5 直径尺寸标注

通过放置一个直径尺寸标注，可以标注圆弧或圆的直径尺寸。

切换到平面视图，单击"注释"选项卡→"尺寸标注"面板→"直径"按钮，如图8-85所示。选择直径尺寸标注类型并设置标注样式。

图8-85 单击"直径"按钮

将光标放置在圆或圆弧的曲线上，通过按Tab键，可以在圆的边缘和圆心之间切换尺寸标注的参照点。单击后，尺寸标注将预览显示。此时，可以将光标沿尺寸线移动，并单击以精确放置永久性尺寸标注。需要注意的是，默认情况下，直径前缀符号显示在尺寸标注值中。完成标注放置后，按Esc键退出放置状态，如图8-86所示。

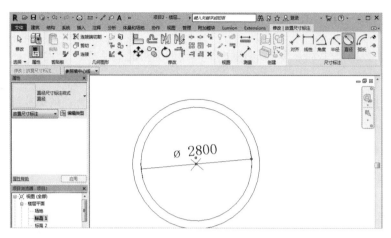

图 8-86　直径尺寸标注

8.3.6　弧长尺寸标注

通过放置一个弧长尺寸标注，可以测量弯曲墙或其他弯曲图元的长度。

切换到平面视图，单击"注释"选项卡→"尺寸标注"面板→"弧长"按钮，如图 8-87 所示。选择弧长尺寸标注类型并设置相关属性参数。

若与弧相交的是墙体，则需要在相交的两端墙面上（墙面或墙中心线）各自单击一次。如果弧没有与任何图元相交，需要分别单击弧的起点和终点。完成后，会出现一个临时尺寸标注。此时，移动光标至弧的外部或内部，并单击以放置永久性尺寸标注。按 Esc 键可以退出放置状态，如图 8-88 所示。

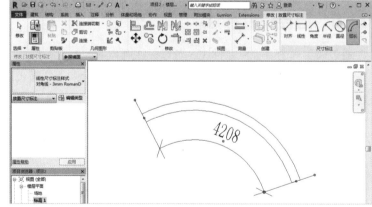

图 8-87　单击"弧长"按钮　　　　　　　　图 8-88　弧长尺寸标注

8.3.7　高程点标注

通过使用"高程点"标注工具，可以在平面视图、立面视图和三维视图中获取坡道、公路、地形表面及楼梯平台的高程点，并显示其高程点信息。

将视图切换到需要标注高程点的视图，如平面图、立面图、剖面图和锁定的三维视图均可。单击"注释"选项卡→"尺寸标注"面板→"高程点"按钮 ■，如图8-89所示。选择高程点标注类型并设置相关属性参数。

在工具选项栏中，可以对标注样式进行进一步的参数设置。然后，将光标置于需要标记的图元上，单击确定标注位置，再次单击确定水平段开始位置，最后单击确定高程点标注的放置方向，如图8-90所示。

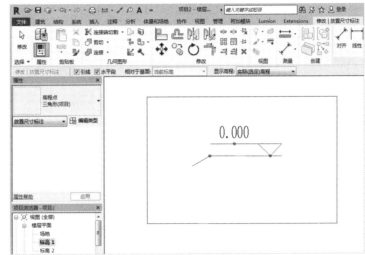

图8-89 单击"高程点"按钮　　　　　　图8-90 放置高程点标注

8.3.8 高程点坐标标注

通过使用"高程点坐标"工具，可以在楼板、墙、地形表面和边界上，或在非水平表面和非平面边缘上放置标注，以显示项目中选定点的"北/南"和"东/西"坐标值。

将视图切换至楼层相关视图，单击"注释"选项卡→"尺寸标注"面板→"高程点坐标"按钮 ⊕，如图8-91所示。选择高程点坐标标注类型并设置相关属性参数。

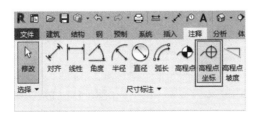

图8-91 单击"高程点坐标"按钮

将光标移动到绘图区域中，选择图元的边缘或选择地形表面上的某个点。然后移动光标并单击确定引线位置，最后单击确认坐标标注的放置方向，如图8-92所示。

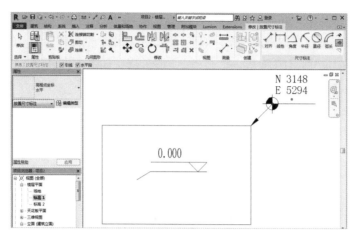

图 8-92 放置高程点坐标标注

8.3.9 高程点坡度标注

通过使用"高程点坡度"工具，可以在模型图元的面或边上的特定点处显示坡度值。使用高程点坡度标注的对象通常包括屋顶、梁和管道等。可以在平面视图、立面视图和剖面视图中放置高程点坡度标注。

将视图切换至相关视图，单击"注释"选项卡→"尺寸标注"面板→"高程点坡度"按钮 ，如图 8-93 所示。选择高程点坡度标注类型并设置相关属性参数。

将光标移动到绘图区域中，当光标移动到可放置高程点坡度的图元上时，绘图区域中会动态显示高程点坡度的值。此时，单击以放置高程点坡度标注，如图 8-94 所示。

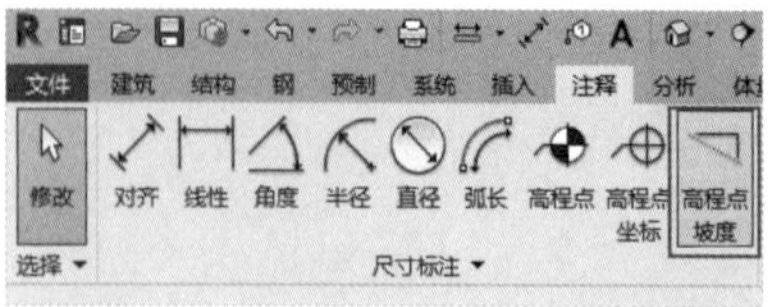

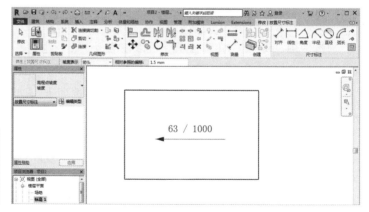

图 8-93 单击"高程点坡度"按钮

图 8-94 放置高程点坡度标注

8.3.10 实例：绘制总平面图

本实例通过运用"建筑红线""高程点"等工具来完成总平面图的创建，最终效果如图 8-95 所示。

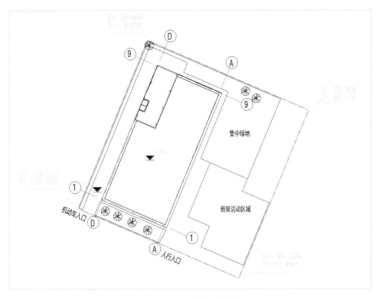

图8-95　最终效果

操作步骤

第1步 ▶ 打开"素材文件\第8章\8-4.rvt"文件，进入"场地"平面，将CAD底图删除，然后选中中间部分的轴线，使用快捷键HH将其永久隐藏，只保留两侧的轴线，如图8-96所示。

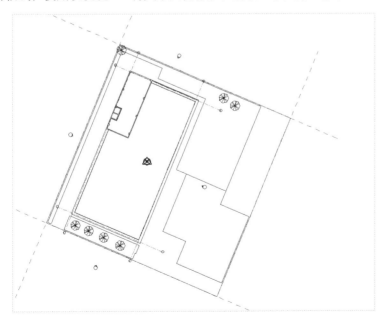

图8-96　隐藏轴线

第2步 ▶ 进入"体量和场地"选项卡，单击"建筑红线"按钮，如图8-97所示。

第3步 ▶ 在"创建建筑红线"对话框中选择"通过绘制来创建"选项，如图8-98所示。

图8-97　单击"建筑红线"按钮

图8-98　选择"通过绘制来创建"
选项

第4步 ▶ 使用"直线"工具沿着地形边缘绘制建筑红线，最后单击"完成"按钮，如图8-99所示。

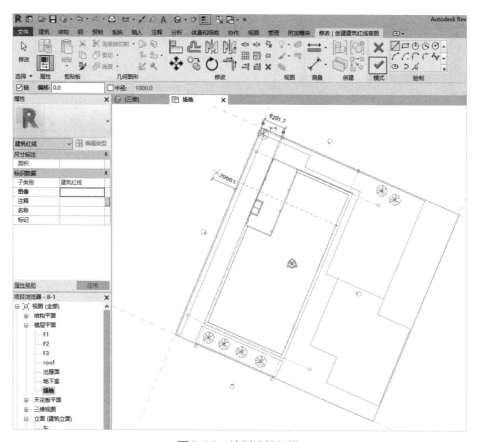

图8-99　绘制建筑红线

第5步 ▶ 进入"注释"选项卡，单击"高程点坐标"按钮。在"属性"面板中单击"编辑类型"按钮，打开"类型属性"对话框。然后复制一个新的类型为"总图坐标"。在列表中，设置"引线箭头"为"无"，"符号"为"<无>"，"颜色"为"绿色"，如图8-100所示。

第6步 ▶ 向下拖曳滑块，设置"文字字体"为"仿宋"，"文字大小"为"3.5000mm"，"文字背景"为"透明"。设置"北／南指示器"为"X="，"东／西指示器"为"Y="。选中"包括高程"复选框，设置"高程指示器"为"H="，最后单击"单位格式"后的按钮，如图8-101所示。

第7步 ● 在"格式"对话框中，取消选中"使用项目设置"复选框，然后设置"单位"为"米"，如图8-102所示。最后单击"确定"按钮，关闭所有对话框。

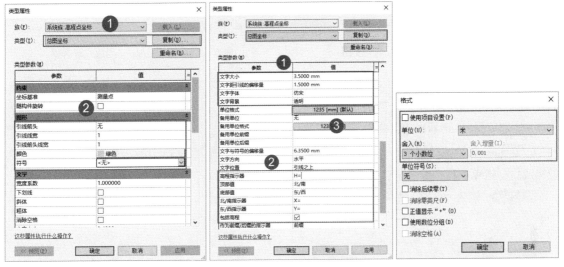

图8-100　设置坐标样式（1）　　图8-101　设置坐标样式（2）　　图8-102　设置项目单位

第8步 ● 在视图中建筑红线的各交点位置处单击并拖曳进行标注。标注完成后，拖曳标注的文字坐标点至引线的中心位置，如图8-103所示。

第9步 ● 进入"插入"选项卡，单击"载入族"按钮。在"载入族"对话框中，进入"注释＼符号＼建筑"文件夹，选择"高程点-外部填充"符号族，最后单击"打开"按钮，如图8-104所示。

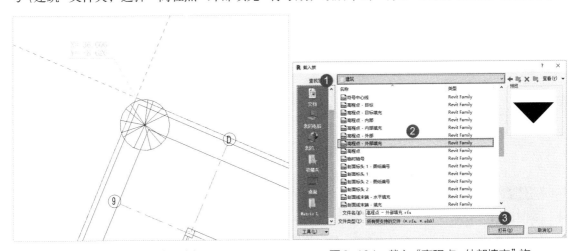

图8-103　放置坐标　　　　　　　图8-104　载入"高程点-外部填充"族

第10步 ● 进入"注释"选项卡，单击"高程点"按钮（快捷键为EL），如图8-105所示。接着，在工具选项栏中取消选中"引线"复选框，如图8-106所示。

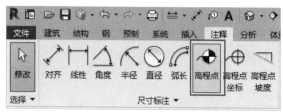

图8-105　单击"高程点"按钮

图8-106　取消选中"引线"复选框

第11步▶ 在"属性"面板中单击"编辑类型"按钮。在"类型属性"对话框中，复制一个新的坐标类型为"三角形（总图）"，然后设置"引线箭头"为"无"，"颜色"为"绿色"，"符号"为"高程点–外部填充"，最后单击"确定"按钮，如图8-107所示。

第12步▶ 在绘图区域单击，确定需要标注高程点的位置；再次单击确定标高符号的方向。放置完成后，拖曳高程点数值至符号上方，如图8-108所示。

第13步▶ 进入"注释"选项卡，单击"文字"按钮（快捷键为TX），如图8-109所示。

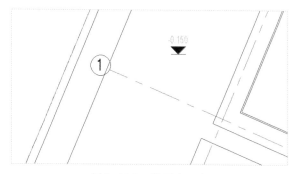

图8-108　放置高程点

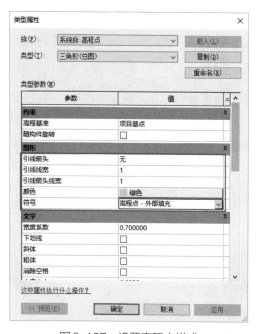

图8-107　设置高程点样式

图8-109　单击"文字"按钮

第14步▶ 在"属性"面板中选择文字类型为"仿宋_3.5 mm"，依次在不同位置输入文字进行标注，如图8-110所示。

第15步▶ 将视图比例调整至1∶500，然后将轴线标头文字等标注移动到合适的位置，如图8-111所示。

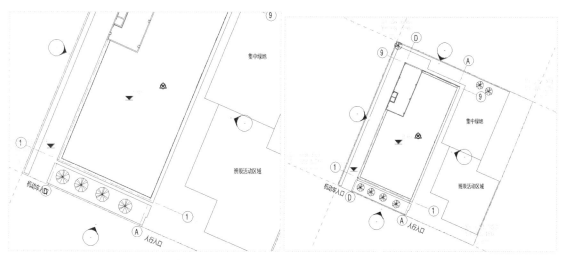

图8-110　添加文字注释　　　　　图8-111　调整视图比例

第16步 ● 使用快捷键VV打开"可见性/图形替换"对话框，在"模型类别"选项卡中展开"场地"卷展栏，取消选中"测量点""项目基点"两个复选框，如图8-112所示。然后进入"注释类别"选项卡，取消选中"参照平面""立面"两个复选框，最后单击"确定"按钮，如图8-113和图8-114所示。

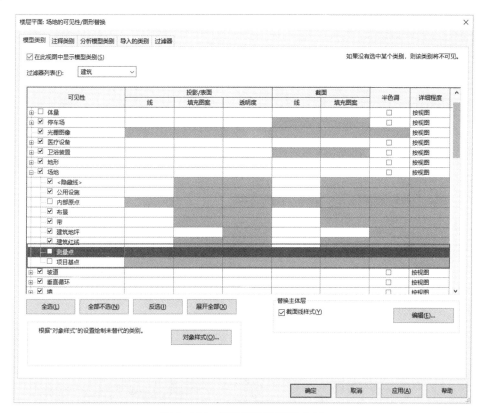

图8-112　设置图元可见性（1）

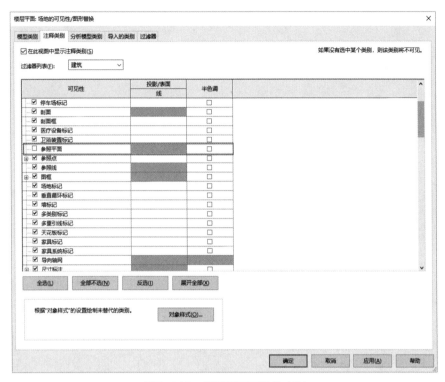

图8-113　设置图元可见性（2）

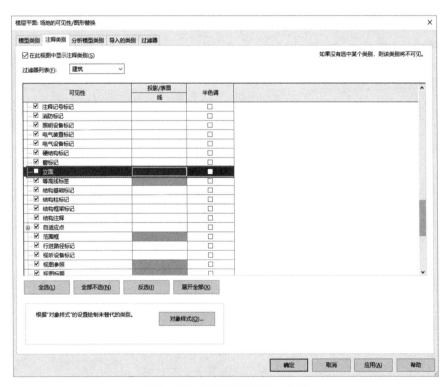

图8-114　设置图元可见性（3）

第17步 ▶ 调整之后总平面最终显示状态如图8-115所示。大家也可以根据实际情况继续添加其余内容。

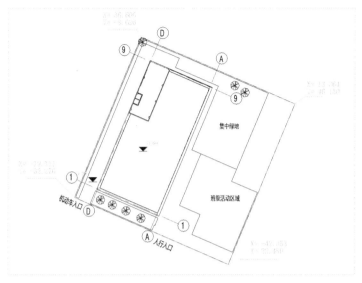

图8-115　最终效果

8.3.11　实例：添加平面的尺寸标注

本实例通过运用"对齐""编辑尺寸界线"等工具，完成楼层平面的尺寸标注，最终效果如图8-116所示。

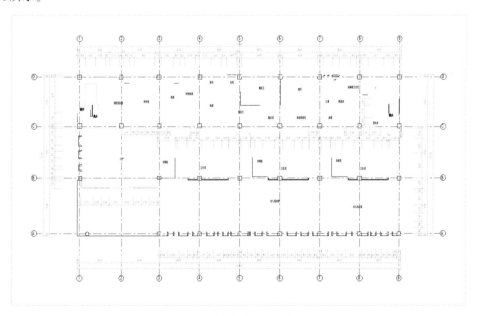

图8-116　最终效果

操作步骤

第1步 ▶ 打开"素材文件 \ 第8章 \ 8-5.rvt"文件,进入F1平面,将CAD底图删除,如图8-117 所示。

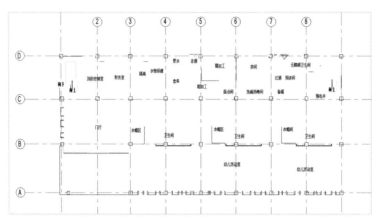

图8-117 删除CAD底图

第2步 ▶ 进入"注释"选项卡,单击"对齐"按钮(快捷键为DI),如图8-118所示。

第3步 ▶ 在"属性"面板中单击"编辑类型"按钮,然后在"类型属性"对话框中,复制新的尺寸标注类型为"对角线 -3.5 mm",然后设置"线宽"为"2","记号线宽"为"5",如图8-119所示。

第4步 ▶ 向下拖动滑块,设置"颜色"为"绿色","文字大小"为"3.5000 mm","文字偏移"为"0.2500 mm","文字字体"为"华文仿宋","文字背景"为"透明",最后单击"确定"按钮,如图8-120所示。

图8-118 单击"对齐"按钮   图8-119 设置标注样式(1)   图8-120 设置标注样式(2)

第5步 ▶ 在工具选项栏中,设置首选参照为"参照墙面","拾取"为"整个墙",然后单击后面的"选项"按钮，如图8-121所示。在打开的"自动尺寸标注选项"对话框中，选中"洞口"和"相交轴网"复选框，并设置"洞口"为"宽度"，如图8-122所示。

图8-121　设置标注拾取方式

第6步 ▶ 在绘制区域中，单击拾取上方的墙体，自动生成尺寸标注，移动鼠标指针至合适的位置，再次单击完成尺寸标注的放置，如图8-123所示。

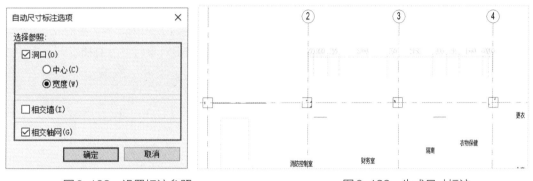

图8-122　设置标注参照　　　　　　　　图8-123　生成尺寸标注

第7步 ▶ 由于自动标注的结果并没有完全达到实际效果，需要再次选择尺寸标注，然后单击"编辑尺寸界线"按钮，如图8-124所示。

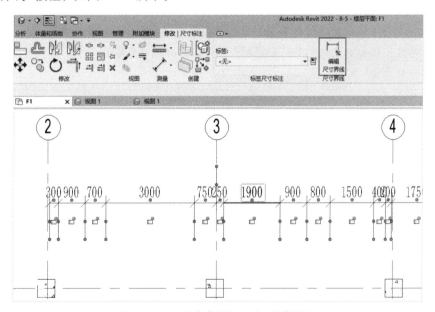

图8-124　单击"编辑尺寸界线"按钮

第8步 ▶ 进入编辑模式后，依次拾取左侧的轴线、窗洞、门洞，然后继续向右拾取进行标注，如图8-125所示。

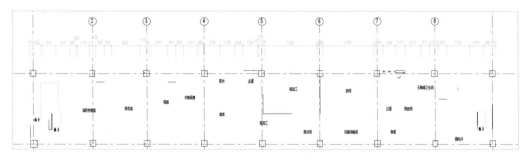

图8-125　编辑尺寸标注

第9步 进行第二层轴网标注，在工具选项栏中设置"拾取"方式为"单个参照点"，然后在视图中依次单击各个轴线进行标注，如图8-126所示。如果在捕捉对象时，没有捕捉到合适的捕捉点，可以按Tab键进行切换。

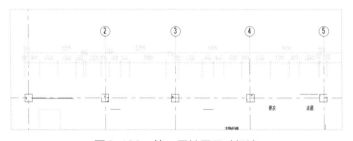

图8-126　第二层轴网尺寸标注

说明：如果对标注所参照的对象不满意或捕捉点错误，可以再次单击标注捕捉点，取消标注。选择标注后，从右向左拖曳第一个控制点，可以控制尺寸界线的长度；拖曳第二个控制点，可以重新捕捉标注点。

第10步 按照相同的方法完成第三层整体尺寸标注，如图8-127所示。按上述步骤完成其他区域的尺寸标注。

第11步 标注完成后，在"属性"面板选中"裁剪视图"和"裁剪区域可见"两个复选框，如图8-128所示。

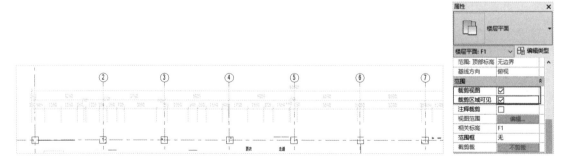

图8-127　第三层整体尺寸标注　　　　图8-128　"属性"面板

第12步▶ 适当调整裁剪框范围，如图8-129所示。

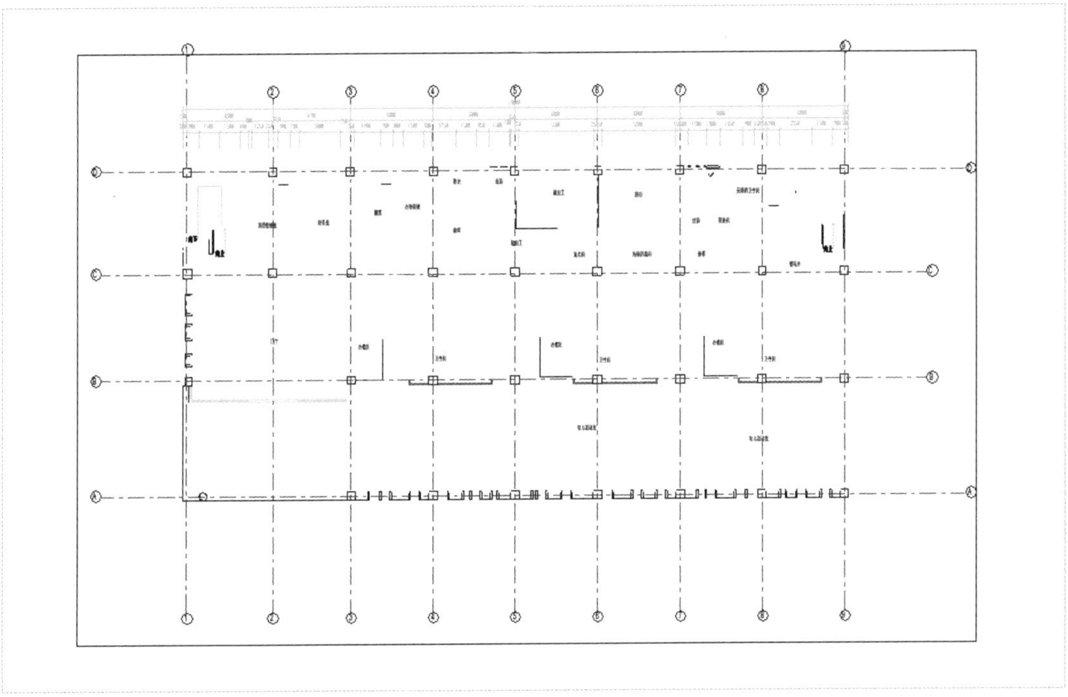

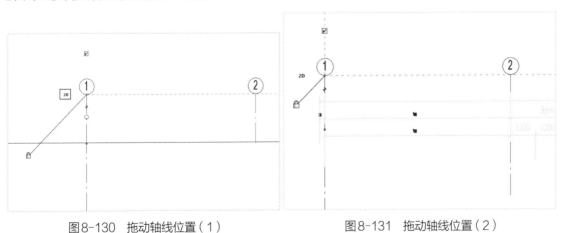

图8-129 调整裁剪框

第13步▶ 选中其中任意一根轴线，在选中轴线时默认为3D，拖曳轴线至裁剪框外后会自动显示为2D，松开鼠标左键，如图8-130所示。然后单击轴线，拖曳至裁剪框内合适的位置，如图8-131所示，此时轴线状态更改为2D状态。

图8-130 拖动轴线位置（1）　　　　图8-131 拖动轴线位置（2）

第14步▶ 依次拖曳其他方向的轴线，将其状态更改为2D状态，然后放置于合适的位置，最后单击"隐藏裁剪区域"按钮关闭裁切框，最终效果如图8-132所示。

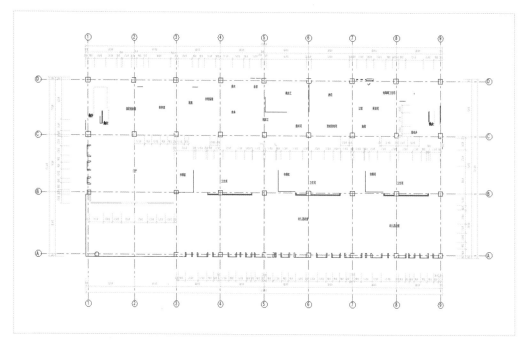

图 8-132　最终效果

8.3.12　实例：立面图标注

本实例通过运用"对齐"工具，完成楼层立面的尺寸标注，最终效果如图8-133所示。

图 8-133　最终效果

操作步骤

第1步 ▶ 打开"素材文件\第8章\8-6.rvt"文件，进入南立面视图，调整视觉样式为"隐藏线"，如图8-134所示。

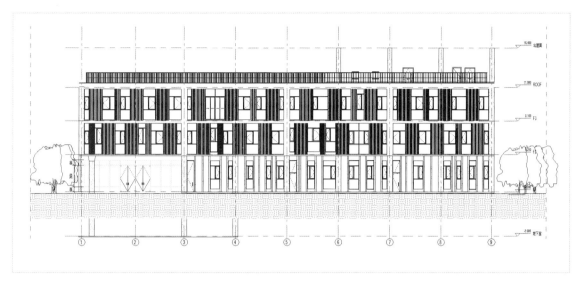

图8-134　南立面视图

第2步 ▶ 选择任意标高，在"属性"面板中单击"编辑类型"按钮。在"类型属性"对话框中，设置"颜色"为"红色"，选中"端点1处的默认符号""端点2处的默认符号"复选框，单击"确定"按钮，如图8-135所示。

第3步 ▶ 在"属性"面板选中"裁剪视图"和"裁剪区域可见"复选框，并拖曳裁剪框下方的控制柄至室外地坪标高的位置，如图8-136所示。将地下部分的图形在立面视图中裁剪掉。

图8-135　编辑标高参数

图8-136　调整裁剪框

第4步 ▶ 使用快捷键VV打开"可见性/图形替换"对话框，取消选中"植物"复选框，如图8-137所示。进入"注释类别"选项卡，取消选中"参照平面"复选框，最后单击"确定"按钮，如图8-138所示。

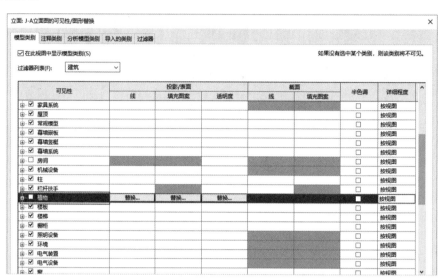

图8-137　控制图元可见性（1）

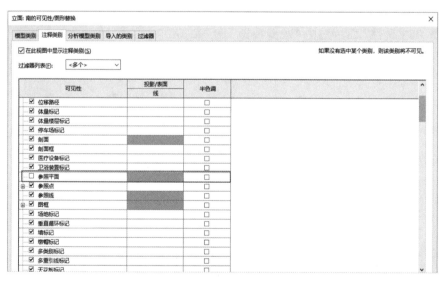

图8-138　控制图元可见性（2）

技巧：对于需要重复设置的视图属性，可以将其生成视图样板供其他视图使用。这样可以减少很多重复性工作，提高工作效率。

第5步 ▶ 拖曳裁剪框两侧，将标高置于裁剪框外，转换为2D模式，如图8-139所示。最后在视图控制栏中单击"隐藏裁剪区域"按钮，关闭裁剪框。

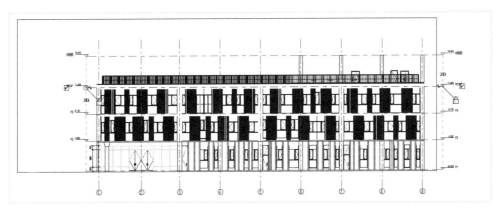

图 8-139　调整轴网模式

第6步 ► 调整标高线段长度，然后进入"注释"选项卡，单击"对齐"按钮（快捷键为 DI），在"属性"面板中选择"对角线 −3.5mm"样式，在视图中进行尺寸标注，如图 8-140 所示。

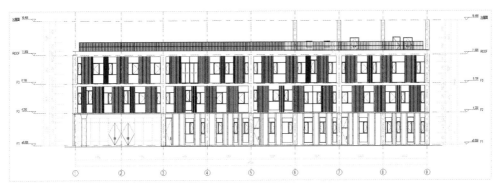

图 8-140　添加尺寸标注

第7步 ► 在"注释"选项卡中单击"高程点"按钮（快捷键为 EL），在"属性"面板中选择"三角形（项目）"样式，并在视图中放置高程点标注，如图 8-141 所示。

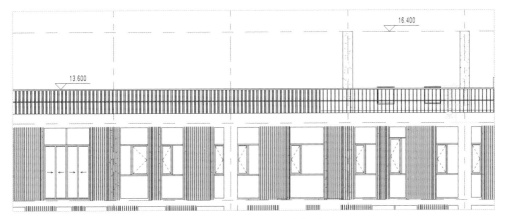

图 8-141　放置高程点标注

第8步 ▶ 缩放视图，查看标注完成的最终效果，如图 8-142 所示。按照同样的方式完成其他立面标注。

图 8-142　最终效果

8.3.13　实例：创建剖面图并标注

本实例通过运用"剖面"工具创建剖面视图，并使用"对齐""高程点"等工具完成信息标注，最终效果如图 8-143 所示。

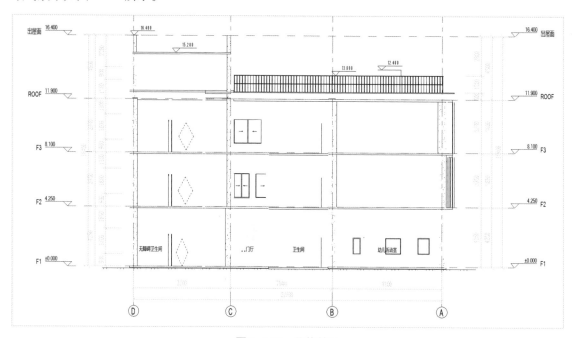

图 8-143　最终效果

操作步骤

第1步 ▶ 打开"素材文件\第8章\8-7.rvt"文件，打开一层平面。然后进入"视图"选项卡，单击"剖面"按钮，如图8-144所示。

第2步 ▶ 在"属性"面板中选择"剖面建筑剖面"类型，如图8-145所示。

图8-144 单击"剖面"按钮

图8-145 选择"剖面
建筑剖面"类型

第3步 ▶ 将光标定位于8轴左侧的位置单击确定起点，向下移动光标再次单击确定终点，如图8-146所示。

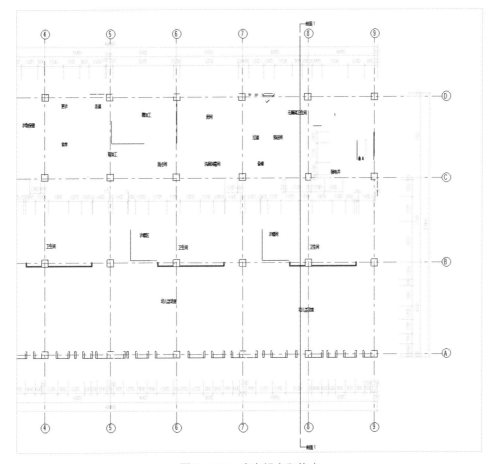

图8-146 确定起点和终点

第4步 双击剖面符号的蓝色标头,进入相应的剖面视图,如图8-147所示。

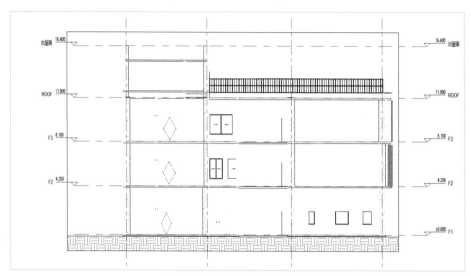

图8-147　剖面视图

第5步 使用快捷键VV,打开"可见性/图形替换"对话框,分别设置"楼板""屋顶"的截面"填充图案"为"实体填充",颜色为"深灰色",如图8-148所示。

图8-148　修改图元样式

第6步 ▶ 进入"建筑"选项卡，单击"标记房间"下拉菜单中的"标记所有未标记的对象"按钮，如图8-149所示。接着，在打开的"标记所有未标记的对象"对话框中，选中"房间标记"复选框，单击"确定"按钮，如图8-150所示。

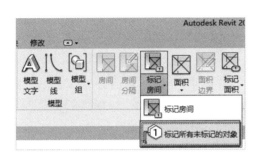

图8-149 单击"标记所有未标记的对象"按钮　　　　图8-150 选中"房间标记"复选框

第7步 ▶ 拖曳轴线标头至合适的位置，然后调整裁剪框，裁剪室外地坪以下位置，最后关闭裁剪框显示。接着进入"注释"选项卡，单击"对齐"按钮，对剖面视图进行尺寸标注，如图8-151所示。

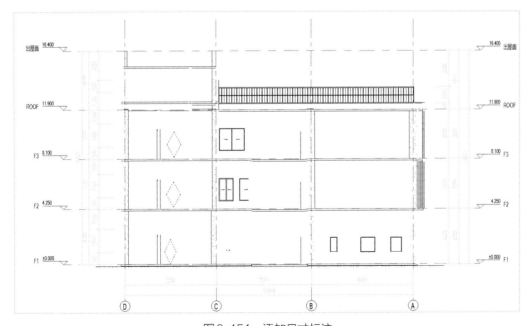

图8-151 添加尺寸标注

第8步 ▶ 在"注释"选项卡中单击"高程点"按钮，在视图中屋顶、女儿墙顶、栏杆顶部添加高程点，如图8-152所示。

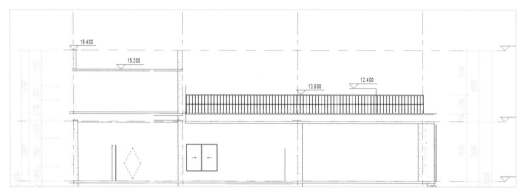

图8-152　添加高程点

随后在"项目浏览器"中将视图名称修改为"1-1剖面"，如图8-153所示。

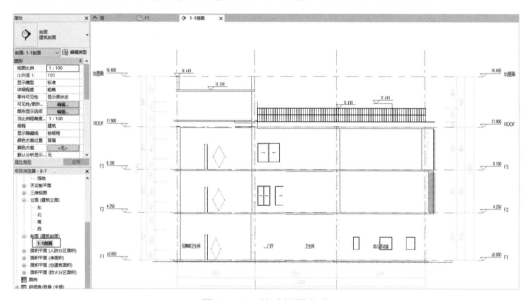

图8-153　修改视图名称

8.4　详图

通过使用"详图线"工具可以创建详图视图和绘图视图，添加详细信息、隔热层、填充区域和遮罩区域等。

8.4.1　详图线

"详图线"工具可以用于创建详图的详图线。详图线只在绘制它们的详图中可见。若要绘制存在于三维空间中并显示在所有视图中的线，可以使用"模型线"工具。

将视图切换至相关详图视图，单击"注释"选项卡→"详图"面板→"详图线"按钮，如图8-154所示。

在"属性"面板中设置线样式，然后在视图中绘制详图线，如图8-155所示。

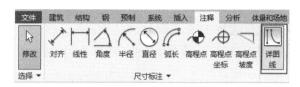

图8-154 单击"详图线"按钮

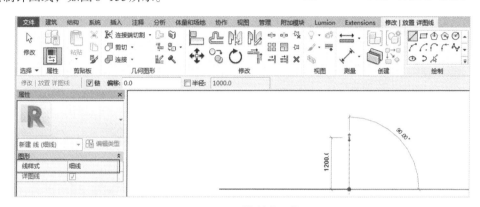

图8-155 绘制详图线

工具选项栏中的选项说明如下。

链：表示选中该复选框后，允许使用鼠标进行连续绘制，所绘制的详图线将自动形成连续的线链。

偏移：表示实际绘制的详图线与光标指示位置之间的偏移距离。

半径：选中该复选框后，可以通过输入数字来精准确定圆弧的半径。

8.4.2 实例：绘制立面轮廓

本实例通过运用"详图线"工具绘制立面轮廓，最终效果如图8-156所示。

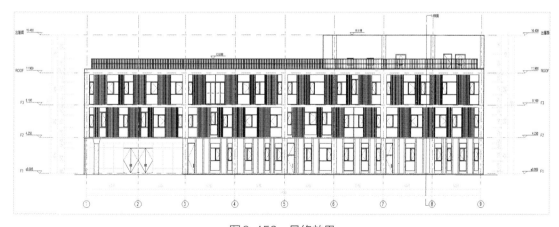

图8-156 最终效果

操作步骤

第1步 ▶ 打开"素材文件\第8章\8-8.rvt"文件，打开南立面视图。进入"管理"选项卡，单击"其他设置"下拉菜单中的"线样式"按钮 🔲，如图8-157所示。

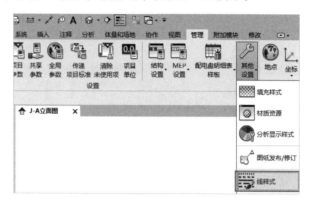

图8-157　单击"线样式"按钮

第2步 ▶ 在"线样式"对话框中单击"新建"按钮，然后在打开的"新建子类别"对话框中，输入名称为"立面轮廓线"，单击"确定"按钮，如图8-158所示。

图8-158　新建线样式

第3步 ▶ 返回"线样式"对话框，设置"立面轮廓线"类别的"投影"为"6"，"线颜色"为蓝色。最后单击"确定"按钮，如图8-159所示。

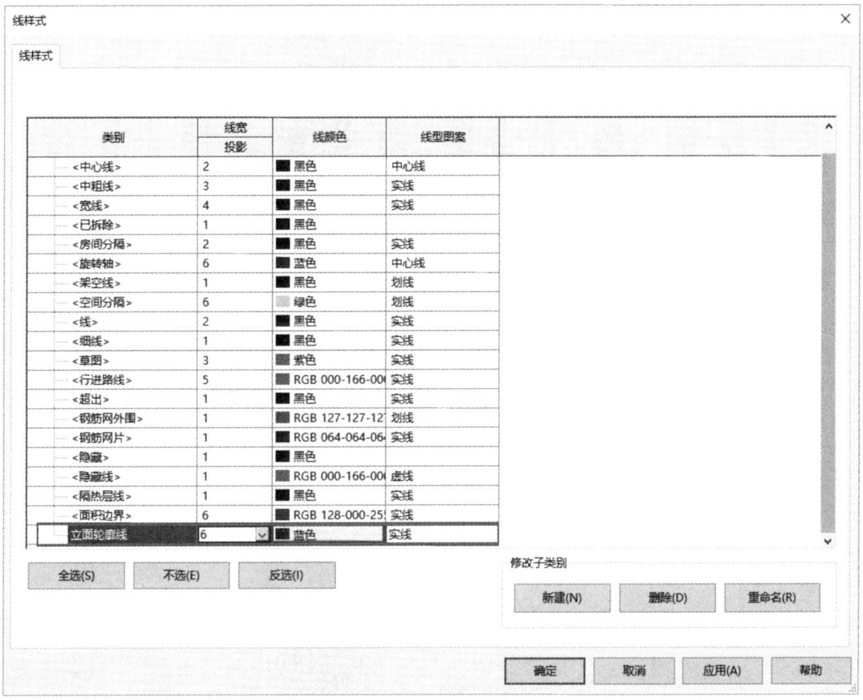

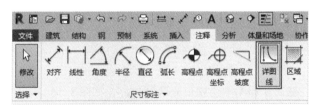

图8-159　设置子类别样式

第4步 ▶ 进入"注释"选项卡，单击"详图线"按钮（快捷键为DL），如图8-160所示。

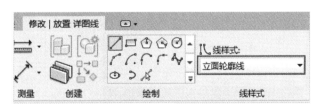

图8-160　单击"详图线"按钮

第5步 ▶ 在"修改|放置 详图线"选项卡中，选择"线样式"为"立面轮廓线"，接着选择"直线"工具，如图8-161所示。

图8-161　"修改|放置 详图线"选项卡

第6步 ▶ 单击快速访问工具栏中的"细线"按钮或使用快捷键TL，关闭视图细线显示模式。开始沿着立面外轮廓绘制立面轮廓线，如图8-162所示。按照同样的方式完成其他立面轮廓线绘制。

图 8-162　绘制立面轮廓线

8.4.3　详图区域的创建

详图区域包括填充区域和遮罩区域。使用"填充区域"工具，可以在视图中为封闭的区域创建图案填充。与填充区域功能相反，使用"遮罩区域"工具，可以遮盖那些在当前视图中不需要显示的图元，以达到隐藏图元的目的。

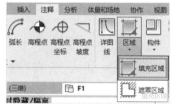

1. 填充区域的创建

将视图切换到需要创建填充区域的视图，单击"注释"选项卡→"详图"面板→"区域"下拉菜单→"填充区域"按钮 ，如图 8-163 所示。

图 8-163　单击"填充区域"按钮

选择填充区域类型，然后在视图中绘制填充区域边界，如图 8-164 所示。

绘制完成后，单击"完成"按钮，最终效果如图 8-165 所示。

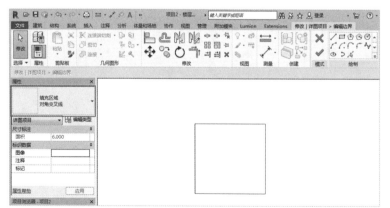

图 8-164　绘制填充区域边界

图 8-165　最终效果

2. 遮罩区域的创建

将视图切换到需要创建遮罩区域的视图，单击"注释"选项卡→"详图"面板→"区域"下拉菜单→"遮罩区域"按钮，如图 8-166 所示。

在视图中绘制遮罩区域边界，如图 8-167 所示。

绘制完成后，单击"完成"按钮，最终效果如图 8-168 所示。

图 8-166 单击"遮罩区域"按钮

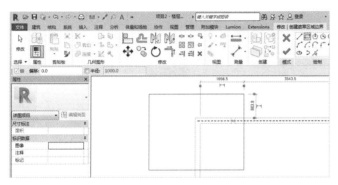

图 8-167 绘制遮罩区域边界

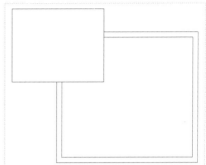

图 8-168 最终效果

8.4.4 详图构件

通过运用"详图构件"工具，用户可以在详图视图或绘图视图中放置详图构件。这些详图构件仅在其被放置的特定视图中可见。此外，用户还可以对详图构件添加注释记号，以提供额外的信息或说明。

将视图切换到需要放置详图构件的视图，单击"注释"选项卡→"详图"面板→"构件"下拉菜单→"详图构件"按钮，如图 8-169 所示。

选择详图构件类型，在视图中单击放置详图构件，如图 8-170 所示。

图 8-169 单击"详图构件"按钮

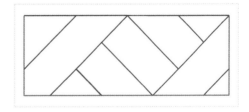

图 8-170 放置详图构件

8.4.5 详图组的创建和放置

详图组的创建和放置用于在项目中生成详图组或在视图中插入详图组，详图组包含视图专有图元，如文字和填充区域，但不包含模型图元。

1. 创建详图组

详图组的创建过程和模型组的创建过程有相似之处，可以通过两种方式进行创建。但两者所包含的图元性质不同。在视图中先选定相关图元，单击"注释"选项卡→"详图"面板→"详图组"下拉菜单→"创建组"按钮，如图 8-171 所示。

弹出"创建详图组"对话框，输入详图组名称并单击"确定"按钮，即可完成详图组的创建，如图 8-172 所示。

图 8-171　单击"创建组"按钮　　　　　　　　图 8-172　创建详图组

2. 放置详图组

在完成详图组的创建后，就可以在视图中放置详图组的实例。如果项目文件中不包含任何详图组，可以通过创建组工具或作为组载入工具将一个详图组载入项目中。

单击"注释"选项卡→"详图"面板→"详图组"下拉菜单→"放置详图组"按钮，如图 8-173 所示。选择详图组类型，将光标移动到绘图区域的合适位置，单击完成详图组的放置，如图 8-174 所示。

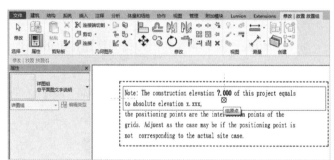

图 8-173　单击"放置详图组"按钮　　　　　　　图 8-174　放置详图组

8.5　文字

在项目文件中不论是简单的文字描述还是编写设计说明，会遇到大量的文字及段落，都可以利用"文字"命令来实现。

8.5.1　文字设置

将文字注释放置到视图中之前，需要对文字进行相关的参数设置。

单击"注释"选项卡→"文字"面板→"文字"按钮 **A**，如图8-175所示。

在"属性"面板中选择任意文字类型，然后单击"编辑类型"按钮。在"类型属性"对话框中，可以设置文字字体、文字大小等参数，如图8-176所示。

图8-175　单击"文字"按钮　　　　　　　　图8-176　修改文字参数

8.5.2　文字的添加

将已完成设置的文字注释放置到项目视图中。

单击"注释"选项卡→"文字"面板→"文字"按钮 **A**，在"属性"面板中选择需要创建的文字类型，然后在视图中单击开始输入文字，如图8-177所示。

图8-177　输入文字

8.6　标记

使用"标记"工具在图纸中识别图元的注释，并将这些标记正确地附着到选定的图元上。

8.6.1　按类别标记

按类别标记是一种方法，用于根据图元的类别自动将相应的标记附着到图元上。

打开要进行标记的视图，单击"注释"选项卡→"标记"面板→"按类别标记"按钮，如图8-178所示。

选择需要标记的对象，系统会自动识别并创建标记，如图8-179所示。

图8-178　单击"按类别标记"按钮

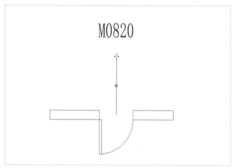

图8-179　创建标记

8.6.2　全部标记

如果视图中的一些图元或全部图元没有标记，那么通过一次操作即可将标记应用到所有未标记的图元。

打开要进行标记的视图，单击"注释"选项卡→"标记"面板→"全部标记"按钮，如图8-180所示。

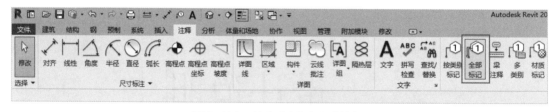

图8-180　单击"全部标记"按钮

软件弹出"标记所有未标记的对象"对话框，选中需要进行标记的类别，如图8-181所示。

单击"确定"按钮，系统会根据设置自动标记未标记的对象，如图8-182所示。

图8-181　选择标记类别

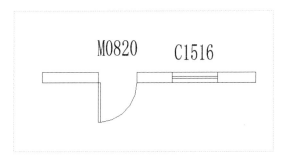

图8-182　自动标记结果

8.6.3　实例：添加门窗标记与文字注释

本实例通过运用"全部标记"工具，完成门窗的类型标记，最终效果如图8-183所示。

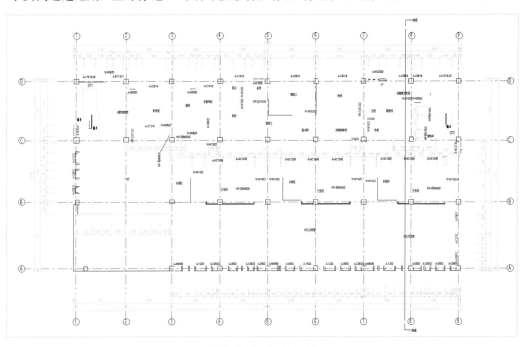

图8-183　最终效果

操作步骤

第1步　打开"素材文件\第8章\8-9.rvt"文件，打开F1楼层平面。进入"注释"选项卡，单击"全部标记"按钮，如图8-184所示。

图 8-184　单击"全部标记"按钮

第2步 ▶ 在打开的"标记所有未标记的对象"对话框中，选中"窗标记"与"门标记"两个类别，单击"确定"按钮，如图 8-185 所示。

第3步 ▶ 在当前视图中，大部分门窗自动生成标记，但由于个别门窗并非水平放置，因此要先选中该标记，然后单击"编辑族"按钮，如图 8-186 所示。

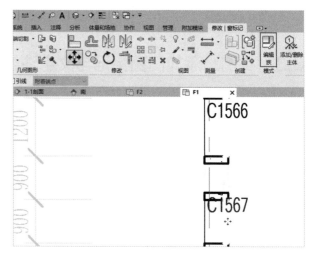

图 8-185　选中"窗标记"和"门标记"类别　　　图 8-186　选中标记并单击"编辑族"按钮

第4步 ▶ 进入族环境之后，在"属性"面板中选中"随构件旋转"复选框，单击"载入到项目"按钮，如图 8-187 所示。门标记按同样的方法编辑。

第5步 ▶ 在"族已存在"对话框中，选择"覆盖现有版本"选项，如图 8-188 所示。观察替换之后的门窗标记，如图 8-189 所示。

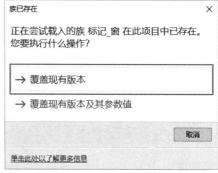

图 8-187　族环境　　　　　　　　　图 8-188　选择"覆盖现有版本"选项

第6步 ► 此时门窗标记的编号都存在问题，在"属性"面板中单击"编辑类型"按钮。在"类型属性"对话框中将"类型标记"参数修改为与"类型"参数一致的名称，单击"确定"按钮，如图 8-190 所示。

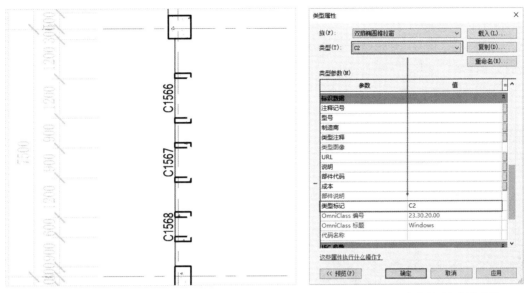

图 8-189　替换门窗标记　　　　　　图 8-190　更改"类型标记"参数

第7步 ► 将完成的门窗标记移动到合适的位置。如果需要变换方向，可以按 Space 键。最终效果如图 8-191 所示。

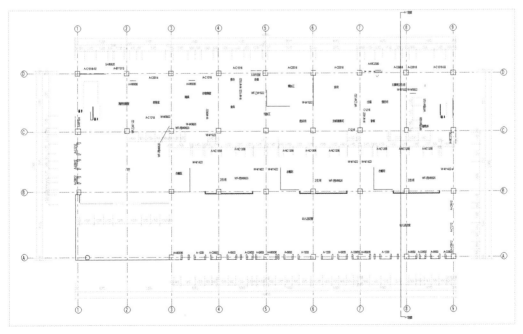

图 8-191　最终效果

第8步▶ 在"注释"选项卡中单击"文字"按钮（快捷键为TX），如图8-192所示。

第9步▶ 在视图中楼梯的位置输入文字"ST1"，然后在空白处单击完成输入，接着将文字拖曳至合适的位置，如图8-193所示。

第10步▶ 将输入完成的文字复制到视图右下角楼梯间的位置，然后双击文字进入编辑模式，输入文字"ST2"。接着，在空白区域单击完成修改，如图8-194所示。按照相同的方法，完成其他区域的文字注释。

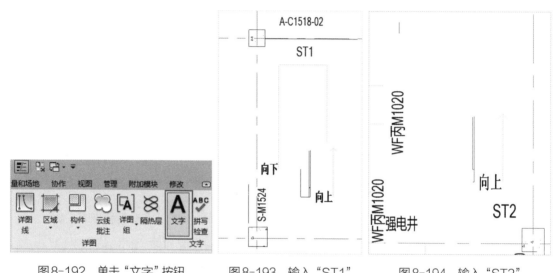

图8-192 单击"文字"按钮　　图8-193 输入"ST1"　　图8-194 输入"ST2"

8.6.4 梁注释

通过使用"梁注释"工具，可以将多个梁标记、梁注释和高程点放置在当前视图和链接模型中的选定梁或所有梁上。

单击"注释"选项卡→"标记"面板→"梁注释"按钮，如图8-195所示。

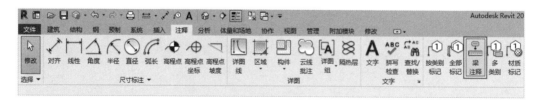

图8-195 单击"梁注释"按钮

软件弹出"梁注释"对话框，设置相关参数，如图8-196所示。

单击"确定"按钮，系统将自动标记当前视图的所有梁，最终效果如图8-197所示。

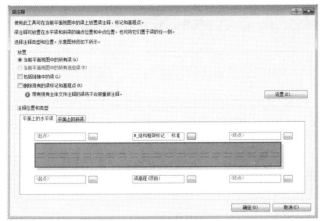

图8-196　设置相关参数

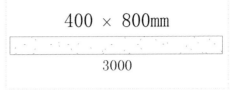

图8-197　最终效果

8.6.5　材质标记

通过使用"材质标记"工具，可以根据选定图元的材质说明对选定图元的材质进行标记。

单击"注释"选项卡→"标记"面板→"材质标记"按钮，如图8-198所示。

图8-198　单击"材质标记"按钮

选择某种材质标记样式，将光标置于需要标记材质的对象上单击，然后移动至合适的位置，再次单击确定材质标记放置的位置，最终效果如图8-199所示。

图8-199　最终效果

8.7 符号

通过使用"符号"工具，可以将二维的注释图形符号放置在项目视图中，且放置的符号只在其所在的视图中显示。

8.7.1 符号添加

使用"符号"工具可以在视图中放置二维注释符号。下面以放置二维注释符号指北箭头为例来说明符号添加的步骤。

将视图切换到楼层平面视图中，单击"注释"选项卡→"符号"面板→"符号"按钮▦，如图 8-200 所示。在"属性"面板中选择需要放置的符号类型，然后在视图中单击放置，如图 8-201 所示。

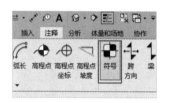

图 8-200 单击"符号"按钮

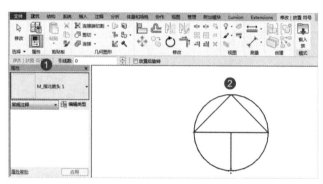

图 8-201 放置符号

8.7.2 实例：添加室内高程与指北针

本实例通过运用"符号""高程点"工具，完成室内高程和指北针的放置，最终效果如图 8-202 所示。

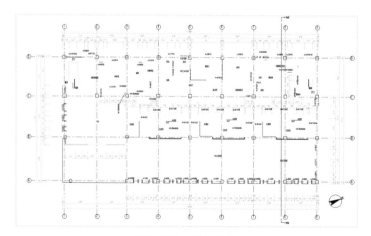

图 8-202 最终效果

操作步骤

第1步 ▶ 打开"素材文件\第8章\8-10.rvt"文件，进入"注释"选项卡，单击"符号"按钮，如图8-203所示。

第2步 ▶ 在"属性"面板中选择"标高_卫生间"符号，然后在"卫生间"房间中单击进行放置，如图8-204所示。

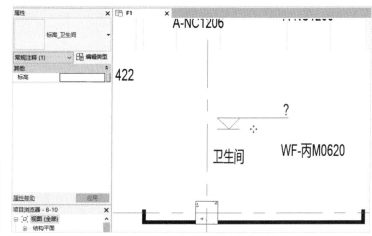

图8-203　单击"符号"按钮　　　　　　　　　　图8-204　放置符号

第3步 ▶ 选中刚放置的高程点符号，然后在"属性"面板中设置"标高"为"-0.050"，所放置的卫生间高程点符号的数值也会同步更改，如图8-205所示。按照相同的方法完成其他卫生间高程点的放置。

第4步 ▶ 继续单击"符号"按钮，在"属性"面板中选择"符号_指北针 填充"符号，如图8-206所示。最后在工具选项栏中，选中"放置后旋转"复选框，如图8-207所示。

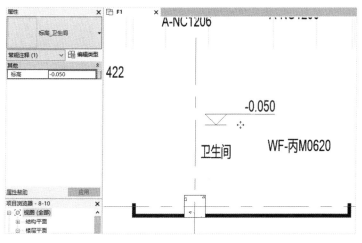

图8-206　选择"符号_
指北针 填充"符号

图8-205　修改高程　　　　　　　　图8-207　选中"放置后旋转"复选框

第5步 ▶ 在绘制区域的右下角位置单击，确定放置点，然后向右旋转，输入数值"-67"，如图8-208所示。

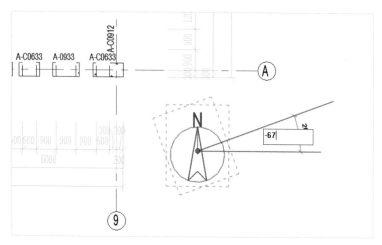

图 8-208　输入数值"-67"

第6步 ▶ 接着按Enter键，确认旋转角度，最终效果如图8-209所示。

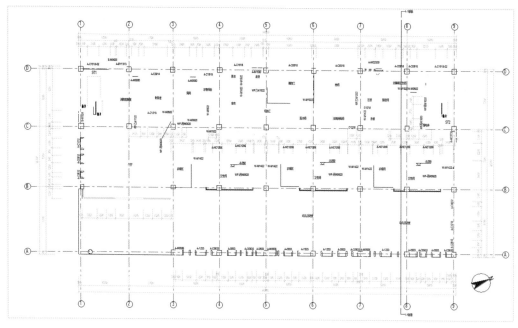

图 8-209　最终效果

8.7.3　实例：创建楼梯平面详图

本实例通过运用"详图索引"工具创建楼梯平面详图，并使用"符号"工具完成信息标注，最终效果如图8-210所示。

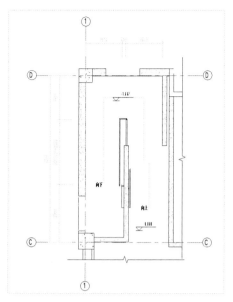

图 8-210 最终效果

操作步骤

第1步 ➤ 打开 "素材文件\第8章\8-11.rvt" 文件，打开一层平面。进入 "视图" 选项卡，单击 "详图索引" 按钮，如图 8-211 所示。

第2步 ➤ 在平面视图中找到 "ST1" 楼梯所在位置，拖曳鼠标并单击，创建详图索引范围框，如图 8-212 所示。

第3步 ➤ 双击蓝色标头进入楼梯详图，然后进入 "注释" 选项卡，单击 "符号" 按钮，在 "属性" 面板选择 "符号剖断线" 按钮，如图 8-213 所示。

图 8-211 单击 "详图索引" 按钮

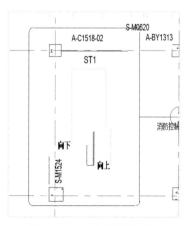

图 8-212 创建详图索引
范围框

图 8-213 选择 "符号剖断线" 按钮

第4步 ▶ 分别在楼梯的右侧和下方放置剖断线，并设置剖断线所需的长度，最后单击"隐藏裁剪区域"按钮，隐藏裁剪框，如图8-214所示。

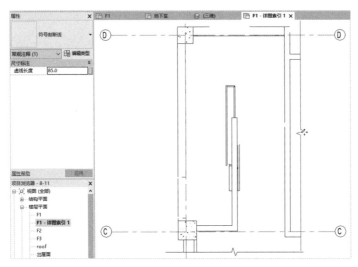

说明：在放置剖断线的时候可以按下键盘上的Space键来切换剖断线的方向。

图8-214 放置剖断线

第5步 ▶ 进入"注释"选项卡，单击"区域"下拉菜单中的"填充区域"按钮，如图8-215所示。

第6步 ▶ 在"属性"面板选择"填充区域砌体-加气砼"，然后使用"直线"工具分别在视图中采用加气砼材料的墙体上绘制轮廓，最后单击"完成"按钮，如图8-216所示。

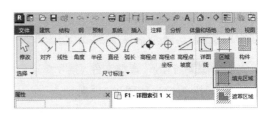

图8-215 单击"填充区域"按钮

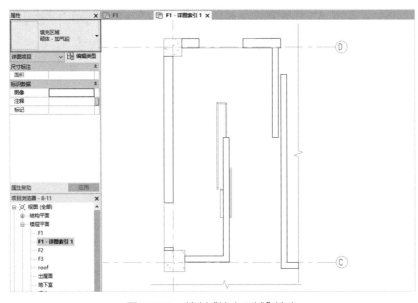

图8-216 绘制"填充区域"轮廓

第7步 ▶ 将视图详细程度调整为"精细"，然后添加尺寸标注与高程点，如图8-217所示。

第8步 ▶ 双击楼梯标注中段数值，在打开的"尺寸标注文字"对话框中，在"尺寸标注值"下，选中"以文字替换"单选按钮，输入"280×10=2800"，单击"确定"按钮，如图8-218所示。

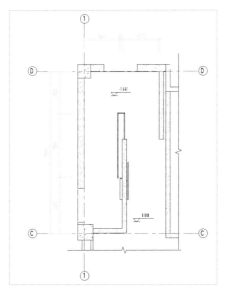

图8-217 添加尺寸标注与高程点

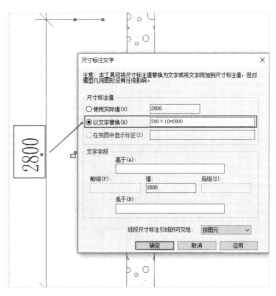

图8-218 替换标注中段数值

第9步 ▶ 进入"注释"选项卡，单击"楼梯路径"按钮，依次拾取两个梯段完成楼梯路径的添加，如图8-219所示。

8.7.4 实例：创建楼梯剖面详图

本实例通过运用"剖面"工具创建楼梯剖面详图，并使用"对齐""高程点"等工具完成信息标注，最终效果如图8-220所示。

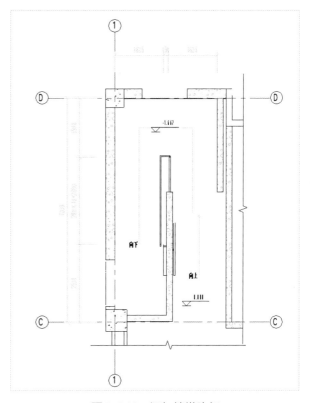

图8-219 添加楼梯路径

操作步骤

第1步 ▶ 打开"素材文件\第8章\8-12.rvt"文件，切换至"视图"选项卡，单击"剖面"按钮，在楼梯右侧绘制剖面符号，如图8-221所示。

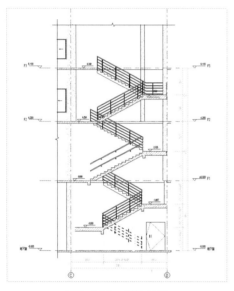

图8-220　最终效果

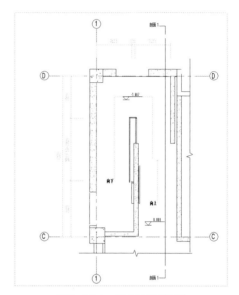

图8-221　绘制剖面符号

第2步 ▶ 双击剖面符号标头，进入楼梯剖面图，将视图详细程度调整为"精细"，然后拖曳裁剪框至合适大小，如图8-222所示。

第3步 ▶ 单击"隐藏裁剪区域"按钮，关闭剪裁框。进入"注释"选项卡，单击"符号"按钮，依次在墙体截断处放置"剖断线"符号，如图8-223所示。

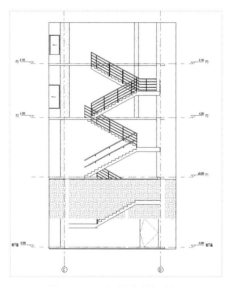

图8-222　调整裁剪框范围

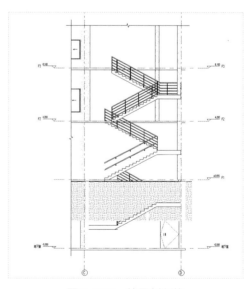

图8-223　放置剖断线

第4步 使用快捷键VV打开"可见性/图形替换"对话框，取消选中"地形"复选框。然后进入"注释"选项卡，分别单击"对齐""高程点"按钮，添加尺寸标注与高程点，如图8-224所示。

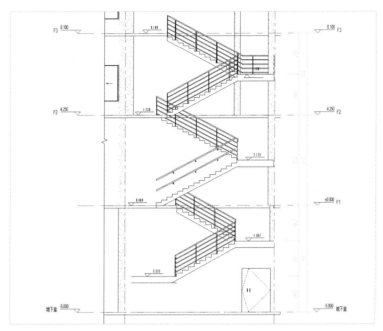

图8-224 添加尺寸标注与高程点

第5步 设置地下室梯段标注数值分别为"151.5×11=1667"，如图8-225所示。

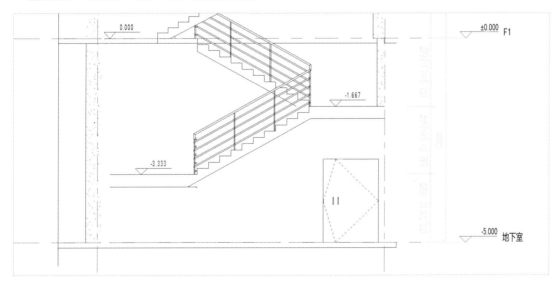

图8-225 修改标注数值

第6步 进入"视图"选项卡，单击"显示隐藏线"按钮。首先拾取遮挡楼梯的墙体，其次拾取被遮挡的栏杆扶手和楼梯，如图8-226所示。

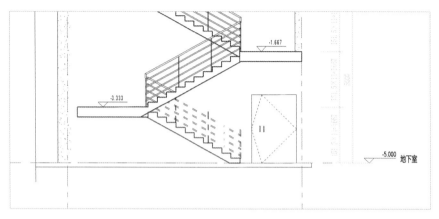

图 8-226　显示隐藏线

说明：由于软件限制，栏杆扶手可以正常显示隐藏线，而楼梯则无法显示。

第7步 ▶ 使用快捷键 VV 打开 "可见性 / 图形替换" 对话框，将 "楼板" "楼梯" 的截面填充图案修改为 "混凝土 - 钢砼"，如图 8-227 所示。

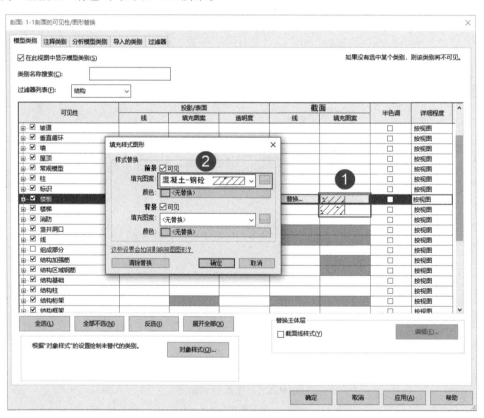

图 8-227　修改填充图案

第8步 ▶ 进入 "视图" 选项卡，单击 "剖切面轮廓" 按钮，如图 8-228 所示。

第9步 ▶ 拾取地下室楼梯歇脚平面，进入绘制草图模式。然后使用"直线"工具，以顺时针方向绘制梯梁轮廓，最后单击"完成"按钮，如图8-229所示。

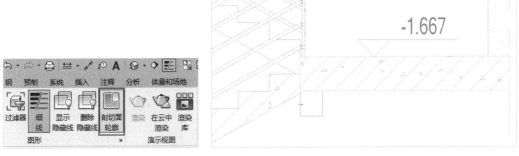

图8-228 单击"剖切面轮廓"按钮   图8-229 绘制梯梁轮廓

技巧：在绘制剖切面轮廓时，最好选择顺时针方向进行绘制。如果选择逆时针方向进行绘制，那么绘制的轮廓填充将无法正常显示。这时，可以双击剖切面轮廓线，在编辑草图状态下单击"翻转箭头"＋，使箭头方向朝内侧，单击"完成"按钮，会发现剖切面轮廓将正常显示。

第10步 ▶ 按照同样的方法，添加其他位置的梯梁，最终效果如图8-230所示。

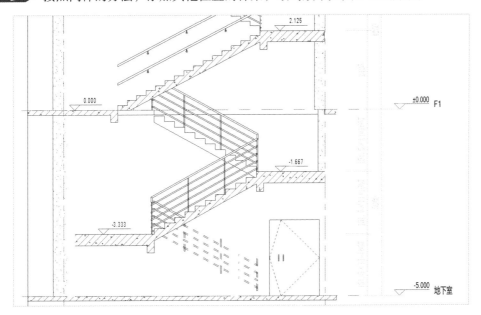

图8-230 最终效果

8.7.5 实例：创建节点详图

本实例通过运用"绘图视图和详图组"工具完成节点项目的创建，并使用"详图索引"工具完成了对节点详图的索引工作，最终效果如图8-231所示。

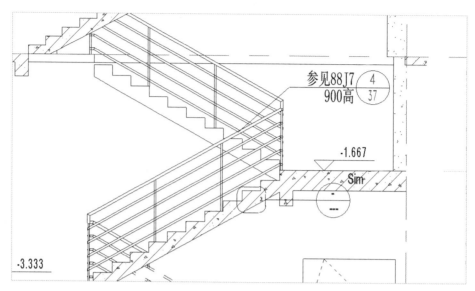

图 8-231　最终效果

操作步骤

第1步 打开"素材文件\第8章\8-13.rvt"文件，进入"插入"选项卡，单击"载入族"按钮。在"载入族"对话框中，进入"素材文件\第8章\族"文件夹，然后选择"索引图号"族，单击"打开"按钮，如图8-232所示。

第2步 进入"注释"选项卡，单击"符号"按钮，在视图中栏杆的上方放置索引图号，如图8-233所示。

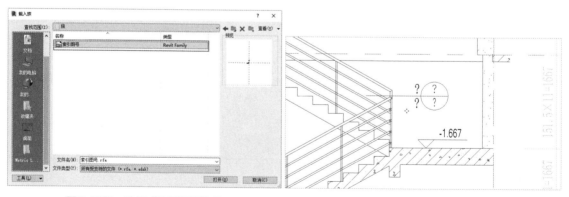

图8-232　选择"索引图号"族　　　　图8-233　放置索引图号

第3步 选中刚创建的索引图号，单击"添加"按钮，然后将引线端点移动至楼梯扶手的位置，如图8-234所示。

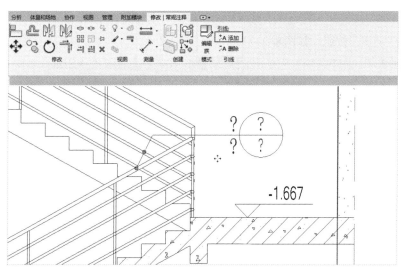

图 8-234　添加引线

第4步 ▶ 拖曳引线的位置指向栏杆，然后选择索引图号族，在"属性"面板中输入相关信息，如图 8-235 所示。

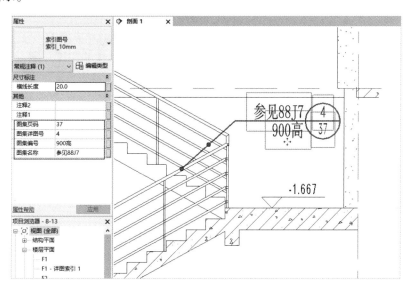

图 8-235　输入索引信息

第5步 ▶ 进入"插入"选项卡，单击"作为组载入"按钮，如图 8-236 所示。

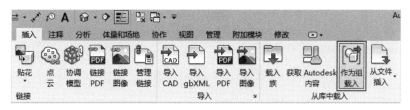

图 8-236　单击"作为组载入"按钮

第6步▶ 在"将文件作为组载入"对话框中，进入"素材文件\第8章"文件夹，选择"楼梯踏步"文件，单击"打开"按钮，如图8-237所示。

第7步▶ 进入"视图"选项卡，单击"绘图视图"按钮，如图8-238所示。

第8步▶ 在打开的"新绘图视图"对话框中，输入名称为"楼梯踏步节点"，设置"比例"为"1:5"，最后单击"确定"按钮，如图8-239所示。

图8-237 选择"楼梯踏步"文件

图8-238 单击"绘图视图"按钮

图8-239 设置新绘图视图参数

第9步▶ 进入"注释"选项卡，单击"详图组"下拉菜单中的"放置详图组"按钮，如图8-240所示。

第10步▶ 在"属性"面板中选择"详图组 楼梯踏步"按钮，然后在视图中单击放置详图组，如图8-241所示。如果详图组的方向翻转了，可以使用镜像工具将其翻转回正确的方向。

图8-240 单击"放置详图组"按钮

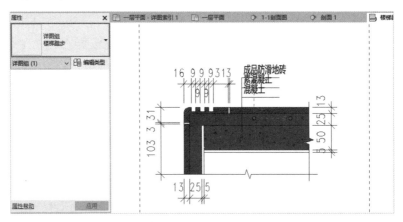

图8-241 放置详图组

第11步▶ 返回"剖面1"视图，进入"视图"选项卡，单击"详图索引"按钮，选择详图类型为

"详图"。在"参照"面板中，选中"参照其他视图"复选框，然后选择"绘图视图：楼梯踏步节点"视图，如图 8-242 所示。

第12步 ▶ 将光标定位于楼梯踏步处，拖曳创建详图索引框，如图 8-243 所示。

第13步 ▶ 双击详图索引符号，自动切换到楼梯踏步节点，如图 8-244 所示。最终效果如图 8-245 所示。

图 8-242 设置参照视图

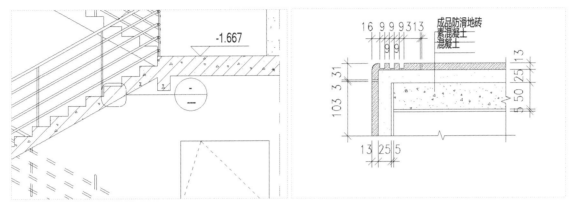

图 8-243 创建详图索引框　　　　图 8-244 楼梯踏步节点

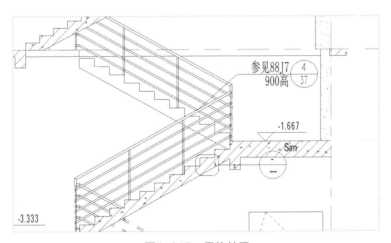

图 8-245 最终效果

8.8 明细表

Revit 软件根据所创建的明细表类型的不同，主要可以分为以下几大类：明细表/数量、图形柱明细表、材质提取、图纸列表、注释块和视图列表等。

8.8.1 创建统计明细表

明细表以表格的形式显示信息，这些信息是从项目中的图元属性中提取的。明细表能够列出需要编制明细的所有图元类型的每个实例，或者根据明细表的分组和过滤标准，将满足条件的多个实例合并或压缩到一行中显示。当项目内容发生修改时，所有相关的明细表都会自动进行更新。

单击"视图"选项卡→"创建"面板→"明细表"下拉菜单→"明细表/数量"按钮▦，如图8-246所示。

图8-246　单击"明细表/数量"按钮

弹出"新建明细表"对话框，如图8-247所示。在该对话框中，单击"过滤器列表"下拉按钮，选中将要创建的明细表的类别所属专业名称前的复选框，然后在下边的"类别"列表框中选择统计类别，并单击"确定"按钮。此时会弹出"明细表属性"对话框，在左侧列表框中依次双击添加要统计的字段，添加在右侧列表框中，如图8-248所示。

图8-247　"新建明细表"对话框

图8-248　添加统计字段

最后单击"确定"按钮，将显示对应的明细表视图，窗明细表如图8-249所示。

〈窗明细表〉			
A	B	C	D
宽度	高度	底高度	合计
406	1830	305	1
610	1830	305	1
610	1830	305	1

图8-249　窗明细表

8.8.2　编辑明细表

创建完成的明细表往往需要进一步修改和调整，以达到美观且合适的效果。明细表的修改主要包括对明细表属性的修改以及使用明细表修改工具进行修改。

单击展开"项目浏览器"下的"明细表/数量"一栏，在树状目录中找到已创建的窗明细表。双击该明细表的名称，软件将跳转到该明细表的界面，如图8-250所示。此时，当前选项卡中会显示出各种用于修改明细表的工具按钮。

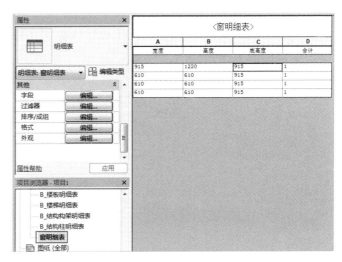

图8-250　明细表界面

在"属性"面板中，可以单击明细表每个选项后面的"编辑"按钮，就又回到了"明细表属性"对话框。在该对话框中，可以继续对明细表的格式、外观等进行详细的调整。在"明细表属性"对话框中，可以进入"过滤器"选项卡设置过滤条件。通过设置过滤条件，可以只显示符合过滤条件的结果，如图8-251所示。

进入"外观"选项卡，还可以对明细表外观样式进行设置，如图8-252所示。

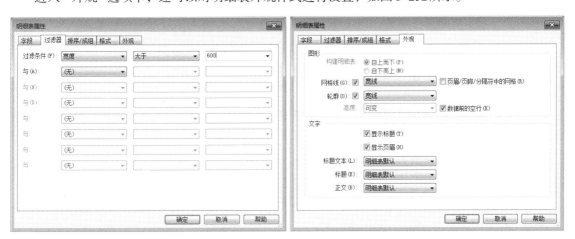

图8-251　"明细表属性"对话框　　　　　图8-252　设置明细表外观样式

修改、调整后的明细表可以添加到图纸视图中，也可以通过导出的方式，生成.txt文档存于计算机中。

8.8.3　实例：创建门窗表

本实例通过运用"明细表/数量"工具，完成门窗明细表的创建，最终效果如图8-253所示。

<门窗表>				
A	**B**	**C**	**D**	**E**
设计编号	洞口尺寸（mm）	数量	采用标准图集及编号	备注
A-0933	900×3300	6		
A-0936	900×3600	8		
A-1233	1200×3300	3		
A-1533	1500×3300	1		
A-BY0404	400×400	2		
A-BY1313	1250×1350	1		
A-BYC0918-01	900×1800	4		
A-BYC1223	1200×2250	1		
A-C0612	600×1200	2		
A-C0633	600×3300	5		
A-C0636	600×3600	11		
A-C0909	900×900	6		
A-C0912	900×1200	2		
A-C0918	900×1800	2		
A-C1212	1200×1200	3		
A-C1218	1200×1800	3		
A-C1236	1200×3600	14		
A-C1509	1500×900	1		
A-C1518	1500×1800	2		
A-C1518-02	1500×1800	4		
A-C1518-03	1500×1800	2		
A-C1536	1500×3600	16		
A-C1818	1800×1800	1		
A-C1836	1800×3600	2		
A-C2436	2400×3600	1		
A-C2536	2500×3600	1		
A-C3014	3000×1400	1		
A-C3409	3400×900	1		
A-C3421	3400×2100	2		
A-C3521	3500×2100	1		
A-C3721	3700×2100	4		
A-C3821	3800×2100	2		
A-C5121	5100×2100	1		
A-C5318	5300×1800	1		
A-C5518	5500×1800	1		
A-C5521	5500×2100	2		
A-NC0615	600×1500	1		
A-NC1206	1200×600	26		
A-NC1515	1500×1500	4		
C1218	1200×1800	3		
C2118	2100×1800	2		

图 8-253　最终效果

操作步骤

第1步 ▶ 打开"素材文件\第 8 章\8-14.rvt"文件，进入"视图"选项卡，单击"明细表"下拉菜单中的"明细表/数量"按钮，如图 8-254 所示。

第2步 ▶ 在"新建明细表"对话框中，选择"窗"类别，然后将名称修改为"门窗表"，单击"确定"按钮，如图 8-255 所示。

图 8-254　单击"明细表/数量"按钮

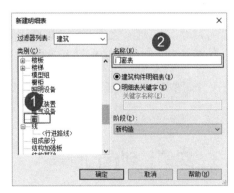

图 8-255　创建窗明细表

第3步 ▶ 在"明细表属性"对话框中，依次添加"类型""合计""注释""说明"字段，如图8-256所示。

第4步 ▶ 在"明细表属性"对话框中，单击"合并参数"按钮 ▤，如图8-257所示。

图8-256　添加字段　　　　　　　　　　　图8-257　单击"合并参数"按钮

第5步 ▶ 在"合并参数"对话框中，输入"合并参数名称"为"洞口尺寸（mm）"。然后依次双击"宽度""高度"参数，将其添加到"合并的参数"列表框中，并添加"宽度"参数的"后缀"为"×"，删除"分隔符"列的内容，最后单击"确定"按钮，如图8-258所示。

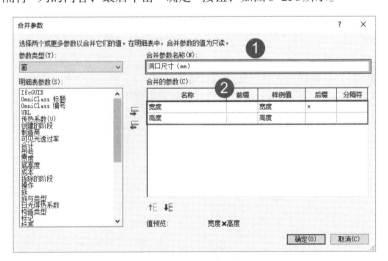

图8-258　设置参数名称

第6步 ▶ 返回"明细表属性"对话框，选择"洞口尺寸（mm）"字段，单击"上移参数"按钮 ㅌ，将其移动至"类型"字段的下方，如图8-259所示。

第7步 ▶ 进入"排序/成组"选项卡，然后修改排序方式为"类型"，取消选中"逐项列举每个实例"复选框，最后单击"确定"按钮，如图8-260所示。

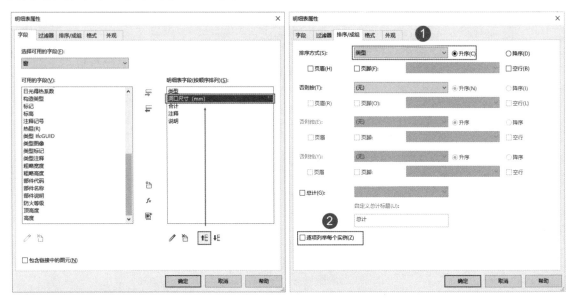

图8-259　上移参数　　　　　　　　　　　图8-260　修改排序方式

第8步 ▶ 进入"格式"选项卡，选中全部字段，然后修改对齐方式为"中心线"，如图8-261所示。

第9步 ▶ 进入"外观"选项卡，取消选中"数据前的空行"复选框，最后单击"确定"按钮，如图8-262所示。

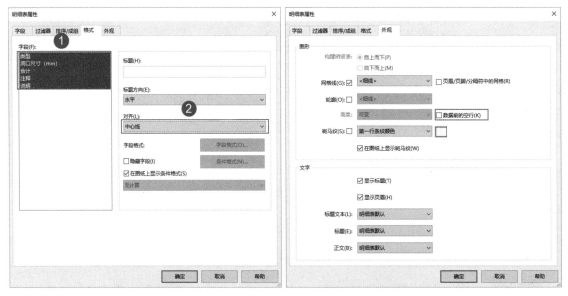

图8-261　设置对齐方式　　　　　　　　　图8-262　取消选中"数据前的空行"复选框

第10步 根据实际情况修改列标题名称及输入其他内容，最终效果如图8-263所示。

<门窗表>				
A	B	C	D	E
设计编号	洞口尺寸（mm）	数量	采用标准图集及编号	备注
A-0933	900×3300	6		
A-0936	900×3600	8		
A-1233	1200×3300	3		
A-1533	1500×3300	1		
A-BY0404	400×400	2		
A-BY1313	1250×1350	1		
A-BYC0918-01	900×1800	4		
A-BYC1223	1200×2250	1		
A-C0612	600×1200	2		
A-C0633	600×3300	5		
A-C0636	600×3600	11		
A-C0909	900×900	6		
A-C0912	900×1200	2		
A-C0918	900×1800	2		
A-C1212	1200×1200	3		
A-C1218	1200×1800	3		
A-C1236	1200×3600	14		
A-C1509	1500×900	1		
A-C1518	1500×1800	2		
A-C1518-02	1500×1800	4		
A-C1518-03	1500×1800	2		
A-C1536	1500×3600	16		
A-C1818	1800×1800	1		
A-C1836	1800×3600	2		
A-C2436	2400×3600	1		
A-C2536	2500×3600	1		
A-C3014	3000×1400	1		
A-C3409	3400×900	1		
A-C3421	3400×2100	2		
A-C3521	3500×2100	1		
A-C3721	3700×2100	4		
A-C3821	3800×2100	2		
A-C5121	5100×2100	1		
A-C5318	5300×1800	1		
A-C5518	5500×1800	1		
A-C5521	5500×2100	2		
A-NC0615	600×1500	1		
A-NC1206	1200×600	26		
A-NC1515	1500×1500	4		
C1218	1200×1800	3		
C2118	2100×1800	2		

图8-263　最终效果

8.8.4　材质提取统计

通过使用"材质提取"工具，可以创建涵盖所有Revit族类别的子构件或材质的详细列表。材质提取明细表不仅具备其他明细表视图的所有功能和特征，更重要的是，它允许我们深入了解组成构件的各个部分的材质及其数量。

材质提取明细表的创建与明细表/数量的创建方法大致相同，但界面和操作细节上可能略有不同。

单击"视图"选项卡→"创建"面板→"明细表"下拉菜单→"材质提取"按钮，如图8-264所示。

图8-264　单击"材质提取"按钮

打开"新建材质提取"对话框，选择需要提取材质的模型类别，如图 8-265 所示。与之前的"新建明细表"界面有所不同，"新建材质提取"对话框中没有"建筑构件明细表"和"明细表关键字"两个选项。其他操作与明细表的创建一致。

单击"确定"按钮，弹出"材质提取属性"对话框，如图 8-266 所示。明细表的属性与材质提取属性的不同在于可用字段的不同，材质提取注重族构件材质属性，而数量明细表注重模型中创建族构件的数量。

图 8-265 选择模型类别

图 8-266 "材质提取属性"对话框

在"材质提取属性"对话框中进行参数设置，完成后单击"确定"按钮，软件就生成了对应的构件材质提取明细表，如图 8-267 所示。

<结构柱材质提取>		
A	B	C
材质：名称	材质：标记	材质：体积
混凝土，现场浇注灰		0.81 m³
混凝土，现场浇注灰		0.81 m³
混凝土，现场浇注灰		0.81 m³
混凝土，现场浇注灰		0.81 m³
混凝土，现场浇注灰		0.81 m³
混凝土，现场浇注灰		0.81 m³

图 8-267 材质提取明细表

8.8.5 图纸列表

图纸列表也可以称为图形索引或图纸索引。还可以将图纸列表用作施工图文档集的目录。

单击"视图"选项卡→"创建"面板→"明细表"下拉菜单→"图纸列表"按钮，如图 8-268 所示。

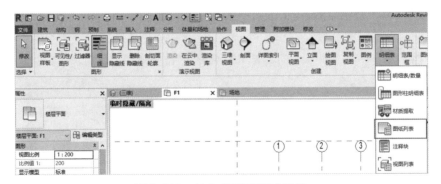

图 8-268 单击"图纸列表"按钮

弹出"图纸列表属性"对话框，选择要包含在图纸列表中的字段，添加到"明细表字段"列表中，如图8-269所示。

　　单击"确定"按钮，完成图纸列表的生成，生成的图纸列表会显示在绘图区域，如图8-270所示。在"项目浏览器"中，显示在"明细表/数量"中。

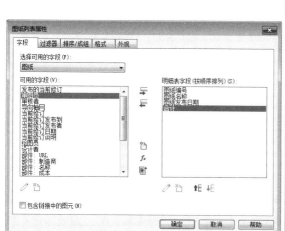

图8-269　添加字段

<图纸列表 2>			
A	B	C	D
图纸编号	图纸名称	图纸发布日期	合计
JS-05	底层平面图	08/21/12	1
JS-06	夹层平面图	08/21/12	1
JS-07	二层平面图	08/21/12	1
JS-08	三层平面图	08/21/12	1
JS-09	屋顶平面图	08/21/12	1
JS-10	立面图	08/21/12	1
JS-11	剖面图	08/21/12	1
JS-12	楼梯大样图	08/29/12	1
JS-13	厨房楼梯大样图	08/29/12	1
JS-14	电梯大样图	08/29/12	1
JS-15	包间大样图	08/29/12	1
JS-02	设计说明1	08/29/12	1
JS-03	设计说明2	08/29/12	1
JS-04	设计说明3	08/29/12	1
JS-01	目录	08/30/12	1

图8-270　图纸统计明细表

读书笔记

第 9 章
渲染与出图

本章导读

本章主要讲解Revit软件在建筑表现及模型图纸深化方面的实际应用操作。建筑表现的内容涵盖材质与建筑外观的呈现、透视图的创建、动画漫游的制作以及渲染图的生成。模型图纸深化则包括图纸的创建、标题栏的添加、拼接线视图的设置、修订标记的应用、视口的控制等。

本章学习要点

1. 材质与建筑表现。

2. 透视图的创建。

3. 渲染图的创建。

4. 创建图纸。

5. 打印与导出。

9.1 材质

Revit提供了非常丰富的材质库，用户可以在此基础上自行新建材质或对现有材质进行编辑。将这些材质赋予到不同的模型上，以供后期渲染使用，可以产生出色的表现效果。

9.1.1 新建材质

如果材质库中缺乏所需的材质，用户可以自行新建材质，或对现有材质进行编辑以满足特定需求。

单击"管理"选项卡→"设置"面板→"材质"按钮▨，弹出"材质浏览器"对话框。在该对话框左下角位置单击"创建材质"按钮，单击"新建材质"按钮，如图9-1所示。

在该对话框的左侧选择项目中包含的材质时，右侧就会显示材质的各类属性，可以通过选择右侧上方的选项卡，完成对该材质标识、图形、外观、物理和热度的属性的修改，如图9-2所示。

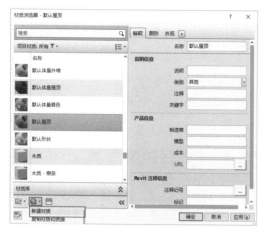

图9-1 单击"新建材质"按钮   图9-2 编辑材质属性

在已有材质上右击，在弹出的快捷菜单中可以对材质进行编辑、复制、重命名、删除和添加到收藏夹操作，如图9-3所示。

9.1.2 实例：创建外墙材质

本实例通过运用"材质"工具，创建棕色外墙涂料材质。最终效果如图9-4所示。

图9-3 快捷菜单

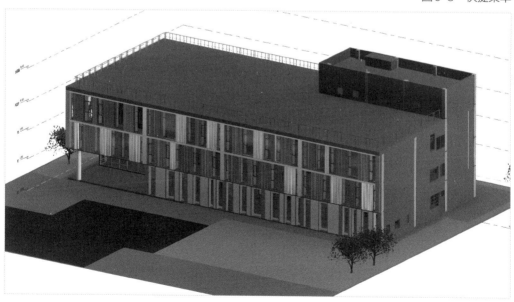

图9-4 最终效果

操作步骤

第1步 ▶ 打开 "素材文件 \ 第9章 \9-1.rvt" 文件，并切换到三维视图，如图9-5所示。

第2步 ▶ 进入 "管理" 选项卡，单击 "材质" 按钮，如图9-6所示。

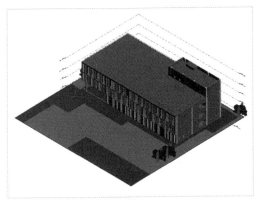

图9-5　三维视图　　　　　　　　　　图9-6　单击 "材质" 按钮

第3步 ▶ 打开 "材质浏览器" 对话框，在 "主视图" 下找到 "瓷砖" 类别，然后选中 "楼板，瓷砖25×25" 材质，双击添加到 "项目材质" 中，如图9-7所示。

第4步 ▶ 选择 "楼板，瓷砖25×25" 选项并右击，在弹出的快捷菜单中选择 "复制" 选项，如图9-8所示。

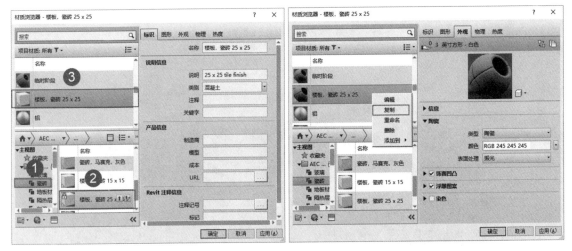

图9-7　添加项目材质　　　　　　　　图9-8　复制新材质

第5步 ▶ 将复制出来的材质命名为 "白色面砖"，然后进入 "图形" 选项卡，选中 "使用渲染外观" 复选框，如图9-9所示。最终单击 "确定" 按钮关闭对话框。

第6步 ▶ 选择 "其他" 类别，然后选中 "油漆" 材质，双击添加到 "项目材质" 中，如图9-10所示。

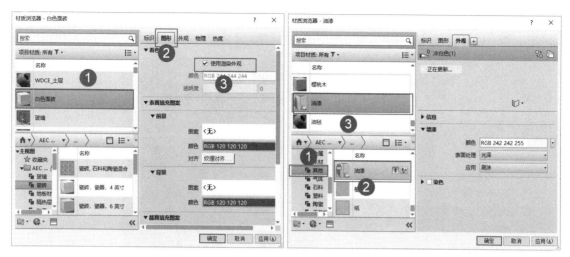

图9-9　修改材质图形属性　　　　　　　　　　　图9-10　添加项目材质

第7步 ▶ 将"油漆"材质进行复制，命名为"油漆-红色"，然后进入"外观"选项卡，单击"复制此资源"按钮，修改名称为"红色"，设置颜色为"RGB 255 0 0"，如图9-11所示。

第8步 ▶ 按照相同的方法，分别复制出"油漆-黄色""油漆-绿色"两种材质，如图9-12所示。

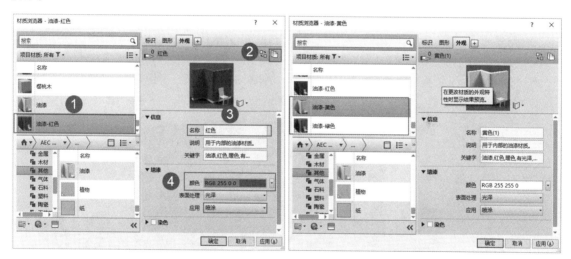

图9-11　编辑材质外观　　　　　　　　　　　图9-12　复制其他材质

第9步 ▶ 进入"修改"选项卡，单击"填色"按钮，如图9-13所示。

图9-13　单击"填色"按钮

第10步● 在"材质浏览器中"搜索"黄色"，然后选择"涂料-黄色"材质，拾取一层门厅位置的结构柱进行材质赋予，如图9-14所示。

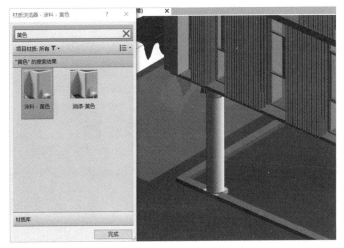

图9-14　赋予"涂料-黄色"材质

第11步● 选中2～3层的铝方通，然后单击"在位编辑"按钮，如图9-15所示。

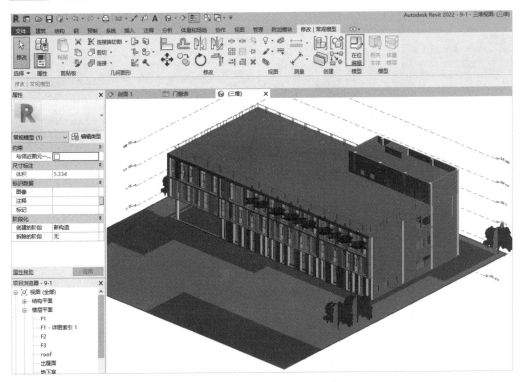

图9-15　单击"在位编辑"按钮

第12步● 选中最左侧的铝方通，然后在"属性"面板中找到"材质"参数，直接输入"油漆-黄色"，如图9-16所示。

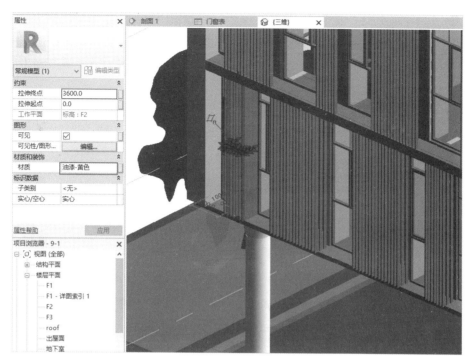

图9-16 赋予"油漆-黄色"材质

第13步 其余位置的铝方通按照同样的方法进行材质赋予，可以根据自己的喜好赋予不同的油漆颜色，或者按照项目中的实际颜色赋予。材质全部编辑完成后，单击"完成模型"按钮，如图9-17所示。

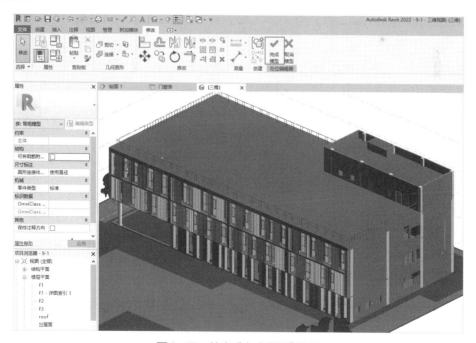

图9-17 单击"完成模型"按钮

第14步 ▶ 选中首层任意一面外墙，单击"编辑类型"按钮，继续单击"结构"后方的"编辑"按钮，进入"编辑部件"对话框，单击"插入"按钮，插入一个新的结构层，将其功能更改为"面层1[4]"，厚度设置为"20.0"，材质更改为"白色面砖"，将其位置移到最上方，最后单击"确定"按钮，如图9-18所示。

第15步 ▶ 将三维视图视觉样式调整为"真实"，查看不同构件赋予材质之后的效果，最终效果如图9-19所示。

图9-18 添加面层材质

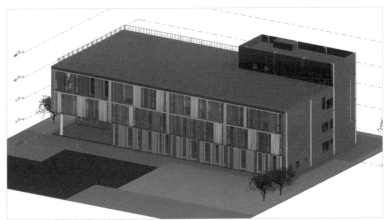

图9-19 最终效果

9.2 动画漫游

通过使用"漫游"工具，可以创建建筑模型的三维漫游动画，以便全方位观察整个建筑模型的效果。动画漫游可以将创建的漫游导出为AVI视频文件或一系列图像文件。将漫游导出为图像文件时，漫游的每一帧都会被保存为单独的图像文件。可以根据需要导出所有帧或指定范围内的帧。动画漫游的创建与调整方法如下。

打开要放置漫游路径的视图，单击"视图"选项卡→"创建"面板→"三维视图"下拉菜单→"漫游"按钮 👣 ，如图9-20所示。

图9-20 单击"漫游"按钮

设置工具选项栏参数，在视图中依次单击确定漫游路径关键帧位置。路径创建完成后，可以按Esc键或单击"完成漫游"按钮，完成漫游路径的创建，如图9-21所示。

漫游路径创建完成后，单击"编辑漫游"按钮，如图9-22所示，进入漫游路径编辑界面。

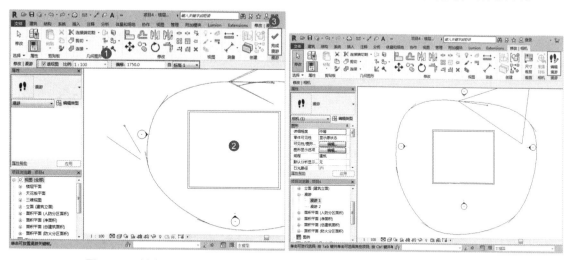

图9-21 创建漫游路径   图9-22 漫游路径编辑界面

将光标置于相机图标上可以沿路径移动相机，拖动小圆点可以控制相机的角度，如图9-23所示。

如果对漫游路径不满意，可以在工具选项栏中将"控制"参数修改为"路径"，然后在视图中拖动漫游路径的关键帧进行编辑，如图9-24所示。

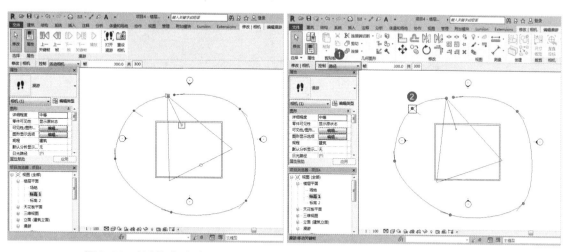

图9-23 控制相机角度   图9-24 修改路径

路径与相机修改完成后，可以单击"打开漫游"按钮，如图9-25所示，进入漫游视图中。

在漫游视图中，单击"播放"按钮，可以预览漫游动画，如图9-26所示。

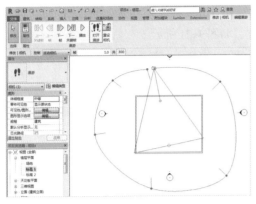

图9-25　打开漫游视图

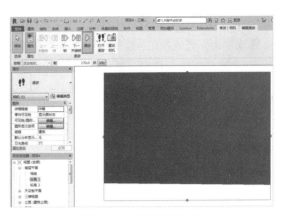

图9-26　预览漫游动画

9.3　渲染

　　通过使用"渲染"工具，可以为建筑模型生成具有照片级真实感的图像。根据渲染方式的不同，渲染可以分为单击渲染和云渲染两种。其中，单击渲染指的是通过本地计算机设置相关渲染参数，并独立执行渲染任务的过程。云渲染也称为联机渲染，可以利用 Autodesk 360 中的渲染功能，允许用户从任何连接到互联网的计算机上提交渲染任务，并创建出真实照片级的图像和全景图。

9.3.1　本地渲染

　　双击打开需要创建渲染图像的视图，单击"视图"选项卡→"图形"面板→"渲染"按钮，打开"渲染"对话框，设置相关渲染参数，如图9-27所示。

　　在完成相关参数的设置后，就可以单击"渲染"按钮进行渲染，视图渲染完成后生成对应的图像。还可以单击"调整曝光"按钮，对已经完成渲染的图像进行进一步的调整，如图9-28所示。

图9-27　设置渲染参数

图9-28　单击"调整曝光"按钮

在"曝光控制"对话框中，调整各项参数。调整完成后可以先单击"应用"按钮，查看完成效果，如图 9-29 所示。如果达到预期效果，可以单击"确定"按钮，返回"渲染"对话框。

在"渲染"对话框中，单击"保存到项目中"或"导出"按钮，可以将渲染后的图像保存到项目中或导出到外部，如图 9-30 所示。

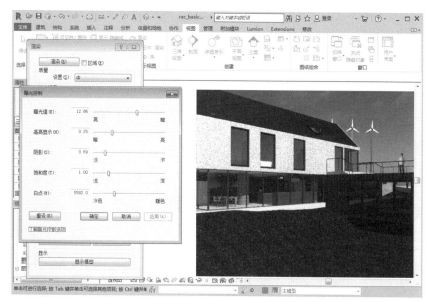

图 9-29　调整曝光参数　　　　　　　　　　　　　　　　图 9-30　保存渲染图像

9.3.2　实例：渲染室外效果图

本实例通过运用"相机"和"渲染"工具，完成室外效果图渲染，最终效果如图 9-31 所示。

图 9-31　最终效果

操作步骤

第1步 ▶ 打开"素材文件\第9章\9-2.rvt"文件，进入"场地平面"视图，进入"视图"选项卡，单击"三维视图"下拉菜单中的"相机"按钮，如图9-32所示。

第2步 ▶ 在视图右下角单击相机位置，向右上角移动鼠标指针，再次单击确定目标点位置，如图9-33所示。

图9-32 单击"相机"按钮

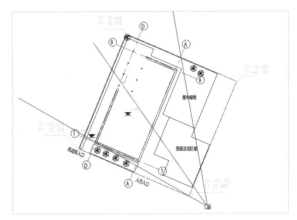

图9-33 确定目标点位置

第3步 ▶ 此时会自动进入相机视图。将"视觉样式"设置为"真实"，然后拖曳四个控制点直至大小合适的尺寸，如图9-34所示。

第4步 ▶ 使用快捷键RR，打开"渲染"对话框，质量"设置"为"高"。然后选中分辨率下的"打印机"单选按钮，并将参数设置为"150 DPI"。接着设置照明类别中的"方案"为"室外：日光和人造光"，再设置背景类别中的"样式"为"天空：少云"，最后单击"渲染"按钮进行渲染，如图9-35所示。

图9-34 相机视图

图9-35 设置渲染参数

第5步 ▶ 渲染完成后，发现画面偏暗，可以单击"渲染"对话框中的"调整曝光"按钮，如图9-36所示。

图9-36 单击"调整曝光"按钮

第6步 ▶ 根据实际情况依次调整各个参数，适当减少曝光值，适当加大高亮显示值和阴影值，其余参数可以视情况而定，每个参数调整完成后单击"应用"按钮，查看效果，最终效果满意后单击"确定"按钮，如图9-37所示。

第7步 ▶ 如果对渲染结果满意，可以在"渲染"对话框中单击"保存到项目中"按钮，如图9-38所示。

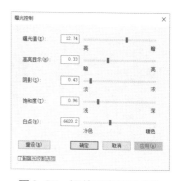

图9-37 调整曝光控制参数

图9-38 单击"保存到项目中"按钮

第8步 ▶ 在弹出的"保存到项目中"对话框中，在"名称"文本框中输入"室外人视-1"，最后单击"确定"按钮，如图9-39所示。

图9-39 输入"室外人视-1"

第9步 ▶ 关闭"渲染"对话框，在"项目浏览器"中双击"室外人视-1"，打开渲染图像查看最终效果，如图9-40所示。

图9-40 最终效果

9.4 创建图纸

图纸是施工图文档集中的一个独立页面。在项目中，可以创建各种样式的图纸，这些图纸包括但不限于平面施工图纸、剖面施工图纸以及大样节点详图等。

9.4.1 新建图纸视图

新建图纸前首先需要创建图纸视图。

单击"视图"选项卡→"图纸组合"面板→"图纸"按钮，如图9-41所示。

弹出"新建图纸"对话框，如图9-42所示。选择图纸

图9-41 单击"图纸"按钮

标题栏并单击"确定"按钮，新建图纸视图。

此时软件将创建图纸视图，并自动生成图框。在"属性"面板中，还可以设置图纸的相关参数，如图9-43所示。

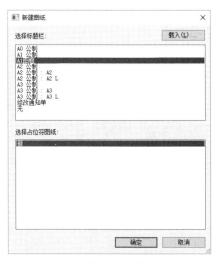

图9-42 "新建图纸"对话框

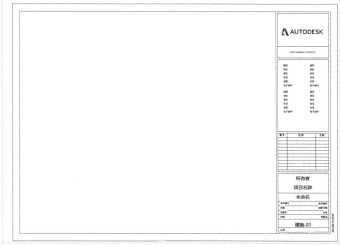

图9-43 生成图框

9.4.2 创建标题栏

通过使用"标题栏"工具，可以在新建的图纸中创建标题栏图元。

将操作视图切换至相应的图纸视图，单击"视图"选项卡→"图纸组合"面板→"标题栏"按钮，如图9-44所示。

选择需要的图框类型，然后在视图中单击放置，如图9-45所示。

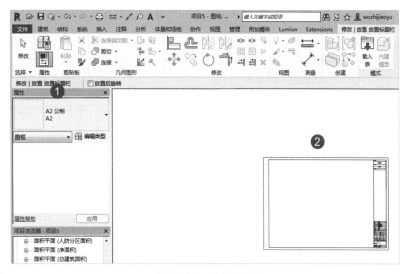

图9-44 单击"标题栏"按钮

图9-45 放置图框

9.5 编辑图纸

当图纸视图与图框都创建完成后,下一步工作便是向图框内添加不同的视图等内容。在这个过程中,还需要对视图进行一定的编辑,才能满足不同情况下的出图需要。

9.5.1 添加视图到图纸

通过使用"视图"工具将"项目浏览器"中的视图添加到图纸中,可以将楼层平面、立面等视图放到图纸中。

打开将要放置视图的图纸,单击"视图"选项卡→"图纸组合"面板→"视图"按钮 ,如图 9-46 所示。

图 9-46 单击"视图"按钮

打开"视图"对话框,在该对话框中选择一个视图,然后单击"在图纸中添加视图"按钮,如图 9-47 所示。

将光标放置在图框任意位置,单击放置视图,如图 9-48 所示。

图 9-47 添加视图到图纸

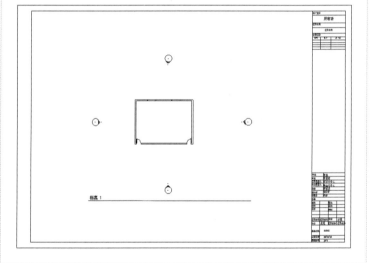

图 9-48 放置视图

9.5.2 导向轴网

通过使用"导向轴网"工具,可以在图纸中添加轴网向导,以便对齐并放置视图,从而使这些视图在不同的图纸中能够出现在相同的位置。此外,还可以将同一个轴网向导显示在不同的图纸视图中,或者在不同的图纸之间共享已创建的轴网向导。

打开相关图纸,单击"视图"选项卡→"图纸组合"面板→"导向轴网"按钮,弹出"指定导向轴网"对话框，输入名称为"导向轴网1"，然后单击"确定"按钮，如图9-49所示。

　　导向轴网添加成功后，可以拖动四个方向的控制柄，调节导向轴网的尺寸。同时可以在"属性"面板中修改导向轴网的导向间距，如图9-50所示。

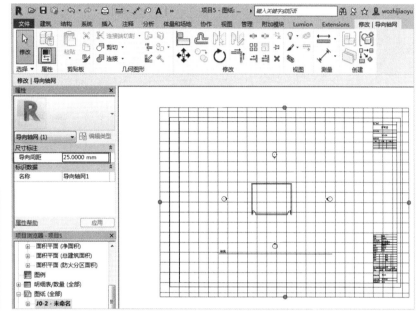

图9-49　创建导向轴网　　　　　　　　图9-50　调整导向轴网的导向间距

9.5.3　视口控制

　　通过使用"视口"工具，可以在图纸中激活选定的视图。在激活状态下，可以直接从图纸中对该视图进行修改，而无须单独打开该视图的文件。修改完成后，可以取消激活，此时视图将恢复到之前的状态。

　　双击图纸名称进入图纸视图，选择图纸中的一个视图，单击"视图"选项卡→"图纸组合"面板→"视口"下拉菜单→"激活视图"按钮图，如图9-51所示。

图9-51　单击"激活视图"按钮

　　此时，图纸中的视图将被激活，如图9-52所示。可以对视图中的内容进行编辑与修改。

　　对图纸中的视图进行修改后，可以通过以下两种方式来取消激活视图：在视图外的空白处双击，或者单击"视口"下拉菜单→"取消激活视图"按钮 ▦，如图 9-53 所示。

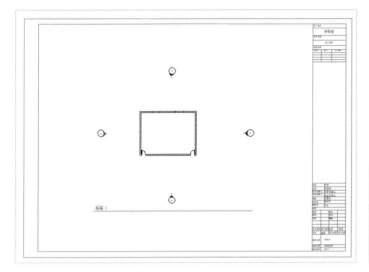

图 9-52　激活视图　　　　　　　　　　　图 9-53　取消激活视图

9.5.4　实例：布置图纸

本实例通过运用"图纸""导向轴网"工具，完成图纸的创建，最终效果如图 9-54 所示。

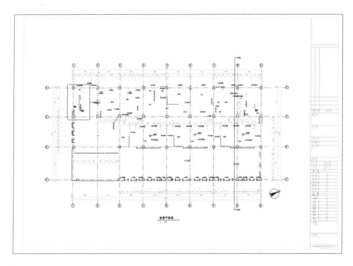

图 9-54　最终效果

操作步骤

第1步 ▶ 打开"素材文件\第9章\9-3.rvt"文件，进入"插入"选项卡，单击"载入族"按钮。

在"载入族"对话框中，选择"素材文件\第9章\族"文件夹，选择"A1图框""视图标题_名称"两个族文件，如图9-55所示。

第2步 ▶ 进入"视图"选项卡，单击"图纸"按钮，如图9-56所示。

图9-55 载入族文件   图9-56 单击"图纸"按钮

第3步 ▶ 在打开的"新建图纸"对话框中，选择"图框A1"选项，然后单击"确定"按钮，如图9-57所示。

第4步 ▶ 在"视图"选项卡中单击"视图"按钮，如图9-58所示。

第5步 ▶ 在打开的"视图"对话框中，选择"楼层平面：F1"选项，然后单击"在图纸中添加视图"按钮，如图9-59所示。

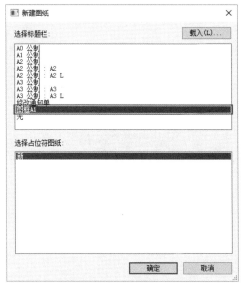

图9-58 单击"视图"按钮

图9-57 选择"图框A1"选项   图9-59 添加视图

第6步 ▶ 将鼠标指针移动到合适的位置，然后单击放置，如图9-60所示。如果对放置的位置不满意，可以选中视图继续拖曳。

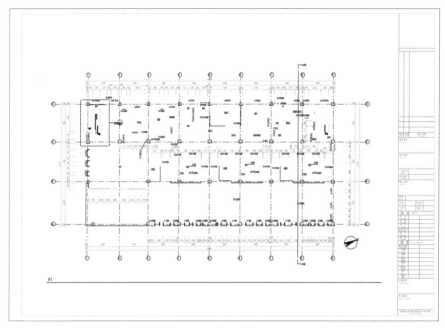

图9-60 放置视图

第7步 ▶ 选中刚放置的视图，然后在"属性"面板中单击"编辑类型"按钮。在"类型属性"对话框中，复制新的类型为"视图标题–名称"，并修改"标题"的参数值为"视图标题_名称"，单击"确定"按钮，如图9-61所示。

第8步 ▶ 选中视图，然后在"属性"面板中选择"视口 视图标题–名称"类型，接着设置"图纸上的标题"为"首层平面图"，如图9-62所示。

第9步 ▶ 选中视口范围框，视口标题中的延伸线两端将出现长度控制点，然后拖曳两侧的控制点，更改延伸线长度，如图9-63所示。

图9-61 设置参数

图9-62 设置"图纸上的标题"

图9-63 更改延伸线长度

第10步▶ 单独选中视口标题，然后将其拖曳到图纸下方的中心位置，如图9-64所示。

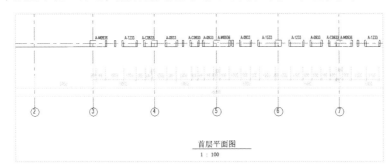

图9-64 调整图纸标题位置

第11步▶ 在"视图"选项卡中单击"导向轴网"按钮，如图9-65所示。

第12步▶ 在打开的"指定导向轴网"对话框中，选中"创建新轴网"单选按钮，输入名称为"轴线定位"，最后单击"确定"按钮，如图9-66所示。

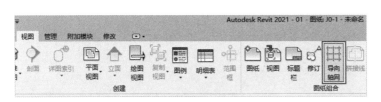

图9-65 单击"导向轴网"按钮

图9-66 输入名称

第13步▶ 拖曳导向轴网的四个控制点，使其边界与各个方向的最边缘位置的轴线对齐，如图9-67所示。

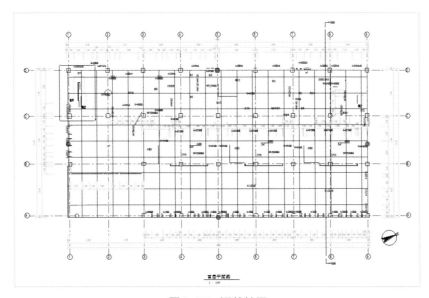

图9-67 调整轴网

第14步 ► 按照上述步骤新建一张图纸，然后单击"导向轴网"按钮，在打开的"指定导向轴网"对话框中，选中"选择现有轴网"单选按钮，接着选中之前创建好的"轴线定位"，最后单击"确定"按钮，如图9-68所示。

第15步 ► 添加"楼层平面：二层平面"视图至当前图纸，然后拖曳视口与导向轴网对齐，如图9-69所示。

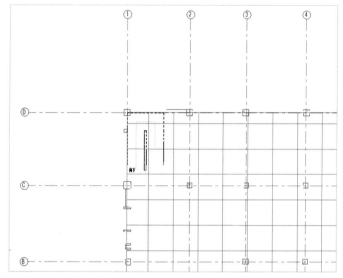

图9-68　选择轴线定位　　　　　　　　　　图9-69　对齐视图

第16步 ► 双击视口进入"编辑视图"状态，然后根据实际情况调整视图中各图元的可见性及显示状态，如图9-70所示。

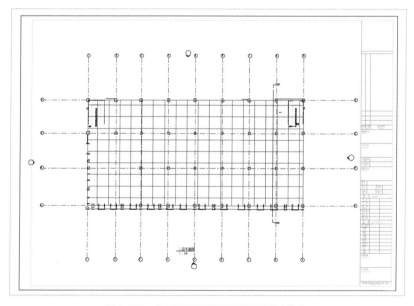

图9-70　调整图元的可见性及显示状态

第17步 ● 在"项目浏览器"中，选择相应图纸进行重命名，输入编号为"建施-01"，名称为"首层平面图"，单击"确定"按钮，如图9-71所示。

第18步 ● 打开"建施-01"图纸，然后删除或隐藏导向轴网，最终效果如图9-72所示。

图9-71 编辑图纸信息

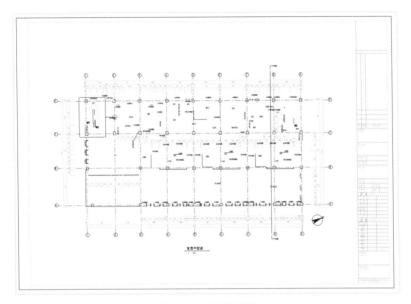

图9-72 最终效果

9.6 打印与导出

一般在完成图纸布置后，即可进行图纸打印，或者导出为CAD格式或其他兼容格式的文件，以便各方交换设计成果。下面将介绍Revit中打印与导出操作的步骤及相关注意事项。

9.6.1 打印

通过使用"打印"工具，可以打印当前窗口的可见部分或所选的视图和图纸。该工具支持将所需图形发送到打印机，生成包括PRN文件、PLT文件以及PDF文件在内的多种输出格式。

单击"文件"按钮，然后依次单击"打印"→"打印"按钮（快捷键为Ctrl+P），如图9-73所示。

在"打印"对话框中选择需要的打印机，选择需要的打印范围，最后单击"确定"按钮就可以完成打印工作了，如图9-74所示。

图9-73　单击"打印"按钮

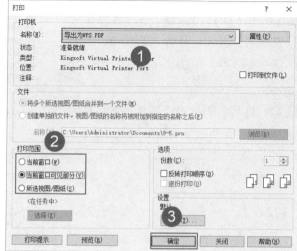

图9-74　设置打印参数

9.6.2　实例：导出 PDF 文件

本实例通过运用"导出"工具，可以完成 PDF 文件的导出，最终效果如图9-75所示。

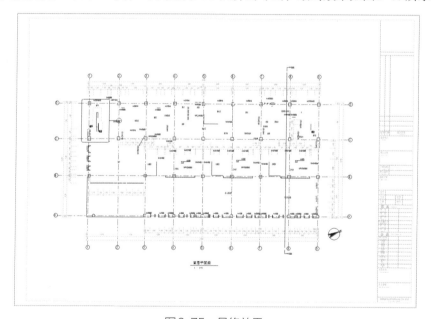

图9-75　最终效果

操作步骤

第1步 ▶ 打开"素材文件\第9章\9-4.rvt"文件，然后单击"文件"按钮，单击"导出"→

"PDF"按钮，如图9-76所示。

第2步 在"PDF导出"对话框中，选中"所选视图/图纸"单选按钮，然后单击"编辑"按钮 ，如图9-77所示。

图9-76 单击"PDF"按钮

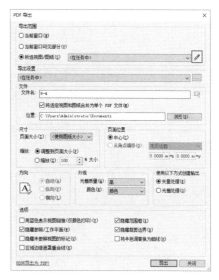

图9-77 编辑导出内容

第3步 在"选择视图/图纸"对话框中，选择"图纸"过滤器选项，然后选中"图纸：建施-01-首层平面图"和"图纸：建施-02-二层平面图"复选框，最后单击"选择"按钮，如图9-78所示。

第4步 返回"PDF导出"对话框，单击"浏览"按钮设置PDF文件的导出位置，然后单击"导出"按钮，如图9-79所示。

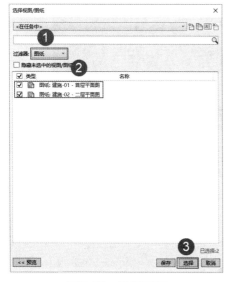

图9-78 选择图纸

图9-79 设置导出位置

第5步 ◆ 双击打开导出的PDF文件，查看生成的PDF文档效果，如图9-80所示。

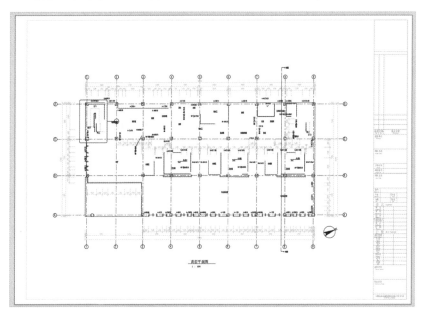

图9-80　生成的PDF文档效果

9.6.3　实例：导出 DWG 文件

本实例通过运用"导出"工具，可以完成DWG文件的导出，最终效果如图9-81所示。

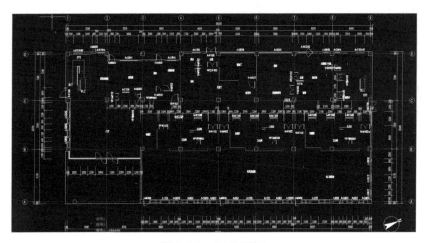

图9-81　CAD图纸

操作步骤

第1步 ◆ 打开"素材文件\第9章\9-5.rvt"文件，单击"文件"按钮，然后单击"导出"→

"CAD格式"→"DWG"按钮，如图9-82所示。

第2步 ▶ 在打开的"DWG导出"对话框中，单击"任务中的导出设置"后面的 [⋯] 按钮，如图9-83所示。

图9-82　单击"DWG"按钮

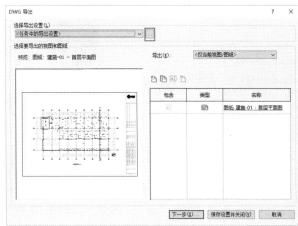

图9-83　导出设置

第3步 ▶ 在打开的"修改DWG/DXF导出设置"对话框中，选择"根据标准加载图层"下拉列表中的"从以下文件加载设置"选项，如图9-84所示。然后在弹出的"导出设置−从标准载入图层"对话框中单击"是"按钮，如图9-85所示。

图9-84　选择"从以下文件加载设置"选项

第4步 ► 在弹出的对话框中选择"素材文件\第9章"文件夹中的"CAD导出设置"文件，然后单击"打开"按钮，如图9-86所示。

图9-85　单击"是"按钮　　　　　　　　图9-86　选择文件

第5步 ► 此时所有的图层颜色已经按照导入的文件进行更改，如果有需要可以根据项目要求再次进行更改，最后单击"确定"按钮，如图9-87所示。

图9-87　设置图层信息

第6步 ► 在"DWG导出"对话框中，确认导出的图纸无误后，直接单击"下一步"按钮，如图9-88所示。

第7步 ► 在打开的"导出CAD格式-保存到目标文件夹"对话框中，选择需要导出文件的文件夹，然后输入"文件名/前缀"并设置"文件类型"，取消选中"将图纸上的视图和链接作为外部参照导出"复选框，最后单击"确定"按钮，如图9-89所示。

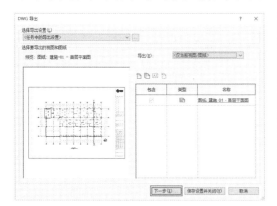

图9-88 单击"下一步"按钮

图9-89 导出设置

第8步 ▶ 导出完成后，打开导出的CAD图纸，最终效果如图9-90所示。

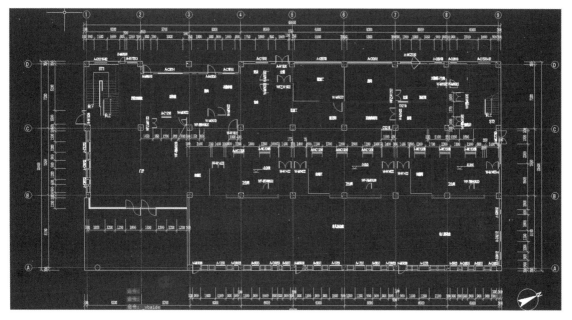

图9-90 最终效果

读书笔记